大数据与商务智能系列

数据分析实用技术

阿里云大数据分析师 ACP 认证培训教程

赵　强　编著

电子工业出版社
Publishing House of Electronics Industry
北京·BEIJING

内 容 简 介

本书关注大数据分析师所需掌握的最重要的基础能力。首先，本书阐述了大数据分析师的职业特点。其次，根据数据分析经常涉及的技术要求，按顺序介绍了什么是数据库，如何使用数据库，大数据环境下的分布式数据库 Hadoop、阿里云 MaxCompute，以及相对应的数据库查询语言 SQL、MapReduce、Hive、Pig 等基本的编程技术。为了提高数据分析工作的质量与效率，本书还详细介绍了数据项目质量控制的理论和实践，其中涉及了数据预处理、数据脱敏和脏数据处理的技能知识，同时介绍了在数据项目中 SQL 编程的优秀实践方法。作为一本介绍数据分析的入门书籍，本书详细介绍了数据分析中常见的方法（如 EDA），包括指标计算的一些常见形式。在企业环境中，数据分析常常以项目的形式出现，本书也向读者介绍了数据分析项目是如何承接、分解和实施的。最后，本书还向读者介绍了常用的数据挖掘技术，如决策树、聚类分析和关联分析，让读者对算法在数据分析中的应用有直观的了解。

本书可作为阿里云大数据分析师 ACP 认证培训的教材，也可作为高校大数据相关专业的学生教材，还可供希望从事大数据分析工作的读者阅读参考。

图书在版编目（CIP）数据

数据分析实用技术：阿里云大数据分析师 ACP 认证培训教程／赵强编著. — 北京：电子工业出版社，2021.9
ISBN 978 - 7 - 121 - 41923 - 2

Ⅰ. ①数… Ⅱ. ①赵… Ⅲ. ①数据处理 - 资格考试 - 教材 Ⅳ. ①TP274

中国版本图书馆 CIP 数据核字（2021）第 177606 号

责任编辑：王二华
特约编辑：角志磐

印　　刷：中煤（北京）印务有限公司
装　　订：中煤（北京）印务有限公司
出版发行：电子工业出版社
　　　　　北京市海淀区万寿路 173 信箱　邮编：100036
开　　本：787×1092　1/16　印张：16.5　字数：420 千字
版　　次：2021 年 9 月第 1 版
印　　次：2021 年 9 月第 1 次印刷
定　　价：55.00 元

凡所购买电子工业出版社图书有缺损问题，请向购买书店调换。若书店售缺，请与本社发行部联系，联系及邮购电话：(010)88254888，88258888。

质量投诉请发邮件至 zlts@phei.com.cn，盗版侵权举报请发邮件至 dbqq@phei.com.cn。

本书咨询联系方式：(010)88254532。

　　2016 年，因为个人的事回到杭州，并参加了当年阿里云的云栖大会，经朋友介绍，有幸结识了当时阿里云大学的几位负责人。得知阿里云希望在大数据、云计算与大数据应用的教育培训方面做出一些努力，目的是让更多中国企业能够利用大数据提高经营的效率。其间畅谈了关于数据分析方面的个人体会，阿里云大学的负责人云骧邀请我回杭州，帮助阿里云建立大数据分析师（ACA、ACP）的人才认证标准，并开发相关的课件和书籍。彼时，中国的大数据正方兴未艾，整个社会对大数据人才十分渴求，政府也将大数据与人工智能列为国家战略，培养大数据分析人才利国利民。因此，在 2016 年年底，我欣然回国创立了杭州决明数据科技有限公司，开始帮助阿里云大学开发大数据分析师的培训课程。

　　在发达国家，数据分析在行业里的应用已经发展了几十年，大规模的数据分析运用到决策领域，甚至可以追溯到第二次世界大战中美军的反法西斯战争。大数据工程师与大数据分析师在成熟的市场中早已是两条不同的职业路线，但由于接触大数据的概念时间不长，基于对工程技术的迷恋，中国市场简单地认为大数据分析技术就是一种基于大数据的工程技术，加上政府、大学和大部分企业固执地认为技术能够为企业带来深度的变革，对于数据分析在企业决策中的作用并没有准确的认知。由于数据分析主要用于企业的决策，而并不是去实现某项特殊功能，当来自不同行业的各种企业面临不同的挑战与问题时，企业需要研究的决策内容也五花八门，即使企业面临的问题可能是类似的，数据分析的应用也并没有一种标准的技术或手段能够给出统一的解决方案。因此，大数据分析师不是仅仅掌握一两种工程师们更偏好的编程技术就可以胜任的，这与大家更为接受和理解的大数据工程师的技能要求不尽相同。由于企业需要不时地解决各种各样层出不穷的问题并做出精准决策，这就要求大数据分析师在面对复杂而不确定的情况时，能够利用数据分析做出最佳判断。除要有精湛的编程技术和关于大数据的知识外，大数据分析师还必须具备逻辑化、结构化与科学化的分析思考能力，而这种分析思考能力对思维方式和行业经验要求较高。

阿里云的大数据分析师培训体系是国内最早对大数据分析师的职业能力进行清晰定义的。

有了从事大数据分析师职业 20 多年的经验，我知道许多人对大数据分析师的工作不甚了解。尤其可惜的是，有 IT 背景的工程师们，基于对技术的热爱，简单地认为数据分析就是编程和算法的集合。这样的认知显然是错误的，对于中国高速发展的经济和市场所急需的大数据应用型人才的培养没有任何帮助。同时，也正是由于需要将编程与算法技术应用到业务场景中，大数据分析师的工作高度依赖经验，许多具备一定编程基础的大学生进入职场之后，短时间内无法胜任大数据分析师的工作。从传统的经济模式走向数字经济模式，依赖经验的数据分析应用技能更需要培训与学习。如果能有书告诉希望从事数据分析职业的有志人士，什么是大数据分析师需要的最重要的技能，那么就变得非常有意义。于是，我撰写了《数据分析基础技术——阿里云大数据分析师 ACA 认证培训教程》《数据分析实用技术——阿里云大数据分析师 ACP 认证培训教程》，希望能帮助读者了解大数据分析师职业，提升数据分析能力，并能够发现问题、解决问题。

由于各行各业的企业都需要大数据分析师，因此这两本书的问世是为了帮助已经在大学学习了相关行业知识的大学生，提高对大数据分析师职业技能的认知，以便进入企业后可以从事大数据分析师的工作，帮助企业做好科学决策。无论所学的专业背景是商业管理、天文物理、生物化学、航空航天、建筑设计、健康医疗、工业工程，还是人文社会学科，大学生只要希望从事本行业的数据分析工作，都能从这两本书开始学习，为未来的工作打下扎实的基础。

作者

2021 年 6 月

目 录

大数据分析领域职业介绍

1.1 职业路径

1.1.1 大数据职业生态

大数据的技术生态圈根据自身的特点，大概能归纳成三个环节：（1）数据的采集与存储；（2）数据的集成与处理；（3）数据的使用。阿里云将大数据这三个环节形象地称为存、通、用。而在大数据厂商生态圈里，厂商提供的产品或服务基本是围绕该三个环节进行的。图 1.1 所示为大数据厂商的九种类别。

硬件供应商

智能硬件/磁盘和闪存/计算机系统

传统数据库

传统企业级数据仓库和关系型数据库供应商

云计算

云存储/对外输出计算能力

Hadoop

提供Apache Hadoop的增值服务

数据集成

数据采集/整合到Hadoop或扩展数据库

系统与数据安全

安全工具，如加密和密钥管理

上云与数据管理

提供数据/服务上云的运维和管理服务

数据分析

帮助企业实施大数据战略和解决方案

解决方案

软件设计/SaaS/可视化通用工具/行业解决方案

图 1.1　大数据厂商的九种类别

有些大数据厂商专注于某一个方面的发展，如硬盘厂家 West Digital 就专注于硬件的开发与生产，为数据的存储提供基础设施。而某些厂商可能会提供几种不同的服务。例如，一家数据分析咨询公司不仅帮助企业实施大数据战略和解决方案，同时还可能提供上云与数据管理服务。

与大数据相关的职业，基本可以分为两类：（1）大数据工程师方向；（2）大数据分析师方向。

· 1 ·

除了"数据分析"类型的厂商，大数据工程师方向的职位主要集中在八种行业。工作的性质主要是以下（但不局限于）项目的开发、设计与生产：

- 计算机硬件；
- 智能硬件开发；
- 数据收集感应器、GPS 等；
- 云计算；
- 上云服务；
- 数据库；
- 分布式存储；
- 数据存储架构；
- Hadoop 应用、维护；
- 数据采集、集成、提炼、入库；
- 系统与数据安全；
- 行业应用的软件、基于云计算的 SaaS 软件；
- 可视化软件。

希望从事大数据工程师职业的大学毕业生的教育背景以 IT 相关的专业为主。

而大数据分析师的工作则是针对各个行业的具体业务，通过分析数据为决策者出谋划策。目前，大数据热在全球范围内持续升温，大数据的作用也越来越被政府、企业、事业单位认可；市场对大数据分析人才的需求也因此日益增大；未来，几乎各行各业都需要大数据的存储、分析等服务。因此可以预见，大数据分析人才将是未来市场紧缺型人才。

有志于从事大数据分析师职业的大学生可以来自各行各业，可以具有不同专业背景。他们将在利用大数据优化决策、提高服务质量的过程中提供帮助。

1.1.2　大数据工程师职业方向

大数据工程师的工作偏向系统设计与编辑，包括（但不局限于）以下九类工作。

1. ETL 研发

随着数据种类的不断增加，企业对数据整合专业人才的需求越来越旺盛。ETL 研发者与不同的数据来源和组织打交道，从不同的源头抽取数据，将其转换并载入数据仓库以满足企业的需要。

ETL 研发，主要是将分散的异构数据源中的数据（如关系数据、文本数据文件等）抽取到临时中间层后进行清洗、转换、集成，最后加载到数据仓库或数据集市中，成为联机分析处理、数据挖掘的基础。

目前，ETL 行业相对成熟，相关岗位的工作生命周期比较长，相关工作通常由内部员工和外包合同商合作完成。ETL 研发人才在大数据时代炙手可热的原因之一是，在企业大数据应用的早期阶段，必须集成可供分析的基础数据。

2. Hadoop 开发

Hadoop 的核心是 HDFS 和 MapReduce。HDFS 提供了海量数据的存储，MapReduce 提供了对数据的并行计算能力。随着数据集规模不断增大，而传统 BI 的数据处理成本过高，企业对 Hadoop 及相关的廉价数据处理技术（如 Hive、HBase、MapReduce、Pig 等）的需求将持续增长。如今，具备 Hadoop 框架开发经验的技术人员是最抢手的大数据人才。

3. 可视化（前端展现）工具开发

对海量数据进行分析是个大挑战，而新型数据可视化工具（如 Tableau、阿里的 DataV 等）可以直观高效地展示数据。

可视化开发就是在可视化开发工具提供的图形用户界面上，通过操作界面元素，由可视化开发工具自动生成数据可视化的结果。经过时间考验，完全可扩展的、功能丰富全面的可视化组件库为开发人员提供了功能完整且简单易用的组件集合，以构建极其丰富的可视化效果。

过去，数据可视化属于商业智能开发者类别，但是随着 Hadoop 的崛起，数据可视化已经成为一项独立的专业技能和岗位。

4. 信息架构开发

大数据重新激发了主数据管理的热潮。充分开发利用企业数据并支持决策需要非常专业的技能。信息架构师必须了解如何定义和存档关键元素，确保以最有效的方式进行数据管理和利用。信息架构师的关键技能包括主数据管理、业务知识和数据建模等。

5. 数据仓库研究

数据仓库是为企业决策提供支持的所有类型数据的集合。它是集成的数据，出于分析性报告和决策支持的目的而创建，为企业业务流程改进和时间、成本、质量控制提供决策依据。

6. OLAP 开发

随着数据库技术的发展和应用，数据库存储的数据量从 20 世纪 80 年代的兆（M）字节及千兆（G）字节过渡到现在的兆兆（T）字节和千兆兆（P）字节。同时，用户的查询需求也越来越复杂，涉及的已不仅是查询或操纵一张关系表中的一条或几条记录，而且要对多张表中千万条记录的数据进行数据分析和信息综合。联机分析处理（OLAP）系统就负责解决此类海量数据处理的问题。

7. 数据科学研究

数据科学家是一个全新的工种，能够利用机器学习的研究成果，将企业的数据和技术转化为企业的商业价值。随着数据学的发展，越来越多的实际工作将会直接针对数据展开，这将使人类认识数据，从而认识自然和行为。因此，数据科学家首先应当具备优秀的沟通技能，能够同时将数据分析结果解释给 IT 部门和业务部门领导。

总的来说，数据科学家是机器学习专家、分析师、艺术家的合体，需要具备多种交叉科学和商业技能。

8. 企业数据管理

企业要提高数据质量必须进行数据管理，并需要为此设立数据管家职位。这一职位的人员需要能够利用各种技术工具汇集企业内部及外部的大量数据，并将数据清洗和规范化，将数据导入数据仓库中，成为一个可用的版本。然后，通过报表和分析技术，将数据切片、切块，并交付给数据的使用者。担当数据管家的人，需要保证数据的完整性、准确性、唯一性、真实性和低冗余。

9. 数据安全研究

数据安全研究员这一职位，主要负责企业内部大型服务器、数据存储、数据安全管理工作，并对网络、信息安全项目进行规划、设计和实施。数据安全研究员还需要具有较强的管理经验，具备运维管理方面的知识和能力，对企业传统业务有较深刻的理解，才能确保企业数据的安全。

1.1.3 大数据分析师职业方向

大数据分析师的工作更偏向解决业务问题，以分析数据为主，包括（但不局限于）以下四类工作。

1. 数据分析

数据分析，顾名思义就是对搜集来的大量数据进行分析并提取有用信息，从而形成结论的过程。随着时代的发展和科技的进步，数据的体量和多样性较从前有了质的飞跃。怎样从如此庞大而繁杂的数据中提取有用的知识是每个大数据分析师的挑战，同时也是他们的核心价值所在。

2. 业务洞察分析

在分析界有句老话：数据就在那里，结论各式各样。这句话从侧面反映了大数据分析的复杂和艰难。同样的一组数据交给不同的人进行分析，得出的结论可能南辕北辙。这时候简单的数据分析已经不能实现企业的期待了，需要更进一步的能力：业务洞察分析。

何为业务洞察分析？人们都知道作为一个装修团队，不能任凭自己的喜好给顾客装修，而应该先了解顾客的需求。但是，万一顾客也不清楚自己的需求呢？这时候作为一个有经验的专家就应该洞察先机，及时发现顾客自己都没有发现的需求。同理，有时候当企业让大数据分析师去分析数据时，企业雇主自己都不知道从那么多杂乱无章的数据中是否真的能得出些对其有用的结论。而这时候，大数据分析师就需要独具慧眼，敏锐地觉察出在大量无用数据隐藏下的那些对企业有帮助的信息。

3. 业务建模

业务建模在整个分析行业来说都算是比较难的。难点既在于建模的过程，也在于建模后的结果。要提及建模过程的艰难，首先需要明白何为模型。模型简单来说就是现实的抽象表达，如通过一串公式描述一系列现象。在生活中，人们无时无刻不在建模：通过语、数、外成绩的评分，脑海中判断能不能考取重点学校是建模；观察一个孩子的成长，预测他长大能不能成才也是建模；包括吃饭时选择吃的菜都是在建模，这个菜太辣不能吃，那个菜太冷不好吃，脑海里的对菜既有印象的模型在帮你选择吃什么菜。那么何为业务建模呢？既然和业务有关，当然就不能简单地凭借脑海中的印象，需要理论、数据、算法等来支持模型，所以统计学脱颖而出了。统计学作为一门学科，为业务建模提供了理论支持，从而使模型不会成为无源之水。因此，要建立模型就需要丰富的统计学知识，这使建模的技术门槛被提高了。另一方面，建立模型的目的是什么呢？其实，建立模型在大多数情况下是为了预测。例如，在金融行业里，风险评估是预测模型；在 B2C 企业，顾客会不会对产品和服务忠诚是预测模型；在零售企业，顾客会在店里消费多少钱都是能通过预测模型算出来的。这就带来了一个新的挑战：预测的准确度。没有一个企业会希望花大力气建立起来的模型的预测结果和实际结果相差极远。一个不合格的模型不仅会给企业带来错误的信息，还会完全误导企业的决策，给企业带来严重的后果。

4. 业务解决方案

为企业提供业务解决方案是一个大数据分析师的终极追求。众所周知，每个行业、每个企业，甚至每个业务所要求达到的商业目标是不尽相同的。而业务解决方案则是一个大数据分析师凭借多年积累的工作经验为企业达到某一个商业目标而制订的一套解决方案。这套方案当然是通过分析该企业或该行业背后的数据而得来的，其背后融合了数据分析、业务洞察和业务建模。和传统企业根据决策者过往经验或感觉而制订的方案相比，根据大数据得来的业务解决方案更加有针对性和稳定性，往往更能抓住被人们忽视的细节，从而使企业更加深刻地理解自己的业务，进而达成商业目标。

1.1.4　大数据工作入门

根据与大数据相关的两类职业方向的分类，即大数据工程师方向和大数据分析师方向，大学生在就业前需要有针对性地补充一些必需的技术知识。

各个公司对大数据职业的定义各不相同，但在一般情况下，一个大数据工作者应该结合软件工程师与统计学家的技能，并且在他或她希望工作的领域具备大量行业知识。

大约90%的大数据工作者至少有大学教育经历，甚至获得了博士学位，当然他们的专业领域非常广泛。一些招聘者甚至发现人文专业的大数据工作者更有创造力。

下面给出大数据工作入门的一些建议。

（1）复习数学和统计技能：一个好的大数据工作者必须可以理解数据能够表达的信息。为了做到这一点，大数据工作者必须对基本线性代数、算法和统计有深入的了解。

（2）了解机器学习的概念：机器学习是一个新兴词，却和大数据有着千丝万缕的联系。机器学习使用人工智能算法将数据转化为价值，并且无须显式编程。

（3）学习数据编程：大数据工作者必须知道如何编写、调整代码，以便告诉计算机如何分析数据，可以从学习一个开放源码的语言（如 Python）开始。

（4）了解数据库、数据仓库及分布式存储：数据存储在数据库、数据仓库或整个分布式网络中。如何设计数据库的架构取决于如何访问、使用、分析这些数据，因此了解数据存储的架构也非常有帮助。

（5）学习数据转换和数据清洗技术：数据转换是指将原始数据转换为另一种更容易访问和分析的格式。数据清洗有助于消除重复和"坏"数据。两者都是大数据工作者的必备技能。

（6）了解数据可视化和报表设计的基本知识：大数据分析师也是设计师，需要深谙如何创建数据报表才能让对数据比较外行的人更容易理解。

（7）学习更多必要的工具：Hadoop、R 语言和 Spark 等工具的使用经验和知识将帮助大数据工作者更快地寻找到与大数据相关的工作。

（8）反复练习：大数据工作者在加入新的领域并开始工作之前，可以利用开源代码开发一个喜欢的项目，或者参加比赛或训练营，成为志愿者或实习生。最好的大数据工作者在数据领域需要拥有经验和直觉，能够向用人单位展示自己的作品。

（9）成为社区的一员：大数据工作者应跟随同行业中的思想领袖，阅读行业博客和网站，参与、提出问题，并随时了解时事、新闻和理论。

1.2　技能要求

1.2.1　基本职业素养

作为一名优秀的大数据工程师或分析师，不仅要懂得如何实际处理、运用数据，还需要有较好的沟通交流能力、团队合作精神、文字语言表达能力和逻辑分析能力，甚至还应该具备独立的产品策划开发能力、项目管理及商务沟通能力等。

根据分工的不同，大数据工程师负责大数据设备、数据的生产准备工作；而大数据分析师则使用数据、分析数据，为企业、机构、组织的决策出谋划策。大数据工作者一定要懂得他们所属行业的业务知识，甚至了解所属企业的战略，才能做出漂亮的数据分析，同时还要具备较好的表达能力、说服能力，有全局观，懂业务和市场，熟悉多种数据工具，在业务上有较强的理论基础，工作上才能顺利入门。

1. 严谨负责的态度

由于大数据本身的特点，理解如何分析数据，甚至理解一个已经完成的报表，都不是非常直观的。大数据工作者不能因此就以随便应付的心态处理数据，只有本着严谨负责的态度，才能确保数据的客观性与准确性。对于一个专业的大数据分析师来说，敬畏数据本身和数据分析这项工作是极为重要的。在企业里，大数据分析师充当着"参谋"的角色，通过对企业运营数据进行分析，为企业寻找问题所在并提出良好建议，使企业大大小小的问题得到纠正、解决。如果一名大数据分析师不具备严谨、负责的态度，受其他因素影响而更改或随意处理数据，隐瞒企业存在的问题，对企业的发展是非常不利的，甚至会造成严重的后果。因此，大数据分析师必须保持中立立场，客观评价企业的发展，以数据为事实，为决策层提供有效、正确的参考依据。在任何情况下都能持守严谨负责态度的大数据分析师才真正值得企业与客户信任，才算得上一名合格的大数据分析行业从业者。

同样，大数据工程师是基础设施的建设者，没有高质量的软、硬件产品，以及数据采集和准备工作，企业同样得不到好的服务。

2. 持久强烈的好奇心

在大数据分析师的脑子里，应该充满无数个"为什么"：为什么是这样的结果而不是那样的结果，导致这个结果的原因是什么，为什么结果不是预期的那样，等等。这一系列的问题在数据分析过程中时常出现。只有在强烈好奇心的推动下，大数据分析师才能积极主动地发现和挖掘隐藏在数据内部的真相。并且，大数据分析师的好奇心也必须是持久的，若仅仅满足于当下的状态，没有刨根问底的精神，就会轻易地下结论，而这种结论的正确率往往不高。通常，这种状态被称为半优化（Sub – optimal）的决策。在进行数据研究时，大数据分析师只有不断抛出新的问题，对数据进行敏感而持久的研究，才能优化甚至彻底颠覆自己原建的模型。大数据几乎就是创新的代名词，它与创新、创造联系紧密。每一天，大数据技术、分析技术都在不断地优化。

因此，作为一名合格的大数据分析师，好奇心（Curiosity）驱动下的好学和不断追求优化的态度是必备的素质。

3. 清晰有序的逻辑思维

通常，进行数据分析时所面对的商业问题都是较为复杂的，大数据分析师不但要考虑错综复杂的成因，分析可能面对的各种纷繁交杂的环境因素，而且要在若干发展的可能性中选择一个最优的方向。这不仅建立在对事实有足够了解的基础上，更需要大数据分析师自身能真正掌握问题的整体及局部的结构，在进行深度思考后，厘清结构中的逻辑关系，只有这样才能切实、客观、科学地找到商业问题的答案。

4. 游刃有余的模仿力

在进行数据分析时，大数据分析师一方面要逐步产生自己的想法；另一方面，也需要借鉴、参考他人优秀的分析思路和方法。这就是所谓的模仿力。但模仿并不能盲目地进行，更不能直接照搬，成功的模仿需要领会他人方法之精髓，透彻理解并分析其原理，透过表面达到实质，从而将他人的成功经验与思维精华内化为自己的知识，到最后不但不被他人的思维制约、限制，还可使自己的专业能力迅猛成长。这就是所谓游刃有余的模仿力，也是一名优秀的大数据分析师必备的素质之一。

5. 独特新颖的创新力

中国的大数据分析师缺少的往往不是模仿力，而是独特新颖的创新力。相关报告显示，中国各行各业的创新力与日本、美国等发达国家相比差距仍然很大。创新力是一名优秀的大数据分析师应具备的素质，只有不断地创新，才能提高自己的分析水平，使自己站在更高的角度来分析问题，为整个研究领域乃至社会带来更多的价值。数据领域的分析方法和研究课题千变万化，墨守成规是无法很好地解决层出不穷的新问题的。而创新力是建立在大数据分析师对业务的了解和对数据技能的掌握之上的。

1.2.2　从数据中挖掘金矿

近十几年来，随着计算机和互联网的广泛应用，企业积累了越来越多的数据，来自供应商、分销商、客户及市场等各个方面的信息呈爆炸性增长。据 IBM 公司分析，绝大多数企业只用了不到其总数据量 1% 的数据。大数据工作者应该将其他 99% 的数据应用起来，为企业创造价值。数据要真正成为企业的财富，必须为业务决策和战略发展服务才行；否则大量的数据可能成为包袱，甚至成为垃圾。

数据挖掘也可以称为数据库中的知识发现（Knowledge Discover Database，KDD），是基于数理统计、人工智能、机器学习等技术的，从大量数据中提取可信、新颖、有效并能被人理解的信息的处理过程。它根据企业具体的业务目标，对大量的数据进行挖掘、分析，及时发现内在的规律，并且做出符合企业运作发展规律的预测。

数据挖掘技术适用于任何行业、任何部门。最早采用数据挖掘技术的企业大都分布在信息密集型行业，如大型银行、保险公司、电信公司和销售企业等。数据挖掘技术并非只能应用在这些信息密集型行业。普通企业碰到的业务问题也可以通过简单的报表统计、数据查询解决，同时用数据挖掘技术发现规律、预测规律。因此，大数据工作者无论在哪类企业工作，都需要优化企业的管理，帮助企业从强手如林的竞争对手中胜出。

由于近年来各行各业都越来越以客户为中心，数据挖掘技术被大量地应用于这方面。但数据挖掘技术不仅仅应用于数据量较大的 B2C 企业，也应用于面向供应商的应用和面向组织内部的应用。在组织内部，数据挖掘技术在企业的任何一个业务部门都可以应用。比如，企业的财务智能化管理，怎么做投资回报比的分析，怎么控制成本，怎么做预算等。数据挖掘技术除了在财务管理，还在人力资源管理、风险管理、质量管理，甚至在对高层领导的综合绩效考核、企业高层战略管理等领域，都有非常广泛的应用。

在运用数据进行创新的同时，数据也为企业、社会、个人带来了许多的机会。比如，芝麻信贷是支付宝（Alipay）的一款产品，它向没有贷过款的人们提供贷款服务。芝麻信贷会分析个人网购记录、在线账单支付记录、电话使用记录和在线行为等数据，并评估风险。这些数据源自智能手机、汽车、家中的互联网产品、健康保健设备、社交媒体和通信工具等。人们在享受现代生活时产生的数据为芝麻信贷和其他类似产品的实现提供了基础。

很多国内外的企业都会推出基于用户个人数据的产品和服务，有的是为了提高产品体验，还有的是为了利用数据赚钱。基于从数据中挖掘金矿这个理念，数据工作者与其他职业相比，比较突出的一个特点是"为结果工作"，而且这个追求的"结果"必须是个金矿。

1.2.3　大数据工程师的技能要求

大数据工程师的技能要求如表 1.1 所示。

表 1.1　大数据工程师的技能要求

大数据技术分类	大数据技术与工具
基础架构支持	云计算平台（Apache Hadoop、OpenStark）
	存储虚拟化、分布式存储
	虚拟化（VM、Docker）
	网络（OpenFlow）
数据采集	数据总线
	ETL 工具（Flume、Kafka、Sqoop）
数据存储	分布式文件系统（HDFS、GFS）
	关系型数据库（Oracle、MySQL）
	Nosql 数据库（HBase、Redis）
	关系型数据库和非关系型数据库的融合（NewSQL）
	内存数据库（MemCache）
展示和交互	图形与报表（Power BI、Quick BI、Cognos）
	可视化工具（DataV、D3、Echart、MapV、谷歌地图等）
	增强现实技术（Google 眼镜）
编程工具	SQL、ETL 工具
	SAS、R、Python
	Java

1.2.4　大数据分析师的技能要求

大数据分析师的技能要求如表 1.2 所示。

表 1.2　大数据分析师的技能要求

大数据分析分类	大数据技术与工具
行业知识和技能	行业知识，如金融、保险、电信、零售、电商、媒体等
	业务流程，如银行的核心业务、客户服务、物流等
	专业知识，如营销、信用风险控制、房地产投资、石油勘探等
	企业战略
数据与数据处理	理解结构化数据与非结构化数据，如数据类型、结构等
	数据预处理，如质量控制、数据转换、数据脱敏等

续表

大数据分析分类	大数据技术与工具
数据存储	分布式文件系统（HDFS、GFS）
	关系型数据库（Oracle、MySQL）
	Nosql 数据库（HBase、Redis）
	关系型数据库和非关系型数据库的融合（NewSQL）
	内存数据库（MemCache）
数据计算	Excel
	基本统计知识，如概率分布、常见的假设检验等
	常用统计模型，如因子分析（Factor Analysis）、相关分析（Correlation Analysis）、对应分析（Correspondence Analysis）、回归分析（Regression Analysis）、方差分析（ANOVA/Analysis Of Variance）等
	常用数据挖掘算法，如聚类分析（Cluster Analysis）、神经网络（Neural Network）、决策树/随机森林（Decision Tree/Random Forrest）、支持向量机（SVM）、基因算法（Genetic Algorithm）、模拟算法（Simulation）等
展示和交互	BI（Cognos）
	可视化工具（DataV、D3、Echart、Tableau）
	人工智能

作为大数据分析师，通常需要具备以下三种类型的知识与技能。

1. 大数据编程技巧

工欲善其事，必先利其器。若脱离了大数据相关的软件技能，面对浩瀚的数据海洋，我们能做的就只是望洋兴叹。更有甚者，随着数据变为大数据，这种变化对传统的软件和软件技能提出了一个不小的挑战。例如，老牌的 Excel，可容纳数据集虽然已经达到百万，可还是远远不能满足我们的需求。当数量堆积到一定程度而从量变达到质变时，其对软件技能和编程技巧的效率都有着很高的要求。

故而学习大数据相关的软件技能，如业界流行的 R、Python、Java、SAS、Hadoop、阿里云计算等，是从事大数据相关工作必不可少的一步。

2. 数据库及数据来源的掌握

俗话说得好，巧妇难为无米之炊。作为大数据工作者也是如此，一名大数据分析师的根源当然是要有大数据。因此，了解数据库和掌握控制数据来源就显得格外重要。不同的数据库，调用数据的方式当然是不一样的。就好比现实世界不同的仓库，存储货物的方式也是不尽相同的。一旦不了解当前的数据库，取不出可用的数据事小，可怕的是取出了错误的数据而不自知。如果源头就是错误的数据，又如何指望在最后得出正确的结论呢。而当数据有不同的来源时（如外部数据），就更加应该小心数据的质量。如何匹配、运用数据源，以及如何控制数据源的质量都需要时刻关注。总之，理解数据库、阿里云 RDS、OTS、ADS、ODPS，以及数据质量控制是数据分析的重中之重。

3. 大数据分析方法及结论的运用

归根结底，大数据的分析要定位在帮助企业实现其商业目标上。企业的商业目标不尽相同，从而导致为实现其商业目标而催化出来的大数据分析方法形式多样。然而，在如此众多的分析方法中总有一些脉络可寻，总有一些分析方法是万变不离其宗的。大数据工作者掌握了这些核心的数据处理、计算、运用方法之后，对其延展而来的其他分析方法也会得心应手。

在使用分析方法得出结论后，如何展现结论也是大数据工作者需要注意的。可视化和报表制作、幻灯片的完善、口头表达等都是展现数据结论不错的方式。

1.3 工作情况

1.3.1 典型的工作状态

大数据分析师典型的工作状态如图 1.2 所示。

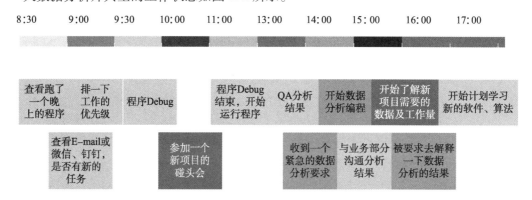

图 1.2 大数据分析师典型的工作状态

1.3.2 大数据职业的现状

1. 金融业：信用风险控制、反洗钱、反欺诈

在金融业中充斥着大量的以大数据分析为基础的决策，如信用风险控制、反洗钱、反欺诈等。在早期，金融业审核贷款人的方式是雇佣一大批有着丰富经验的贷款审核员，通过贷款审核员的丰富经验来判断贷款的风险高低。然而，只是凭借个人的经验有着很大的偶然性和不确定性，而一个企业最怕的就是产品的不稳定。通过数据的收集和归纳，金融业慢慢找到了贷款高风险人群的共性。金融业通过数据分析了这些共性，制定了规范的贷款申请问卷，不仅大大降低了人力成本，而且使贷款的可靠性和稳定性大幅度提升，使自身获得了巨大的收益。同样，金融业通过数据分析怪异行为，在反洗钱和反欺诈上也获得了巨大的成功。

2. 运营商：市场营销、顾客忠诚、产品服务

市场上的产品和运营商千千万万，顾客会如何选择？作为一个运营商又该如何脱颖而出，让顾客保持忠诚？这两个问题恐怕是所有运营商最关心的问题了吧。而对于一个大数据工作者来说，这却是非常好回答的问题，或者说这两个问题的答案是同一个，那就是给顾客提供他们想要的。对于如此善解人意、知人冷暖的运营商，又有哪个顾客会不青睐有加呢。可问题是，如何才能猜准顾客的心意呢？这时大数据分析再次派上了用场。大数据反映了一个顾客的方方面面：顾客是一个对价格敏感的人还是一个追求高端的人；顾客是对某个品牌

有着偏爱还是一视同仁的人；甚至顾客是不是处于一个人生的新阶段，都可以通过数据得知，如顾客开始买婴儿产品了。所以说，掌握了大数据，就掌握了一把打开顾客心门的钥匙。从此运营商就能想顾客之所想，急顾客之所急，比顾客更了解他自己。

3. 零售、快消、服务型行业：商店管理、商品品类管理

数据历史上有一个既成功又经典的商品品类管理案例：啤酒与尿布的同柜摆放。在美国的沃尔玛，商家发现美国妇女经常会嘱咐其丈夫在下班后给孩子买尿布。然而，丈夫们通常也会在买完尿布后顺手买一瓶啤酒犒劳一下自己。久而久之，沃尔玛就通过把啤酒和尿布放在一起出售，从而实现了商业上的巨大成功。然而是什么让商家发现了这一有趣的现象呢？这正是商家通过对超市一年的原始交易数据进行详细分析而得出的结论。所以，好的大数据分析可以帮助商家进行更好、更科学的管理。科学的商店管理使商家的效率倍增而成本下降。更好的商品品类管理使商家的产品更容易被顾客所接受，从而使得交易额上升，与顾客达成真正的双赢。

1.4　职业前景

1.4.1　大数据职业的发展

由于目前大数据人才匮乏，对于许多企业来说，很难招聘到合适的人才——既要有高学历，又要有大规模数据处理经验。因此，很多企业会在内部寻找合适的人才。2014 年 8 月，阿里巴巴举办了一个大数据竞赛，把天猫平台上的数据去除敏感问题后，放到云计算平台上交予 7000 多支队伍进行比赛，比赛分为内部赛和外部赛。阿里巴巴希望通过这个方式来激励内部员工，同时也发现外部人才，让各行业的大数据分析师涌现出来。

目前，长期从事数据库管理、数据挖掘、编程工作的人，包括传统的量化分析师、Hadoop 方面的工程师，以及任何在工作中需要通过数据来进行判断和决策的管理者，如某些领域的运营经理等，都可以尝试该职业，而各个领域的达人只要学会运用数据，也可以成为大数据分析师。

作为 IT 类职业中的"大熊猫"，大数据分析师的收入可以说达到了同类的顶级。根据观察，国内 IT、通信行业招聘中，有 10% 的职位是和大数据相关的，且比例还在上升。大数据时代的到来很突然，在国内发展势头迅猛，而人才却非常有限，人才供不应求的状况将会是未来较长一段时间内的常态。在美国，大数据分析师平均每年薪酬高达 17.5 万美元。而据了解，在国内顶尖互联网类企业，同一个级别的大数据分析师的薪酬可能要比其他职位高 20%～30%，且颇受企业重视。

从国内的薪资水平来看，月薪 5000 元是起步，20 000 元以上的在 2015 年仅占 2.4%，而在 2016 年却增长到了 21.5%。由此可以看出，大数据其实就是从 2016 年开始真正发展的。无论是最高月薪还是最低月薪，2016 年在 2015 年的基础上都有明显增长。平均月薪的增长意味着大数据进入了越来越多人的视线。

由于大数据人才数量较少，因此大多数企业的数据部门一般都是扁平化的层级模式，大致分为数据分析师、资深研究员、部门总监三个级别。大企业可能按照应用领域的维度来划分不同的团队，而在小企业则需要身兼数职。有些特别强调大数据战略的互联网企业则会另设最高职位，如阿里巴巴的首席数据官。一方面，从事大数据分析师这个职业的大部分人会

往研究方向发展，成为重要的数据战略人才；另一方面，大数据分析师对商业和产品的理解并不亚于业务部门的员工，因此也可转向产品部或市场部，乃至上升为公司的高级管理层。

1.4.2　大数据的未来

大数据才刚刚开始发展，其未来还有许多不确定性。但大数据的未来充满了各种可能性是可以确定的。大数据主要会对政府、企业，甚至个人的日常生活产生深远影响。大数据不仅会改变运营的流程，向社会提供更多更好的服务，直接改变人们生活的方方面面，如出行方式、购物方式、垃圾回收等，而且会改变人们工作的方式。

1.4.3　大数据职业的规划

职业规划是对职业生涯乃至人生进行持续的、系统的计划过程，它包括职业定位、目标设定和通道设计三个要素（中国职业规划师协会）。

职业规划（Career Planning）也叫"职业生涯规划"，主要体现在三个方面：第一，个人内在要素，包括职业性格、兴趣、职业价值观等；第二，本身的商业价值要素，包括已具备的知识、技能、经历、人脉等；第三，外在环境要素，包括宏观产业、组织、家庭等。职业规划是在对这些要素综合分析与权衡的基础之上确定出一个人当下状态的最合适的职业发展方向，并为实现这一目标做出行之有效的、合理的安排及计划。最重要的是，职业规划是一个动态的、持续的过程，每个人要根据环境的变化，而不断地自我规划，最终实现自我目标和价值。

大数据职业规划的原则有以下几个。

（1）喜好原则：你喜欢大数据类型的工作吗？只有这个事情是自己喜欢的，他才有可能在碰到强大对手的时候仍然坚持；在遇到极其困难的情况时不会放弃；在有巨大诱惑的时候也不会动摇。

（2）擅长原则：你具备本书中提到的大数据工作需要的技能和素质吗？做擅长的事，才有能力做好；有能力做好，才能解决具体的问题。只有做自己最擅长的事情，才能做得比别人好，才能在竞争中脱颖而出。

（3）价值原则：做大数据相关工作，从数据中挖掘金矿是你认为有意义的工作吗？你得认为这件事够重要、值得做，否则你再有能耐也不会开心。

（4）发展原则：大数据这个领域提供了足够的发展空间，有足够大的成长空间，这样的职业才有奔头。

大数据职业的规划，首先要发现自我，对于个人的评估，可以自己进行，也可以邀请朋友和家人协助。全面、客观地评估自我，对职业规划尤为重要，主要涉及以下几点。

（1）职业爱好：分析需求、编写代码、与人沟通、探索未知是你喜欢的吗？

（2）思考能力：根据数据推演、分析、提出解决方案，这常常需要进行积极的思考。

（3）学习能力：数据分析与 IT 行业一样，是需要持续保持学习状态的，你能坚持吗？

（4）沟通合作能力：大数据分析师（后文简称为分析师）需要与业务部门、研发部门等频繁沟通和合作，你擅长吗？

（5）性格：做事仔细、有组织能力是非常必要的。

➤ 初识大数据

2.1 大数据的基础知识

2.1.1 什么是大数据

自从古代有过第一次计数和农作物产量记录以来，数据收集和分析便成为社会功能改进的根本手段。在 17 至 18 世纪，微积分、概率论和统计学等领域的基础性研究工作，为科学家提供了一系列新工具，用来准确预测宇宙星辰活动，确定公众犯罪率、结婚率和自杀率。这些工具的使用常常给其他科学技术带来惊人的进步。在 19 世纪，约翰·斯诺（John Snow）博士运用近代早期的数据科学绘制了伦敦霍乱爆发的"聚焦"地图。霍乱在过去被普遍认为是由空气传播的，约翰·斯诺通过调查被污染的公共水井进而确定了霍乱是通过饮用水传播的，同时奠定了疾病细菌理论的基础。

从数据中撷取洞察以优化经营行为，这是美国工业企业的惯常做法。弗雷德里克·温斯洛·泰勒（Frederick Winslow Taylor）在宾夕法尼亚州的米德瓦尔钢铁厂采用秒表和笔记板来分析生产力，这大大提高了车间产量，也铸就了他的信念，即数据科学可以为生活中的每一个方面带来革命性影响。1911 年，泰勒撰写了《科学管理原理》，以回应西奥多·罗斯福（Theodore Roosevelt）总统有关提升"国家效能"的倡议："从分析师单个人的行动到大型企业的工作，科学管理的基本原理可以应用到一切类型的人类行为中……无论何时，只要正确运用这些原理，必定会产生真正令人惊讶的成果。"

今天，数据比以往任何时候都更加深入地与人们的生活交织在一起。分析师期待着用数据解决各种问题、改善绩效，以及推动经济繁荣。数据的搜集、存储与分析技术不断提升，这种提升正处于一种无限的向上轨迹之中。技术发展的加速是计算机处理能力的提高、计算与存储成本的降低，以及在各类设备中嵌入传感器的技术的增强带来的。

关于"大数据"有多种定义，其差别取决于你是一位计算机科学家，还是一位金融分析师，抑或是一位向风险投资人推销一个创新概念的企业家。大多数定义都反映了随着数据集在数量、速率与种类上持续扩大，随之而来的那种不断提升的采集、整合与处理数据的技术能力。换言之，现在数据可以更快地获取，有着更大的广度和深度，并且包含了以前做不到的、新的观测和度量类型。更确切地说，大数据集是庞大的、多样化的、复杂的、纵深的和/或分布式的，它由各类仪器设备、传感器、网上交易、电子邮件、视频、点击流，以及现在与未来所有可以利用的其他数字化信号源产生。

就大数据而言，真正重要的是它能做什么。虽然市场把大数据界定为一种技术现象，大数据的分析带来的多元而广泛的潜在用途却面临一些关键性的挑战，即国家法律、社会伦理与道德规范在大数据时代是不是有足够的能力保护个人隐私和其他社会价值。前所未有的计算能力与持续的改进能力为人们的生活与工作带来了从未预料到的发现、创新与进步。但是，这些能力对于普通人来说，多数都是既不可见又无法感知的。因此，在拥有大数据及相关技术的一方与接受数据服务的一方之间，形成了一种非对称的力量。而这可能带来严重的对个人隐私、财产的侵犯。

目前，大数据应用带来的好的与坏的结果还没有被充分了解。部分挑战也在于如何理解大数据在许多不同的应用场景中是如何发挥作用的。大数据可以被看成一种资产、一种公共资源，或者一种事物的描述。它的应用或许可以驱动未来的世界经济，也可能是对人们所珍视的自由的一种威胁。大数据可能是所有这些事情。

2.1.2　大数据为什么重要

数据量正以惊人的速度激增。从出现文明到 2003 年，人类总共才创造 5 EB（ExaBytes）的数据，但是现在仅需要两天就会创造出相同的数据量。2012 年，全球数字数据量增长至 2.72 ZB（ZettaBytes），并以每两年翻番的速度增长，到 2015 年达到了 8 ZB。这样的数据量相当于 1800 万个美国国会图书馆。全球数十亿台连接的设备，从个人计算机和智能手机到 RFID 读取器和交通摄像头等传感设备，都在不断生成复杂的结构化数据和非结构化数据。

非结构化数据本质上是异构和可变的，可以有许多格式，包括文本、文档、图形、视频等。非结构化数据的增长速度比结构化数据的增长速度更快。根据 2011 年的 IDC 调查，非结构化数据将占未来 10 年所创造数据的 90%。非结构化数据作为一个新的尚未开发完善的庞大信息源，对其进行分析可以揭露以前很难或无法确定的重要关系。

对于企业来讲，大数据分析应用是一项技术推动的竞争性战略，旨在获得更加丰富、深入和准确的客户、合作伙伴及商业洞察，并最终获取竞争优势。通过处理分析实时数据流，企业可更加快速地做出决策、监控最新市场趋势、迅速调整方向并抓住新的商机。

2.1.3　大数据的维度

在 2001 年发表的一篇研究论文里，Gartner 集团的 Doug Laney 首次描述了"大数据的三个维度（容量、多样性、速度）"。论文阐述了电子商务影响数据产生的速度和规模。电子商务企业不断增加对数据合作的需求，渴望更有效地利用信息资源。

由于技术的瓶颈，大规模信息处理技术一直没有得到长足的发展。直到 2004 年，当时在谷歌任职的 Jeffrey Dean 和 Sanjay Ghemawat 共同发表了一篇突破性的论文（2004 年的第六届 OSDI 2004 操作系统的设计与实现会议），详细介绍了能够有效利用大量普通计算机硬件并聚合起来进行并行处理分布计算的方法——MapReduce 编程。尽管 MapReduce 编程的概念并不是最新的，但其革命性地提出了一个能在大规模计算机网络中提供可靠数据处理服务而不需要知道资源分配细节的解决方案。随后，谷歌的 MapReduce 版本推动了大数据技术的进一步发展。一年后，即 2005 年，雅虎的 Doug Cutting 和 Mike Cafarella 创造了 Hadoop 开源框架，该框架不仅包含了 MapReduce，而且加入了高度可用的文件系统（HDFS），以及配套的工具来支持这种新风格的大规模信息处理技术。

最常见的描述大数据特征的说法是"三个维度"。该描述由 Doug Laney 首先提出：容量（Volume）、多样性（Variety）和速度（Velocity）。在大数据火热了若干年后，许多经验丰富的大数据从业者认为，Doug Laney 的大数据特征描述（三个维度）仅仅是对数据本身的一个总结，而没有将大数据的真正的应用特征描述出来。在大数据应用中，数据的真实性也是一个关键因素，也就是说大数据是否是"可信任"的。虽然技术派并不总是承认最后的"Veracity"（真实性），但在商业和企业领域，任何大数据项目都需要帮助业务部门获取洞察力，并为企业产生实际的价值回报。这样的大数据项目的投资才能获得真正的成功，产生商业价值。有鉴于此，大数据产生价值的前提，即"真实性"是数据必须具备的。

四个 V 概括了大数据的主要特征，同时定义了 IT 部门需要解决的主要问题。

（1）容量（Volume）：数据的增长速度超过了传统存储和分析解决方案的发展速度。

（2）多样性（Variety）：可从之前从未考虑过的来源收集数据。传统的数据管理流程无法处理异构和可变的大数据，这些数据可能有不同的来源，如电子邮件、社交媒体、视频、图像、博客和传感器数据，以及"log 数据"（如访问日志和网络搜索历史记录）。

（3）速度（Velocity）：数据实时生成，同时要求即时按需提供可用信息。

（4）真实性（Veracity）：数据质量对价值的影响，其中包括数据的真实性。

对于任何希望成功地从大数据获取价值的企业来说，必须同时解决容量、多样性、速度和真实性问题。不全面的解决方案绝不可取。

1. 容量（Volume）

容量是大数据的第一个特征，被认为是最引人注目的。在许多情况下，容量被认为是大数据的"定义"，换句话说，大数据是指容量很大的数据集。根据一项被广泛引用的 IBM CMO 研究，每天有 2.5 兆字节数据被创建出来。在 1999 年，300GB 数据量被认为"非常之大"，而今天这样的数据量可以在一个单一计算机系统的内存里进行处理。

由于互联网促进了大规模的数据爆炸，一些主流网站每天都会生成大量的数据。Google 每天会产生 200 亿次页面搜索；Twitter 每天被超过 5 亿用户使用并产生超过 4 亿条数据，2013 年 8 月 3 日的一个记录峰值表明，它每秒产生 143 199 条推讯。同样，Facebook 的数据量同样惊人，它每天创建 270 万个"Likes"，处理 500TB 数据，上传 3 亿张照片。

显然，这些数据的量令人印象深刻。容量确实是大数据一个很重要的维度，它从根本上影响了数据处理技术，如 MapReduce 的使用。然而，大数据更多的应用是关于分析和信息挖掘。

例如，电信服务提供商早在大数据出现之前，就已经处理了大量以呼叫详细记录（Call Detail Record，CDR）为形式的数据。通常，CDR 采用以一个月为周期的形式来计费，除了为外部的审计或法律诉讼服务，无其他用途。后来，政策放松管制和移动设备使用率的快速增长使 CDR 的容量大大增加。现在，电信服务提供商每天都要处理 1 亿 ~ 50 亿条 CDR。CDR 不仅数量增加，现在还需要对其进行实时分析，涉及以下事项。

（1）分析消费者行为，可用于优化营销、客户保留、降低客户流失。

（2）防止因计费错误而导致的收入流失。

（3）防止使全球电信损失 400 亿美元的电信欺诈行为。

电信服务提供商还需要向消费者提供实时的电信服务使用信息及跟踪监控客户的电信服务使用情况。电信服务提供商的服务包括按月收费的包月计划和按使用量收费的计费模式。使用传统的处理技术，从成本和时间的角度上来讲显然是不合适的，因此很多电信服务提供商成为了大数据的早期使用者。

2. 多样性（Variety）

每天，我们都会处理各种形式的数据。现在我们来看一个与数据亲密接触的家庭生活的一天：爸爸、妈妈和两个孩子。上高中的儿子要将昨天晚上出席音乐会的照片和视频发给他的朋友；他上初中的妹妹，登录校园网站使用她的数字教科书来完成家庭作业，然后在线协作编辑一份报告。下班以后，妈妈在互联网上搜索健康的晚餐食谱以填写她的饮食和健身日志，为马拉松做着准备。爸爸通过社交媒体参加一个线上摄影聚会，同时还推特了他最喜爱的球队的成绩。

通过这个例子，你观察到了文本、视频、图像、推特、应用、在线协作和社会媒体的使用。每一个活动都会产生大量关于点击行为、偏好、兴趣等的信息。这些信息都能通过大数据分析获得新的洞察。例如，数据科学家可能会通过文本分析从微博上了解新产品的介绍和评价，并与产品销售相结合，以此来决定在哪里投放广告。

IBM 估计，今天创建的所有实时数据大约有 90% 是非结构化数据（2011 年 CMO 研究报告，IBM 商业价值研究院），非结构化数据的增长量大约是结构化数据的 15 倍（根据当时数据量的增长情况粗略估算）。当然，使用新的数据类型也扩大了对信息治理的要求范围。随着新数据的出现，新的风险也会出现。例如，在分析智能电表的时候，也会发现人们的生活习惯，如谁会熬夜，因此会危害个人隐私。

3. 速度（Velocity）

Webster 字典中将速度定义为"动作的速度"或"事件发生和行动的速度"。当描述大数据时，速度指生成的速度和使用的速度，也就是在高速情况下处理信息的能力。通常情况下，数据是实时处理的，智能电表就是一个很好的例子。对于传统的电表来说，电表的使用量通常由抄表员每月读取 1 次，这就需要抄表员走访每个家庭并记下电力使用情况。但是，智能电表的到来将会改变这一状况。智能电表不仅数据读取过程自动化，仪表读取频率更是加速到每 15 分钟读 1 次，并且每天 24 小时持续工作。对于用户来说，仪表的读取频率从每月 1 次到每小时 4 次，每个月将总共读取 2880 次。假设，一个大型电力公司拥有 500 万用户，那读取的次数会积累到每个月 144 亿次。电力公司不仅能使用这些信息来进行能源需求导向的定价，用户也可以通过访问门户网站来检查能源的使用情况并找到节约的方法，如在消费高峰时期减少使用等。

速度也扩大了实时分析和 Rear – View Mirror 分析（分析过去所发生的事情）之间的区别。从机器生成的数据中整合信息（如传感器或设备），对实时自动数据处理提出了挑战，传统的手工流程已经不适合要求实时预测与预防的场景。速度促使分析流程改变并生成更有效的结果。

例如，医院的病人的监护和护理，正在经历从定期手动绘制生命特征到从电子监控设备中实时自动化收集和分析病人的生命体征变化。数据流详细记录了心电图、血压、大脑的压力、脑电活动等。每个病人的心电图一天共有 8640 万个读数，从多达 1000 个心电图（ECG）的样本数据中，构造心脏功能的一个波形信号。

在先进医院的 ICU 里，分析该类数据流后得出的结果，被用来预测有创伤性脑损伤患者的大脑压力的上升，目的是为医生和护士提供一个病人在等待治疗时的病情变化，发出大脑压力上升或发生并发症的警告，以提醒医生采取预防措施来保证患者的生命安全。数据的速度在这种情况下可能意味着生与死的区别。一个病人的实时监控数据，每天加起来有 300 MB，并有多达 2.7 GB 的脑电图数据和 700 条警报。从床头监护仪中持续不断收集的特征数据中实时地分析生命特征，帮助医护人员发现病人在脉搏、血压、颅内压、心脏活动和呼吸上发生的微妙变化。医护人员可以主动评估病人的病情变化并检测和处理并发症，使患者更快痊愈，降低再次入住的概率。

4. 真实性（Veracity）

真实性或"数据可信度"具有以下三个特点。

（1）数据质量或清洁程度/数据一致性/数据准确性。

（2）数据来源和数据的连续性。

（3）数据的使用场景可以显著影响对数据质量是否可被接受的评估。

下列问题强调了数据的真实性。

（1）数据来自哪里？

（2）数据来源于组织内部还是外部？

（3）是像电话号码一样公开的数据还是整合后的行为数据？

（4）数据是描述一个事实还是一个观点？

（5）是一个故意制造的虚假数据吗？

（6）原始数据可以直接使用吗？如在防止欺诈分析中需要关注奇怪的行为数据，这些数据是否需要标准化和清洗？

对于那些进行网上交易的公司来说，对用户身份的信任程度，以及如何依赖这种可信的身份数据达到分析的目的，绝对是一个关于数据真实性和数据治理的决策依据。比如，分析潜在客户有较高的购买倾向还是只是浏览、由注册用户提供的个人信息可靠与否，以及它们与购买行为又是否有关系等，都需要有效的数据。

可公开获取的数据是另一个有意思的例子。公开获取的数据不是一定可以转化成精确可靠的数据的，尤其在整合多个数据源的情况下。例如，在一个叫"人民搜索引擎"的网站上列出一个男性死于 1979 年，并整合了公共数据：这位男性现年 92 岁并住在美国佛罗里达州，但事实上他从来没有在那里住过；他的妻子已经再婚，但后来又守寡了；他还被安上了一个原本属于他妻子的中间名。根据该男子的身份证号码，通过与其他官方数据的对比，名为"人民搜索引擎"的网站还错误地得出结论，他死于 1979 年，事实上却不是。

数据的真实性同样适用于社交数据，不管是社交媒体、产品或服务的评论，通过文本挖掘能够分析用户对一些事物（如商品和社会事件）的反应。在这一过程中，分析师必须认识到一个可能性，那就是部分甚至所有的帖子或评论都可能是假的，是企业或个人为寻求改善他们的评级，或者贬低竞争对手而产生的。Gartner Group 估计，到 2014 年，虚假评论在所有评论中占 10%~15%。例如，一个每月超过 2 亿访问量的独立访客的旅游网站强制删除了超过 100 条评论，因为这些数据是由一个连锁酒店高管发布的为自己的酒店创建的正面评价，同时给他的竞争对手创建了很多负面评价。

有更多的数据也并不一定意味着会更容易被人相信。Aberdeen Group 研究了"大数据信任悖论"：随着数据源的增加，数据的可信度将会下降。具体来说，70% 的企业只拥有不到 20 个数据源，它们的数据可信度高于拥有超过 20 个数据源的企业。多个数据源意味着需要做更多工作去匹配、标准化、控制数据。

真实性是基于数据、算法和假设验证过程的。例如，在 2008 年，谷歌开始追踪流感感染率。Google Flu Trendsderives 通过 Tweet 和流感相关搜索词，来估计流感感染率。这个数据与 CDC（疾控中心）手动报告相比，其显示的数字是准确的、超前的，为打击潜在的流行病赢得了时间。在 2013 年，这些流感感染的预测量与 CDC（疾控中心）的报告相比上升了近一倍。专家相信，增加新闻报道将会使更多未生病的人搜索关键词。

2.2　大数据的类型

2.2.1　结构化数据与非结构化数据

大数据目前尚没有统一的定义，通常被认为是一种数据量很大、数据形式多样化的结构化、非结构化和半结构化数据。

结构化数据是指以固定字段驻留在一个记录或文件内的数据。它事先被人为组织过，并依赖于一种模型来确保数据的存储、处理和访问。结构化查询语言（SQL）通常用于管理数据库的结构化数据表。结构化数据包括分析师常见的传统的销售、库存等数据。

非结构化是结构化的反面，是指没有一个预定义的数据模型或不以一种预先已经定义好的方式进行组织。非结构化数据是指数据不必以某种方式组织，直接按照数据类型方式分组分类，主要是文本，但也可以是图像、音频和视频。

半结构化数据是指跨结构化和非结构化的数据。它是结构化数据，但不适用正式的关系数据库模型。很多 XML 文档也可能属于这一类，虽然也有结构化和非结构化的 XML 文档。

除了传统的销售、库存等结构化数据，现代企业所采集和分析的数据还包括网站日志数据、呼叫中心通话记录、Twitter 和 Facebook 等社交媒体中的文本数据、智能手机中内置的 GPS（全球定位系统）所产生的位置信息、时刻生成的传感器数据等，甚至还有图片和视频。半结构化数据和非结构化数据的种类和过去相比已经有了大幅增加。

非结构化数据文件包括如下几种。

（1）自由格式文本（.txt）。

（2）Microsoft Word 文档（.doc，.docx）。

（3）Adobe Portable 文档格式（.pdf）。

（4）可拓展的 Markup 语言（.xml）。

（5）E – mail 消息（.eml）。

（6）Microsoft Excel 电子表格（.xls，.xlsx）。

（7）Microsoft PowerPoint 演示文稿（.ppt，.pptx）。

（8）Microsoft Exchange 和 Outlook（.osd，.pst）。

（9）富文本格式（.rtf）。

很多人相信，这些庞大的异构数据中蕴含着巨大财富——企业如果能在这些非结构化数据中挖掘知识并与业务融合，决策的依据将会更加全面和准确。在科学、体育、广告和公共卫生等诸多领域，决策方式有向数据驱动型转变的趋势。当然，在这种类型的数据中，也有一些是为了满足业务的需要，过去就一直存在并保存下来的。和过去不同的是，这些大数据并非是存储起来就够了，还需要对其进行分析，并从中获得有用的信息。以美国企业为代表的众多企业正在致力于这方面的研究。监控摄像机的视频数据正是其中之一。近年来，超市、便利店等零售企业几乎都配备了监控摄像机，目的是防止盗窃和帮助抓捕盗窃嫌犯，最近出现了使用监控摄像机的视频数据来分析顾客购买行为的现象。例如，美国大型折扣店 Family Dollar Stores，以及高级文具制造商万宝龙（Montblanc），都开始尝试利用监控摄像机的视频数据对顾客在店内的行为进行分析。它们过去都是凭经验和直觉来决定商品陈列的布局，但通过分析监控摄像机的数据，将最想卖出去的商品移动到最容易吸引顾客目光的位置，使得销售额提高了 20%。

2.2.2 几个大数据的例子

大多数数据领域的专业人员对结构化数据的概念是熟悉的，对传统数据库 RDBMS（关系数据库管理系统）数据表的行和列的格式也绝对不陌生。结构化数据能够代表真实世界中的事物。

近年来，爆发式增长的一些数据，如互联网上的文本数据、位置信息、传感器数据、视频等，用企业中主流的关系型数据库是很难存储的，它们都属于非结构化数据。社会媒体，如 Facebook、Twitter、LinkedIn、Pinterest 等，都有非结构化和半结构化数据。使用这些有价值的数据非常有利于大型和小型企业的发展。然而，在将大数据变得有用之前需要将其转换为结构化数据。

接下来列举一些具体的大数据的例子。

1. 社会媒体数据

博客、微博、社交网站（如 LinkedIn 和 Facebook）、新闻、论坛、视频网站等产生的数据都属于社会媒体数据。网页上的帖子和观点数据是与内部数据的格式和对象相对应的，系统提供了 API 访问和处理的服务。例如，在微博发布 140 字符的文本字符串。通过一个 API 阅读微博意味着访问一个 JavaScript 对象表示法（JSON）。JSON 是一种轻量级的数据交换格式，是基于 JavaScript 编程语言的一个子集，主要用于从微博和博客里交换数据。一个以 JSON 形式展现的微博的例子，如下所示。

```
{
"coordinates": null,
"created_at": "fri jan 17 16:02:46 +0000 2010",
"favorited": false,
"truncated": false,
"id_str": "28039232140",
"entities": {
"urls": [
{
"expanded_url": null,
"url":
"http://www.research.ibm.com/cognitive-computing/machine-learning-appli
cations/identify-theft-protection.shtml",
"indices": [
69,
100
```

```
]
}
],
"hashtags": [
],
"user_mentions": [
{
"name": "ibm, inc. ",
"id_str": "16191875",
"id": 11106875,
"indices": [
25,
30
],
"screen_name": "ibm"
}]
},
"in_reply_to_user_id_str": null,
"text": "the future of identity protection from our leading
researchers",
"contributors": null,
"id": 28034030140,
"retweet_count": null,
"in_reply_to_status_id_str": null,
"geo": null,
"retweeted": false,
"in_reply_to_user_id": null,
"user": {
"profile_sidebar_border_color": "c0deed",
"name": "ibm, inc. ",
.....
```

2. 网站日志数据

网站日志数据存在于各种半结构化的格式里。通常，它包含使用信息、从用户开始进入网络应用程序到离开之间的行为。网站日志数据也包括每次连接的信息，从最初频繁地请求连接，到可能发生的任何错误等。网站日志数据通常用于诊断网站错误和解决其他技术问题，也可以与其他数据源相结合，被用来理解用户网站的行为，并识别潜在的安全漏洞。

IBM WebSphere Application Server 的一个示例如下所示。

```
2013 -12 -16 18:09:39,112 INFO [SinglePoolConnectionInterceptor]
Removing
ManagedConnectionInfo:org. apache. geronimo. connector. outbound. ManagedCon
nectionInfo@ 3e393e39. mc:
```

org. tranql. connector. jdbc. ManagedXAConnection@ 7660766] from pool
org. apache. geronimo. connector. outbound. SinglePoolConnectionInterceptor@
78c478c4
2013 - 12 - 16 18:09:41,336 INFO [KernelContextGBean] bound gbean
org. apache. geronimo. configs/system - database/2.1.8 - wasce/car? J2EEApplica
tion = null,JCAConnectionFactory = SystemDatasource,JCAResource = org. apache.
geronimo. configs/system - database/2.1.8 - wasce/car,ResourceAdapter = org. ap
ache. geronimo. configs/system - database/2.1.8 - wasce/car,ResourceAdapterMo
dule = org. apache. geronimo. configs/system - database/2.1.8 - wasce/car,j2eeTy
pe = JCAManagedConnectionFactory,name = SystemDatasource at name
org. apache. geronimo. configs/system - database/JCAManagedConnectionFactory
/SystemDatasource
2013 - 12 - 16 18:09:41,666 INFO [KernelContextGBean] bound gbean
org. apache. geronimo. configs/system - database/2.1.8 - wasce/car? J2EEApplica
tion = null,JCAConnectionFactory = NoTxDatasource,JCAResource = org. apache. ge
ronimo. configs/system - database/2.1.8 - wasce/car,ResourceAdapter = org. apac
he. geronimo. configs/system - database/2.1.8 - wasce/car,ResourceAdapterModu
le = org. apache. geronimo. configs/system - database/2.1.8 - wasce/car,j2eeType
= JCAManagedConnectionFactory,name = NoTxDatasource at name
org. apache. geronimo. configs/system - database/JCAManagedConnectionFactory
/NoTxDatasource
2013 - 12 - 16 18:09:44,788 INFO [SystemProperties] Setting
Property = openejb. vendor. config to Value = GERONIMO
2013 - 12 - 16 18:09:45,569 INFO [service] Creating
TransactionManager(id = Default Transaction Manager)
2013 - 12 - 16 18:09:45,616 INFO [service] Creating
SecurityService(id = Default Security Service)
2013 - 12 - 16 18:09:45,616 INFO [service] Creating
ProxyFactory(id = Default JDK 1.3 ProxyFactory)
2013 - 12 - 16 18:09:45,803 INFO [config] Configuring Service(id = Default
Stateless Container, type = Container, provider - id = Default Stateless
Container)
2013 - 12 - 16 18:09:45,803 INFO [service] Creating Container(id = Default
Stateless Container)
2013 - 12 - 16 18:09:45,913 INFO [config] Configuring Service(id = Default
Stateful Container, type = Container, provider - id = Default Stateful
Container)
2013 - 12 - 16 18:09:45,913 INFO [service] Creating Container(id = Default
Stateful Container)
2013 - 12 - 16 18:09:45,975 INFO [OpenEJB] Using directory
C:\IBM\InfoSphere\Optim\shared\WebSphere\AppServerCommunityEdition\var\
temp for stateful session passivation

```
2013 - 12 - 16 18:09:45,975 INFO [config] Configuring Service(id = Default
BMP Container, type = Container, provider - id = Default BMP Container)
2013 - 12 - 16 18:09:57,991 INFO [SinglePoolConnectionInterceptor]
Removing ManagedConnectionInfo:
org. apache. geronimo. connector. outbound. ManagedConnectionInfo@ 6cac6cac.
mc: org. apache. activemq. ra. ActiveMQManagedConnection@ 38193819] from
pool
org. apache. geronimo. connector. outbound. SinglePoolConnectionInterceptor@
7ef07ef
```

3. 机器生成的数据

机器生成的数据来源于各种各样的设备，从 RFID 到传感器，涵盖了光学、声学、地震学、热力学、化学、医疗设备，甚至是天气等领域。美国国家气象局在其公共网站上发布了各种格式的数据。虽然人们能够以一个易于理解的格式查看纽约州当前的天气（2013 年 9 月 19 日下午 5：56，68 华氏度，多云），但是大数据应用程序却只能阅读数据的机器语言形式。

其他数据来源还包括道路交通传感器、电视机顶盒、健身传感器和摄像机等。

4. 地理空间数据

地理空间数据已无处不在，从汽车、飞机、船舶的 GPS 系统到我们智能手机上的 GPS 应用程序，我们使用 GPS 来为我们导航；反过来，GPS 习惯于追踪我们的行程。还有一些零售商使用店内 WiFi 网络来访问顾客的智能手机，以此来跟踪他们的购物习惯。

地理空间数据的另一个用途是基于位置的服务（LBS），它能够基于运动对象（汽车、智能手机）的位置提供服务、推送定制的广告。例如，某个城市中有一家咖啡店的三个分店，各咖啡店的店长可能想知道哪些车最接近他（她）的分店。为了解决这个问题，就需要通过车辆位置数据和分店的位置数据来计算距离。咖啡店位置的数据描述如下所示。

```
Four fields: location ID, latitude, longitude, radius
File Contents:
loc1,37. 786216, - 122.409074,500
loc2,37. 791134, - 122.398774,250
loc3,37. 787776, - 122.40122,300
The code snippet to perform the calculation is as follows (using the
InfoSphere Streams Geospatial Toolkit):
type LocationType = rstring id, rstring time, PointT location, float64
speed, float64 heading ;
type FixedLocType = rstring id, PointT center, float64 radius ;
composite GeoFilter
{
graph
...
stream <LocationType, tuple <rstring fixedLocId, float64 distance > >
NearbyVehicles
```

```
= Join(VehicleLocations as V ; FixedLocations
as F)
{
window
V: sliding, count(0) ;
F: sliding, count(3) ;
param
match: distance(V. location, F. center) < F. radius;
output NearbyVehicles:
fixedLocId = F. id,
distance = distance(V. location, F. center);
}
...
```

5. 流数据

流数据是一种特殊类别的大数据。它主要是指一种处理方式，而不是一种格式。流数据能使几乎任何类型的数据在一个连续且实时的状态下流入处理系统。实施这种数据流的优点是让分析跟上了"思想的速度"。流数据在很多地方都很有用，包括欺诈检测、安全、为了防止事故在安全区附近检测来自未知车辆的声音、交通监控和医疗监测。通常，流数据应用程序基于消息交换协议来发送和接收信息，以流的形式接收并处理消息，然后执行处理结果或发送数据到其他地方。在地理空间处理系统中，使用"全球定位系统（GPS）和空间数据"流数据来检测车辆位置。

2.3　大数据的行业应用

行业领袖、知名学者和技术先锋都有一个共识：在过去几年中，大数据已经成为大多数现代企业的重大改变动因。随着大数据逐渐渗透到我们的日常生活中，关注重点已经从围绕它的炒作转变为在其使用中找到真正的价值。

真正了解大数据的价值对企业来讲仍然是一个挑战，包括巨大的资金投入和投资回报，以及应用大数据所需要的技能是许多计划采用大数据技术的企业所面临的障碍。2015 年 Gartner 调查仍然显示，超过 75% 的企业正在投资或计划在未来两年内投资大数据领域。这些调查结果显示，更多的企业将会加入使用大数据的阵营。

通常，大多数企业和组织都有开展几个采用大数据技术的项目的目标。虽然大多数企业和组织的主要目标是增强客户体验，但降低成本、更有针对性的营销，以及提高现有流程的效率也是它们关心的。最近，数据泄露等安全事故也使增强安全性成为大数据项目的重要目标。

大数据的应用已经在各行各业实现，由于篇幅有限，以下只能对部分行业（领域）进行介绍。

1. 银行和证券行业

对 10 家顶级投资和零售银行的 16 个项目进行的研究表明，该行业面临的挑战包括证券欺诈预警、分时交易分析、信用卡欺诈检测、财务审计跟踪、企业信用风险报告、金融交易可见性、客户数据转换、金融交易的社交关系分析、IT运营分析和IT策略合规性分析等。

各国的证券交易委员会正在使用大数据来监控金融市场活动。他们目前正在使用网络分析和自然语言处理器来捕捉金融市场中的非法交易活动。零售交易商、大银行、对冲基金和金融市场中其他的"大玩家"也开始使用大数据进行高频交易，以及交易前决策支持分析、情绪测量、预测分析等交易分析。该行业还非常依赖大数据进行风险分析，包括反洗钱、提高企业风险管理、"了解你的客户"，以及减少欺诈行为。

2. 通信、 媒体和娱乐行业

由于消费者期望以不同格式和各种设备按需提供富媒体，因此通信、媒体和娱乐行业面临的一些重大数据挑战包括：收集、分析和利用消费者洞察；利用移动和社交媒体内容；实时了解媒体内容使用的模式。

该行业的企业经常分析客户数据和行为数据，以创建详细的客户档案，客户档案可用于：为不同的目标受众创建内容；按需推荐内容；衡量内容对营销或运营效率的影响。一个典型的例子是温布尔登锦标赛，它利用大数据实时向电视、移动和网络用户提供网球比赛的详细情况分析。Spotify是一种按需音乐服务，使用Hadoop大数据分析，从全球数百万用户收集数据，然后根据分析后的数据向个人用户提供智能的音乐推荐。亚马逊Prime通过大量使用大数据在一站式商店中提供视频、音乐和Kindle书籍来提供卓越的客户体验。

3. 医疗保健行业

医疗保健行业可以获取大量数据，但这个行业一直面临着无法高效利用数据来遏制医疗保健成本上升及系统效率低下的困扰，这阻碍了行业向社会提供更快、更好的医疗保健福利。这主要是由于电子数据不可用、不足或无法使用。

一些医院，如Beth Israel，使用从数百万患者手机应用程序中收集的数据，帮助医生使用循证医学的手段，而不是对所有去医院的患者进行多次医学/实验室检查。佛罗里达大学使用免费的公共健康数据和谷歌地图创建视觉数据，以便更快地识别和有效地分析医疗信息，用于跟踪慢性病的传播。

4. 教育行业

从技术角度来看，教育行业面临的主要挑战是整合不同来源的大数据，并在庞大的并且有点老化的平台上使用它。从实际角度来看，工作人员和机构必须学习新的数据管理和分析工具。在技术层面，整合不同来源的大数据存在着挑战，这些数据在收集阶段并没有考虑到未来的协作应用。在政府层面，如何保护用于教育的大数据的相关隐私是一个长期挑战。

大数据在高等教育中的应用非常广泛。例如，塔斯马尼亚大学——澳大利亚一所拥有超过26 000名学生的大学，已经部署了一个学习和管理系统，可以跟踪学生登录系统时在系统中不同页面花费的时间及学生的整体进度等；大数据还用于衡量教师的教学有效性，以确保学生和教师的良好体验，教师的表现可以根据学生数量、学习主题、学生期望、行为分类，以及其他一些变量进行衡量和微调；在政府层面，美国教育部的教育技术办公室利用大数据帮助正在使用在线大数据课程的学生，避免他们犯下学习上的错误，大数据技术还能监测学生的点击模式，来判断他们是否感觉无聊。

5. 制造和自然资源行业

对包括石油、农产品、矿物、天然气、金属等在内的自然资源的需求不断增加，导致数据的量及其增长速度，以及数据的复杂性的增加。同样，制造业的大量数据也尚待开发。对这些信息利用不足会妨碍产品质量的提高，能源效率、可靠性和利润率的提高也会受到影响。

在自然资源行业中，大数据允许预测建模以支持决策。预测建模利用从地理空间数据、图形数据、文本和时间数据中摄取和集成的大量数据，帮助企业完成地震预测和储层描述的工作。

大数据也被用于解决当今制造业面临的挑战，其中一个应用是提升预测供应链未来负载的能力。

6. 公共服务领域

在公共服务领域，大数据的应用范围非常广泛，包括能源勘探、金融市场分析、欺诈检测、健康研究和环境保护等。例如，大数据被用于分析社保部门的大量社会残疾索赔。这些索赔通常以非结构化数据的形式出现，大数据分析能快速有效地处理医疗信息，以便更快地做出决策并检测可疑或欺诈性索赔。美国食品和药物管理局（FDA）也在使用大数据来检测和研究与食物有关的疾病的模式，这能帮助其更快地响应健康市场的变化，以提高治疗效率和降低死亡概率。

7. 保险行业

缺乏个性化服务、缺乏个性化定价、缺乏对新细分市场和特定细分市场的针对性服务是一些保险企业面临的主要挑战。通常，保险行业专业人士面临的挑战是对收集的保险数据利用不足而无法获得更好的洞察力。

通过从社交媒体、支持 GPS 的设备和 CCTV 镜头获得的数据分析和预测客户行为，大数据已被保险行业用于为客户提供他们需要的产品，同时还可以使保险公司更好地保留客户。在索赔管理方面，大数据的预测分析已被用于提供更快的服务，因为其可以分析大量数据，在承保阶段欺诈检测也得到了加强。通过来自数字渠道和社交媒体的大量数据，保险公司实现了在整个索赔周期中对索赔的实时监控。

8. 零售和批发贸易行业

从传统的实体零售商和批发商到当今的电子商务交易商，该行业随着时间的推移收集了大量数据。这些数据来自客户忠诚卡、POS 扫描仪、RFID 等。

许多企业强调零售业需要利用大数据进行智能化分析，包括通过购物模式、本地活动等数据来优化工作人员配备、减少欺诈、实时分析库存等。

社交媒体数据也有很多潜在的用途，零售企业越来越多地采用此类数据，广泛应用于客户探索、客户保留、产品推广等。

9. 交通运输领域

最近，来自基于位置的社交网络的大量数据和来自电信的高速数据已经影响了旅行行为。但是，对旅行行为的研究并没有跟上市场的需求。在大多数地方，交通运输需求模式对于如何有效利用社交媒体数据仍然知之甚少。

在这个领域，政府、私营部门和个人对大数据的一些应用包括：政府使用大数据帮助交通管制、路线规划、开发智能交通系统、拥堵管理（通过预测交通状况）；私营部门在运输中使用大数据进行收入管理、技术改进、物流管理和提升竞争优势（通过合并货运和优化货运）；而个人使用大数据来规划节省燃料和时间的路线、安排旅游行程等。

10. 能源和公用事业领域

智能抄表器几乎每15分钟就能收集一次数据，而不需要每天使用旧抄表器收集数据。这种精细数据被用于更好地分析公用事业的消耗，从而改善客户反馈并更好地控制公用资源的使用。在公用事业公司中，大数据的使用还可以提供更好的资产和人力资源管理，这对于识别错误并在出现重大故障之前采取必要措施是非常有用的。

2.4 企业面临的大数据挑战类型

大数据极具爆发力，为大量使用IT技术的企业带来了机遇和挑战。为发掘它的全部潜能，大数据分析需要使用全新方法来捕获、存储和分析数据。

大数据的应用一般可分为四个阶段：大数据生成、大数据采集、大数据存储和大数据分析。如果我们把大数据作为原料，大数据生成和大数据采集就是一个开发过程，而大数据存储是一个存储过程，大数据分析是一个可以利用原料来创造新价值的生产过程。

2.4.1 大数据从何而来

大数据生成是大数据应用的第一阶段。以互联网数据为例，数据生成的例子有大量的搜索条目、互联网论坛的帖子、聊天记录和微博消息等。这些数据与人们的日常生活密切相关，并有着高价值和低密度的特性。这些互联网数据单独存在时可能是微不足道的，但是通过开发、积累人们的习惯和爱好等互联网数据中有用的信息，可以识别甚至可以预测人们的行为和情感。此外，通过聚合多个业务数据源，数据集将变得更大规模、更多样化和更复杂。这些数据源包括传感器、视频、点击流和其他所有可用的数据来源。

目前，大数据的主要来源包括企业经营信息、交易信息、物联网信息、传感信息、人工交互信息、在互联网世界中的位置信息、在科学研究中生成的数据信息等。这些信息已经远远超过大多数企业现有的IT体系结构的承受能力，同时对数据的实时分析需求也要求IT体系结构提升现有的计算能力。

2.4.2 企业如何获取大数据

大数据应用的第二阶段是大数据采集，它包括数据采集、数据传输和数据预处理。在大数据采集中，一旦开始收集原始数据，就应该采用一种有效的传导机制，将它们传输到适当的存储管理系统中，以支持不同的分析应用程序。收集的数据集有时可能会包括冗余或无用的数据，不必要地占用了存储空间还影响后续的数据分析。例如，在环境监测的传感器中收集的数据集里，高冗余是很常见的，而数据压缩技术可以减少冗余。因此，数据预处理是必不可少的，可以确保高效地存储和开发数据。

2.4.3 大数据的存储问题

爆炸式增长的数据对存储和管理有更严格的要求。在本节中，我们关注的是大数据存储。大数据存储是指存储和管理大型数据集，并在访问数据时实现其可靠性和可用性。下面将探讨一些重要的问题，包括海量存储系统、分布式存储系统和大数据存储机制。一方面，数据存储基础设施需要为信息存储服务提供可靠的存储空间；另一方面，数据存储基础设施必须提供一个强大的访问接口，以进行查询和分析大量的数据。传统上，作为服务器的辅助设备，数据存储设备是用于储存、管理、查找和分析数据的结构化的 RDBMS。急剧增长的数据，使得数据存储设备变得越来越重要。许多互联网公司都在开发大容量存储系统，竞争十分激烈。因此，对于数据存储的研究是十分必要的。为满足大规模数据的存储需求，各种海量存储系统竞相出现。现有的海量存储系统可以分为直接附加存储（DAS）和网络存储，而网络存储可以进一步分为网络附加存储（NAS）和存储局域网络（SAN）。

在 DAS 中，各种硬盘直接与服务器相连，并以数据管理服务器为中心。这些存储装置都是外围设备，每一个都需要一定的 I／O 资源，并由一个单独的应用程序软件管理。出于这个原因，DAS 只适用于小规模的互联服务器。然而，由于其较低的可伸缩性，DAS 表现出较低的效率，如在增加存储容量时，可升级性和可扩展性将变得非常有限。因此，DAS 主要适用于个人计算机和小规模的互联服务器。

网络存储是利用网络为用户提供一个公共的接口来实现数据访问和共享的。网络存储设备包括特殊数据交换设备、磁盘阵列、其他存储媒体及特殊的存储软件等，并且具有强大的可扩展性。NAS 实际上是网络的一个辅助存储设备。它通过 TCP／IP 协议，通过集线器或交换机直接连接一个网络。在 NAS 中，数据以文件的形式传播。由于 NAS 服务器是间接地通过网络访问一个存储设备的，所以它的 I／O 负担会减少。NAS 是面向网络的，但 SAN 是为可伸缩的数据存储和带宽密集型的网络特别设计的，如光纤的高速网络连接。在 SAN 中，数据存储管理在存储局域网内是相对独立的，基于多路径的任何内部节点之间的数据交换实现了最大程度的数据共享和数据管理。

从数据存储系统的组成来看，DAS、NAS 和 SAN 可以分为三个部分：（1）磁盘阵列，是一个存储系统的基础和数据存储的根本保障；（2）连接服务器或网络，能提供一个或多个磁盘阵列和服务器之间的连接；（3）存储管理软件，能处理数据共享、灾难恢复和其他多个服务器的存储管理任务。

我们将在后面的章节详细阐述分布式存储系统和大数据的存储机制。

2.4.4　大数据对分析人才的要求

数据分析主要包括传统数据分析和大数据分析。大数据分析架构和软件用于大数据的分析和挖掘。大数据分析是大数据价值链中，最后的也是最重要的阶段，它以提取有用的价值为目的，并提供建议或做出决策。

在不同行业领域中，从数据中提取潜在价值，可以通过分析数据实现。然而，数据分析是一个广泛的领域，它经常变化且极其复杂。

传统数据分析需要选择合适的量化、统计或人工智能方法来分析大量的数据，将隐藏的信息提取出来，在优化企业管理过程中追求数据价值的最大化。数据分析在国家发展计划、了解客户需求、预测企业市场趋势中起着巨大的指导作用。

大数据分析事实上也可视为一种数据分析技术，因此许多传统数据分析方法仍然被应用于大数据分析。几个具有代表性的传统数据分析方法如下所述，其中大多来自统计学和计算机科学。

（1）聚类分析。聚类分析是一种对对象进行分组的统计方法，其特征是根据一些特性对对象进行分类。聚类分析用来区分有特定功能的对象，并根据这些特定功能进行分类

（集群），使得同一类的对象具有高同质性，而不同类别具有高异质性。聚类分析是一种无监督学习方法，并且不需要训练集。

（2）因子分析。因子分析是指研究从变量群中提取共性因子的统计技术，即将一些密切相关的变量因素集合成一个因素，然后使用这个因素揭示原始数据的大部分信息。

（3）相关分析。相关分析是一种确定相关规律的分析方法，如关联、相互依赖、相互制约等，根据观察到的现象进行相应的预测和控制。这种关系可分为两种类型：①功能，反映出严格依赖关系的现象，也称为最终依赖关系；②关联，一个变量的数值可能对应其他变量的多个数值，具备一定的规律性，形成一些不太强烈的依赖关系。

（4）回归分析。回归分析是揭示一个变量和其他几个变量之间相关关系的统计工具。基于一组实验或观测数据，回归分析确定因变量与其他变量之间隐藏在随机性背后的相关关系。回归分析可能使复杂和不确定的变量之间的关系变得简单、有规律。根据时效性需求，利用该方法的大数据分析可以分为实时分析和离线分析。

①实时分析。实时分析主要用于电子商务和金融行业。由于数据的不断变化，企业需要快速地进行数据分析，并要在很短的延迟内返回分析结果并做出反应。实时分析的现有架构主要包括：使用传统的关系型数据库的并行处理集群；基于内存的计算平台。例如，来自 EMC 的 Greenplum 和来自 HANA 的 SAP 都是实时分析的架构。

②离线分析。离线分析通常应用于对响应时间要求不高的应用程序，如机器学习、统计分析和推荐算法。离线分析一般通过一个采集工具，将数据采集日志导入一个特殊平台进行分析。在大数据环境下，很多互联网企业为了降低数据格式转换的成本、提高数据采集的效率，利用基于 Hadoop 的离线分析架构进行离线分析。例如，Facebook 的开源工具 Scribe、LinkedIn 的开源工具 Kafka、淘宝的开源工具 Time Tunnel（时间隧道）和 Hadoop 的 Chukwa 等。这些工具可以实现每秒数百 MB 的数据采集和数据传输。

大数据分析按照数据规模的不同，可以分为内存分析、商业智能（BI）分析和大规模分析。

（1）内存分析（Memory – Level Analysis）。内存分析应用于数据规模不超过内存水平的情况。目前，服务器集群的内存容量都达到数百 GB，甚至 TB 级别的也很常见。因此，可以使用数据库技术将数据放在内存中进行分析以提高分析效率。内存分析非常适合于实时分析。Mongo DB 是内存分析架构的一个代表。随着 SSD（固态硬盘）的发展，内存数据的容量和性能分析都在进一步改进并得到广泛应用。

（2）商业智能（BI）分析。商业智能分析应用于数据规模超过内存水平但可以导入商业智能分析环境的情况。目前，主流的商业智能产品提供的数据分析支持 TB 级别的水平。

（3）大规模分析（Massive Analysis）。大规模分析被应用于数据规模已经完全超过了 BI 产品和传统的关系型数据库所承受的能力的情况。目前，最大规模的分析是利用 Hadoop 的 HDFS 数据存储和 MapReduce 进行数据分析。该最大规模的分析属于离线分析的范畴。

2.4.5 大数据带来的挑战类型

大数据时代，爆炸式的数据增长给数据采集、存储、管理和分析都带来了巨大的挑战。传统的数据管理和分析系统都基于关系型数据库管理系统（RDBMS）。然而，这样的 RD-

BMS 只适用于结构化数据，无法对半结构化或非结构化的数据进行处理。此外，RDBMS 还越来越多地使用昂贵的硬件。显然，传统的 RDBMS 不能处理巨大量和异质性的大数据。研究机构从不同的角度提出了一些解决方案。

例如，为满足大数据的基础设施需求，如成本、效率、弹性和 Smooth Upgrading/Downgrading 等，云计算技术应运而生。对于永久存储大规模无序数据集的管理，分布式文件系统和 NoSQL 数据库都是不错的选择。这样的编程框架在处理集群任务中都取得了极大的成功。各种各样的大数据应用程序可以基于这些创新技术或平台进行更好的开发。但是，部署大型数据分析系统也是不容易的，其中的关键挑战如下所述。

1. 数据形态

许多数据集在类型上有一定程度的异质性，如结构、语义、组织、粒度和可访问性等。数据形态设计的目的是使计算机分析和数据使用者对数据的意义有更好的理解。然而，不当的数据形态将会降低原始数据的价值，甚至可能妨碍有效的数据分析。高效的数据形态应当体现数据结构、类和类型，以及集成技术，以便对不同的数据集进行有效的操作。

2. 减少冗余和数据压缩

一般来说，数据集都会有高水平的冗余。在数据的潜在价值不受影响的情况下，减少冗余和数据压缩能间接、有效地降低整个系统的成本。例如，大多数由传感器网络生成的数据是高度冗余的，那么这可能需要在数量级上进行过滤和压缩。

3. 数据生命周期管理

与存储系统相对缓慢的进步相比，传感器和计算机生成的数据在以前所未有的速度和规模增长。我们面临着许多迫切的挑战，其中之一是目前存储系统无法支持这样大量的数据。一般来说，大数据的潜在价值取决于数据的新鲜度。因此，需要进一步研究数据分析产生的价值与数据资源的关系，以此来决定哪些数据应当存储或丢弃。

4. 分析机制

大数据分析系统需要在一段有限的时间内，处理大量的异构数据。然而，传统的 RDBMS 的设计缺乏可伸缩性和可扩展性，因此不能满足性能要求。非关系型数据库在处理非结构化数据时显示了独特的优势，并在大数据分析中开始成为主流。即便如此，非关系型数据库的性能和特定的应用程序之间仍存在一些问题。

这就需要找到一个 RDBMS 和非关系型数据库之间的妥协方案。例如，一些企业利用了能同时具备两种数据库优势的混合数据库架构（如 Facebook 和淘宝）。

5. 数据保密性

因为能力有限，目前大多数大数据服务提供商或所有者都不能有效地维护和分析这些庞大的数据集。他们必须依靠专业人士或工具来分析这些数据集，但这增加了潜在的安全风险。例如，事务数据集通常包括一套完整的可操作数据去驱动关键业务流程。这些数据包含最低的粒度和一些敏感的信息，如信用卡号码等。因此，待分析的大数据在交付给第三方进行处理的时候，需要适当的预防措施来保护这些敏感数据，以确保它们的安全。

6. 能源管理

从经济和环境角度，大型计算系统的能源消耗已经备受关注。随着数据量和分析要求的增加，大数据的处理、存储和传输必然会消耗更多的能源。因此，为确保可扩展性和可访问性，需要为大数据建立系统级功耗控制和管理机制。

7. 可扩展性和可伸缩性

大数据的分析系统必须支持当前和未来的数据集。分析算法必须能够处理日益扩大和更复杂的数据集。

8. 合作

大数据的分析是一个跨学科的研究，它通过不同领域的专家合作收获大数据的潜在价值。为配合完成分析目标，必须充分利用他们的专业知识并建立全面的大数据网络体系结构来帮助各领域的科学家和工程师访问不同的数据。

数据库基础

3.1 数据库简介

3.1.1 数据管理技术发展史

数据库是计算机与信息技术领域的一种技术，也是应用最广泛的技术之一。它作为计算机信息系统与应用系统的核心技术，是大数据的重要基础。数据库技术管理的对象是数据，因此数据库技术所研究的具体内容都围绕着数据的应用。通过对数据的系统化管理，按照业务的逻辑结构建立相应的数据库或数据仓库，结合数据查询语言 SQL，数据库技术就能实现对数据进行添加、修改、删除、处理、分析、下载等多种操作。同时，数据库技术还可以连接数据可视化或数据挖掘系统，最终实现对数据的转换、计算、分析和建模。总之，数据库技术是信息系统的一个核心技术，是一种计算机辅助管理数据的方法，它研究如何组织和存储数据，以及如何高效地获取和处理数据。

数据库技术是研究数据库的结构、存储、设计、管理，以及应用的实现方法，并利用这些方法来实现对数据进行处理、计算和分析的技术。在实践应用中，数据库技术研究如何将不同来源的数据进行有效的存储和管理的问题。除传统技术已经解决的减少数据存储冗余、实现数据共享、保障数据安全等问题之外，随着数据量的增大，现代的数据库技术更是将如何高效地检索数据和处理数据作为主要研究方向。数据库技术的发展可以分为三个阶段，即人工管理阶段、文件系统管理阶段和数据库系统管理阶段。

1. 人工管理阶段

计算机硬件和软件的发展始于 1960 年之前。在发展初期，存储设备的容量有限且价格昂贵，在进行数据处理和计算时，分析师只能将程序和要计算的数据通过打孔的纸带读入计算机。

人工管理阶段的数据管理具有如下特点。

（1）数据由人工保存和管理。当时计算机主要用于科学计算，对于数据保存的需求尚不迫切，没有专用的软件对数据进行管理。

（2）一组数据只能面向一个应用程序，不能实现多个程序共享数据。每个应用程序都包括数据的存储结构、存取方法、输入方式等，程序员不仅要编写程序，还要安排数据的物理存储，因此工作负担较重。由于数据是面向程序的，一组数据只能对应一个应用程序，即使多个应用程序涉及某些相同的数据时，也必须各自定义，因此应用程序之间有大量的冗余数据。

（3）不同应用程序间不能直接交换数据，数据没有任何独立性。由于应用程序依赖于数据，因而如果数据的类型、格式、输入方式、输出方式等逻辑结构或物理结构发生变化，就必须对应用程序做出相应的修改。

人工管理阶段应用程序与数据之间的对应关系如图3.1所示。

2. 文件系统管理阶段

20世纪50年代后期到60年代中期，计算机硬件的发展出现了磁带、磁鼓等直接存取设备。软件的发展为操作系统提供了文件管理系统。一个应用程序对应一组文件，不同的应用程序之间可以经过转化程序共享数据。多个应用程序可以共享一组文件，但多个应用程序不能同时访问共享文件组。文件系统管理阶段应用程序与数据之间的对应关系如图3.2所示。

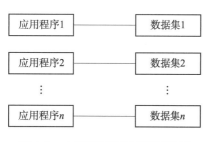

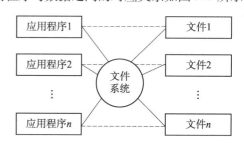

图3.1　人工管理阶段应用程序与　　　　图3.2　文件系统管理阶段应用程序与
　　　　数据之间的对应关系　　　　　　　　　　　数据之间的对应关系

文件系统管理阶段的数据管理具有如下特点。

（1）数据可以文件形式长期保存下来。用户可随时对文件进行查询、修改和增删等处理。

（2）文件系统可对数据的存取进行管理。程序员只与文件名打交道，不必明确数据的物理存储，大大减轻了程序员的负担。

（3）文件形式多样化。文件形式有顺序文件、倒排文件、索引文件等，因而对文件的记录可顺序访问，也可随机访问，更便于存储和查找数据。

（4）应用程序与数据间有一定独立性。由专门的软件，即文件系统进行数据管理，应用程序和数据间通过软件提供的存取方法进行转换，数据存储发生变化不一定影响应用程序的运行。

在文件系统管理阶段，数据的使用更加方便，与人工管理阶段相比有了很大的进步，但还存在着一些明显的不足。例如，当一所大学需要使用业务数据时，数据库需要保存关于所有教师、学生、系和开设课程的信息。在文件系统管理阶段，计算机将此类数据存放在系统文件中。为了实现对数据的操作，计算机系统还需要提供可以对数据文件进行操作的应用程序，包括：①增加新的学生、教师和课程；②为课程注册学生，并产生班级花名册；③为学生填写成绩、转换成绩、打印成绩单。这些应用程序是由系统程序员根据该大学的需求编写的。

但是，大学的业务是一直在变化的。例如，该大学决定创建一个新的学院（如大数据学院）及其下属的专业（如人工智能科学），由于应用程序是针对系统中已经存在的数据文件编写的，所以新的学院与专业首先需要建立相关的数据文件，来记录关于这个学院和专业中所有的教师、学生、开设的课程、学位条件等信息；其次，新的学院的学籍管理规则可能与以往的有所不同，这就需要编写新的应用程序来处理这些特殊规则，新的应用程序会被不断地加入系统文件。随着时间的推移，系统中的应用程序和数据文件将变得十分庞杂。

以上所描述的典型的文件处理系统（File–Processing System）是采用传统的管理方法，即将永久记录存储在多个不同的文件中，人们编写不同的应用程序来将记录从有关文件中取出或加入适当的文件中。在数据库管理系统（DBMS）出现以前，企业通常都采用这样的系统来存储信息。

在文件处理系统中存储组织信息的主要弊端包括如下几点。

（1）数据的冗余和不一致（Data Redundancy and Inconsistency）。随着时间的推移，不同的业务需求可能由不同的程序员负责，在原来就存在的数据文件和应用程序上进行修改往往不是最佳的选择。程序员会使用自己熟悉的程序设计语言来编写应用程序，或者针对新的数据要求重新制作数据文件，这就导致一些相同的信息出现在多个数据文件中。例如，如果某学生参加了双学位计划，该学生的个人信息就会同时出现在不同专业的数据文件中，这种冗余除导致数据存储和访问的开销增大外，还可能导致数据不一致（Data Inconsistency）。例如，在某个专业的数据文件中，该学生的个人信息被更新，而在另一个专业的数据文件中，该学生的信息还是原来的，这就导致两处的数据不一致。

（2）数据访问困难（Difficulty In Accessing Data）。在文件系统管理阶段，应用程序与数据文件是绑定在一起的。应用程序是为了某一特定业务场景而设计的，并且针对性地使用了特定的数据文件。当一个新的业务需求出现时，如果旧的应用程序并没有所需要的某项功能，那么为了满足数据查询的需求，工作人员往往只有两种选择：一种是取得数据文件并从中人工提取所需信息；另一种是要求数据处理部门让某个程序员编写相应的应用程序。这两种方案显然都不太令人满意。在现实工作当中，突发的临时性数据需求每天都有，常见的情况是需要根据不同的限制条件输出满足该条件的数据。例如，工作人员需要找到某个专业三年级且已经修完一定学分的大学生，程序员就再次面临前面那两种都不尽如人意的选择。传统的文件处理环境使得数据的使用既不方便也不高效。因此，一个能对变化的需求做出更快反应的数据检索系统才能解决这个问题。

（3）数据孤立（Data Isolation）。由于数据分散在不同文件中，这些文件又可能具有不同的格式，因此编写新的应用程序来检索适当数据是很困难的。

（4）完整性问题（Iintegrity Problem）。数据库中所存储数据的值必须满足某些特定的一致性约束。一致性约束要求所有数据文件中相同数据项的数据在系统中必须保持一致。程序员必须通过在各种不同应用程序中加入适当的代码来强制系统中的这些约束。随着文件数量的增加和应用范围的扩大，程序员通过修改每个应用程序来实现约束变得非常低效，而且也不现实。尤其是当约束条件非常复杂时，如需要约束不同文件中的多个数据项时，编程逻辑的一个漏洞就可能导致数据的完整性遭到破环。

（5）原子性问题（Atomicity Problem）。应用于业务的计算机系统也被称为处理事务性的数据库。对应用程序来说，保证数据在业务过程中正常流转至关重要。例如，银行的数据系统需要记录储户存储、转账、提现等常规的业务，当储户需要将 A 账户中的 5000 元转到 B 账户中时，A 账户的数据文件中减少了 5000 元，随后 B 账户的数据文件中增加了 5000 元。当计算机系统发生故障时，A 账户中减少的 5000 元可能还没来得及存入 B 账户中，这就造成了系统中的数据文件状态的不一致。数据的原子性要求转账这个操作必须是完整的，也就是说借和贷两个操作必须要么都发生，要么都不发生。在文件系统管理阶段，由于修改应用程序和数据文件非常复杂，所以保持数据的原子性是非常困难的。

（6）并发访问异常（Concurrent‐Access Anomaly）。为了提高系统的总体性能及加快响应速度，许多系统允许多个用户同时更新数据。实际上，如今最大的互联网零售商每天就可能有来自购买者对其数据的数百万次访问。在这样的环境中，并发的更新操作可能相互影响，有可能导致数据的不一致。假设夫妻共有的账户中有 10 000 元，夫妻两人几乎同时从账户中取款（如分别取出 1000 元和 500 元），由于应用程序对数据文件独立操作的特点，这样的并发执行就可能使账户处于不一致的状态。如果应用程序的执行顺序是读取原始账户余额，在其上减去取款的金额，然后将结果写回，并且两次取款的程序并发执行，那么读取的账户余额很可能都是 10 000 元，减去取款的金额后分别写回 9000 元和 9500 元。该夫妻共有的账户中最后剩下 9000 元还是 9500 元将取决于哪个程序排在最后执行。而实际上正确的余额应该是 8500 元。在文件系统管理阶段，由于数据可能被多个独立的应用程序同时访问，这些程序相互间事先又没有进行协调，所以数据的一致性在并发执行的情况下是很难保证的。同样以大学作为一个例子，为了保证注册某个课程的学生人数不超过上限（50 人），注册程序会统计注册课程的学生数。当学生开始注册时，程序读取这门课程的当前学生数，验证学生数未达到上限，将学生数值加 1，并将数值保存回数据文件。假设两个学生同时进行注册，此时的学生数为 49，虽然两个学生都成功注册了这门课，学生数应该更改为 51，但是两个程序可能都只读到了 49，认为学生数没有超过注册上限，然后都写回数值 50，导致数据文件中仅增加 1 名注册学生。在并发状态下，大学的例子中的两个学生都注册成功，不仅违反了 50 名学生为注册上限的规定，也导致了数据不准确。

（7）安全性问题（Security Problem）。并非数据库系统的所有用户都可以访问所有数据。例如，在大学中，工资发放时财务人员只需要看到数据库中关于财务信息的那个部分，不需要访问有关学术记录的信息。但是，由于应用系统无法合理区分文件系统的用户权限，这样的安全性约束难以实现。

3. 数据库系统管理阶段

20 世纪 60 年代后期以后，计算机硬件和软件又有了新的发展，硬件设备出现了大容量的磁盘，软件出现了解决数据共享的数据库管理系统（DataBase Management System，DBMS）。通过数据库管理系统管理大量的数据，不仅实现了数据的永久保存，而且真正解决了数据的方便查询和一致性维护问题，并且能严格保证数据的安全。数据库系统管理阶段应用程序与数据之间的对应关系如图 3.3 所示。

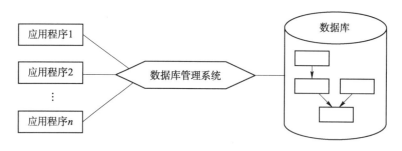

图 3.3　数据库系统管理阶段应用程序与数据之间的对应关系

数据库系统管理阶段的数据管理具有如下特点。

（1）具有面向多种应用的数据组织和结构的特点。文件系统中，每个文件面向一个应用程序。而现实生活中，一个事物或实体，含有多方面的应用数据。例如，一个学生的全部信息，包括学生的学籍和成绩信息，以及学生健康方面的信息。这些不同的数据将对应教务部门和健康部门的不同应用。如果采用文件系统，至少要建立两个独立的文件，都要存储学生的姓名、学号、年龄、性别等学生的基本信息。如果采用数据库系统管理，在数据库设计的时候，就要考虑学生信息的各种应用，设计面向多种应用的数据结构，如学生的学籍数据、学生的健康数据等，使整个实体的多方面应用的数据具有整体的结构化描述，同时也要为数据针对不同应用的存取方式提供各种灵活性。

（2）具有高度的数据独立性。数据结构可分为数据的物理存储结构和数据的逻辑结构。数据的物理存储结构是指数据在计算机物理存储设备（硬盘）上的存储结构。在数据库中，数据在磁盘上的存储结构是由 DBMS 来管理和实现的，用户或应用程序不必关心。数据的逻辑结构又分为局部逻辑结构和全局逻辑结构。而且不同的应用程序只与自己局部数据的逻辑结构相关。例如，教务部门只关心学生的学习成绩和选课数据，健康部门只关心学生的健康数据。

（3）实现数据的高度共享并保证数据的完整性和安全性。数据库管理系统可以实现多个用户或应用程序同时并发访问同一个数据库中的数据记录或同一个数据项，并可以保证数据的安全性、完整性和一致性。

3.1.2 数据库的应用

数据库的应用非常广泛，以下是一些具有代表性的应用。

（1）企业信息：①销售，用于存储客户、产品和购买信息；②会计，用于存储付款、收据、账户余额、资产和其他会计信息；③人力资源，用于存储雇员、工资、所得税和津贴的信息，以及产生工资单；④生产制造，用于管理供应链，跟踪工厂中产品的生产情况、仓库和商店中产品的详细清单，以及产品的订单；⑤网上零售，用于存储商品的销售数据，以及实时的订单跟踪、推荐品清单的生成、实时产品评估的维护。

（2）银行和金融：①银行业，用于存储客户信息、账户、贷款，以及银行的交易记录；②信用卡交易，用于记录信用卡消费的情况和产生每月账单；③金融业，用于存储股票、债券等金融票据的持有、出售和买入的信息；也可用于存储实时的市场数据，以便客户能够进行联机交易，公司能够进行自动交易。

（3）大学：用于存储学生信息、课程注册和成绩（此外，还存储通常的单位信息，如人力资源和会计信息等）。

（4）航空业：用于存储订票和航班的信息。

（5）电信业：用于存储通话记录，产生每月账单，维护预付电话卡的余额和存储通信网络的信息。

正如以上所列举的，数据库已经成为当今几乎所有企业不可缺失的组成部分，它不仅存储大多数企业都有的普通的信息，也存储各类企业特有的信息。

在 20 世纪最后的 40 年里，数据库的应用在所有的企业中都有所增长。在早期，很少有人直接和数据库系统打交道。尽管许多人没有意识到这一点，但他们实际上还是与数据库间接地打着交道，如通过打印的报表（如信用卡的对账单）或通过代理（如银行的出纳员和机票预订代理等）与数据库打交道。自动取款机的出现，使用户可以直接和数据库进行交互。计算机的电话界面（交互式语音应答系统）也使得用户可以直接和数据库进行交互，呼叫者可以通过拨号或按电话键来输入信息或选择可选项来找出相关信息（如航班的起降时间或注册大学的课程等信息）。

20 世纪 90 年代末的互联网革命急剧地增加了用户对数据库的直接访问次数。很多组织机构将他们的访问数据库的电话界面改为 Web 界面，并提供了大量的在线服务和信息。比如，当你访问一家在线书店，浏览一本书或一个音乐集时，其实你正在访问存储在某个数据库中的数据；当你确认了一个网上订购时，你的订单也就保存了某个数据库中；当你访问一个银行网站，检索你的账户余额和交易信息时，这些信息也是从银行的数据库系统中取出来的；当你访问一个网站时，关于你的一些信息可能会从某个数据库中取出，并且显示推荐给你的广告。此外，关于你访问网络的数据也可能会存储在一个数据库中。

因此，尽管用户界面隐藏了访问数据库的细节，大多数人甚至没有意识到他们正在和一个数据库打交道，然而访问数据库已经成为当今几乎每个人生活中的组成部分。

3.1.3 数据库系统概述

1. 数据库系统概念

数据库系统中的数据是一些已被规格化和结构化且相互关联的数据集合。

（1）这些数据中不存在有害的或无意义的冗余。

（2）数据的组织和存储结构与使用这些数据的应用程序相互独立。

（3）数据库中的数据可同时为多个应用程序服务。

（4）数据库中的数据定义、输入、修改和检索等操作均按一种公用的且可控的方式进行。

一个数据库系统实际上由三部分内容组成，它们是数据库、多种应用和数据库管理系统。数据库系统的组成如图 3.4 所示。

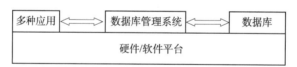

图 3.4　数据库系统的组成

（1）数据库。为了更有效地管理数据，我们需要做到以下几点：第一，需要保证数据的冗余度达到最小；第二，数据按照一定的物理组织结构进行存储；第三，数据按照一定的业务逻辑结构进行组织；第四，这种物理组织结构和逻辑组织结构最大限度地独立于用户编译的应用程序。

（2）多种应用。多种应用即同一个数据源可同时服务多个应用程序。在网络时代，一个数据源可以服务不同地域的多个计算机系统中的应用程序。在数据库管理系统的控制和管理下，数据不仅可以为多种不同的应用程序提供服务，在多个应用程序并发操作数据时也能保证数据的完整性和原子性。用户不需要关心数据的管理，只需要通过编程完成对数据的各种操作，如可以实现数据输入/输出和数据维护，或者查询部分数据。

（3）数据库管理系统。它拥有三种重要的职能：第一，负责对数据库中的数据进行管理和维护（解决了文件管理阶段的弊端）；第二，为用户使用和管理数据提供一种操作方法（如 SQL 语言）；第三，保障数据库的安全。

根据对数据库的定义，以及数据库系统基本组成及作用的描述，一个数据库系统应该具有以下五个基本特点。

（1）由于数据库系统是从整体角度考虑数据的组织的，因此它必须有能力描述能够反映客观事物及其相互联系的复杂数据模型，使它能够对数据本身及相互间的各种关系进行充分描述，这也是人们为什么要采用数据库系统来进行数据管理的主要原因之一。目前数据库系统共提供四种数据模型，它们是：①层次数据模型；②网状数据模型；③关系数据模型；④对象数据模型。一种类型的数据库系统通常只提供其中一种数据模型描述方法，即只支持其中一种数据模型的数据逻辑组织结构。

（2）数据库中数据的独立性。为了说明这一点，首先介绍两个概念：①数据在物理存储设备上的组织结构称为数据的物理组织；②数据在用户或应用程序面前所表现出的组织结构称为数据的逻辑组织。数据的逻辑组织可以通过使用不同的物理组织来实现，而物理组织的质量影响数据库系统的性能和效率。在数据库的使用生命周期中，由于计算机性能的要求或存储硬件的调整，数据的物理组织可能会发生变化，这种变化称为数据重组。而当用户编译应用程序时，主要是根据数据的逻辑组织来操作数据。因此，数据的物理组织的变化不会影响数据的逻辑组织，因此不会影响现有的应用程序，这种情况称为数据的物理独立性。数据的逻辑独立性是指当数据的逻辑组织发生变化时，如在数据模型中加入了新的记录类型、在记录类型中加入了新的数据项等，原应用程序的执行不受影响或受影响非常小。数据库管理系统维护了数据的独立性，包括物理独立性和逻辑独立性。

（3）数据共享。数据库需要为不同的用户和应用程序提供服务，因此需要从整体业务需求的角度组织数据。在保证数据一致性的情况下，数据库中的数据要为尽可能多的用户提供应用服务，这就要求数据是可以交叉使用的，即数据在用户间可以分享。可分享的数据不仅消除了大量冗余数据，减少了存储空间的浪费，还保障了数据的一致性。

（4）数据库系统的可靠性、安全性与完整性。数据库系统的可靠性体现在其软件系统的低故障率上，当数据库系统因各种原因发生故障时，应保证数据库中的数据损失最小；数据库系统的安全性是指数据库系统对存储在系统中数据的保护能力，即能够有效防止数据被有意或无意地泄露或篡改，并能够设置用户访问数据的权限；数据库系统的完整性则意味着在多用户并发操作数据的情况下，可以保证数据的一致性。

（5）良好的人机接口与性能。任何数据库系统最终都要服务于用户的业务需求，系统提供的各种功能都是为了帮助用户操作和使用数据。易学、易操作和友好的用户界面是数据库系统所必须具备的基本特性。同时，系统响应速度和单位时间内的数据吞吐量也是衡量数据库性能的重要指标。

2. 数据库结构

数据库系统是一些互相关联的数据，以及一组使得用户可以访问和修改这些数据的程序的集合。数据库系统的一个主要目的是给用户提供数据的抽象视图，也就是说系统隐藏了关于数据存储和维护的某些细节。一个可用的系统必须能高效地检索数据。这种高效性的需求促使设计者在数据库中使用复杂的数据结构来表示数据。由于许多数据库系统的用户并未受过计算机专业训练，为了提高数据库中数据的逻辑独立性和物理独立性，数据库采用了分级（层）方法，将数据库中数据的组织结构划分成多个级（层）。根据美国国家标准协会（ANSI）提出的报告，数据库的数据组织结构可以分为三个相互关联的层次，它们分别是物理层、逻辑层和视图层，以简化用户与系统的交互。

（1）物理层（Physical Level），最低层次的抽象，描述数据实际上是怎样存储的。物理层详细描述复杂的底层数据结构。

（2）逻辑层（Logical Level），比物理层层次稍高的抽象，描述数据库中存储什么数据及这些数据间存在什么关系，这样逻辑层就通过少量相对简单的结构描述了整个数据库。虽然逻辑层的简单结构的实现可能涉及复杂的物理层结构，但逻辑层的用户不必知道这样的复杂性，这称为数据的物理独立性（Physical Data Independency）。数据库管理员主要使用抽象的逻辑层，他必须确定数据库中应该保存哪些信息。

（3）视图层（View Level），最高层次的抽象，只描述整个数据库的某个部分。尽管在逻辑层使用了比较简单的结构，但由于一个大型数据库中所存信息的多样性，理解数据之间的逻辑仍存在一定程度的复杂性。数据库系统的很多用户并不需要关心所有的信息，而只需要访问数据库的一部分。视图层抽象的定义正是为了使这样的用户与系统的交互更简单。系统可以为同一数据库提供多个视图。

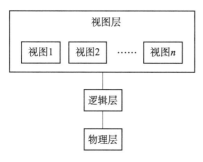

图 3.5　数据抽象的三个层次

数据抽象的三个层次如图 3.5 所示。

通过与程序设计语言中数据类型的概念进行对比，可以弄清各层抽象间的区别。大多数高级程序设计语言支持结构化类型的概念。例如，可以定义如下记录：

```
type instructor = record
    id: char(5);
    name: char(20);
    dept_name: char(20);
    salary: number(8,2);
    end;
```

以上代码定义了一个具有四个字段的新记录，每个字段有一个字段名和所属类型。对一个大学来说，可能包括几个以下这样的记录类型。

（1）department，包含字段 dept_name、building 和 budget。

（2）course，包含字段 course_id、title、dept_name 和 credits。

（3）student、包含字段 id、name、dept_name 和 tot_cred。

在物理层，一个 instructor、department 或 student 记录可能被描述为连续存储位置组成的存储块。编译器为程序设计人员屏蔽了这一层的细节。与此类似，数据库系统为数据库程序设计人员屏蔽了许多最底层的存储细节。但作为数据库管理员可能需要了解数据物理组织的某些细节。

在逻辑层，每个这样的记录通过类型定义进行描述，正如前面的代码段所示。在逻辑层上同时还要定义这些记录类型的相互关系。程序设计人员正是在这个抽象层次上使用某种程序设计语言进行工作的。与此类似，数据库管理员常常在这个抽象层次上工作。

在视图层，计算机用户看见的是为其屏蔽了数据类型细节的一组应用程序。与此类似，视图层上定义了数据库的多个视图，数据库用户看到的是这些视图。除屏蔽数据库的逻辑层细节以外，视图还提供了防止用户访问数据库的某些部分的安全性机制。例如，大学注册办公室的职员只能看见数据库中关于学生的那部分信息，而不能访问涉及教师工资的信息。

如果你是一个最终用户，你根本就不关心数据存储和维护的细节。但是，如果你是一个数据库管理员，那么有些细节上的东西你就必须要清楚。数据库管理系统可以为不同的用户提供不同的视图，也就导致他们所看到的数据库是不一样的。这就需要进行数据抽象，以形成这些不同的视图。

3. 数据库系统

数据库系统的核心是数据库管理系统，在它的控制和帮助下，用户可以建立、使用、修改和维护数据库中的数据。数据库管理系统是建立在操作系统之上的应用软件平台，它一般具有三个主要功能。

（1）提供操作数据库的用户高级接口。

①提供数据描述语言，供用户对整个数据库中的数据进行各种逻辑和物理组织结构描述，而这些组织结构的具体实现细节，则由 DBMS 完成，用户不必关心。

②提供数据操作语言，供用户对数据库中数据按照其定义逻辑组织结构进行各种操作，如插入、删除、修改和查询等。这些操作的具体实现细节也由 DBMS 完成，用户不必关心。

③同时还可能提供其他工具，如用户界面生成工具、报表生成工具等，帮助用户更加容易地对数据库的操作进行编程。

（2）管理数据库，主要包括以下功能。

①控制整个数据库系统的运行。

②控制用户对数据库的并发性操作。

③执行对数据库中数据的安全、保密、有效性和完整性检验。

④实施对数据库中数据的检索、插入、删除、修改等操作。

⑤维护数据库数据组织结构的完整和一致。

（3）维护数据库，主要包括以下功能。

①初始化时数据库数据的装入。

②运行时记录用户、操作、系统状态和结果等信息的工作日志。

③监视数据库性能，在性能变坏时，重新组织数据库。

④在数据库系统的硬件或软件发生故障后，对数据库中被破坏的数据进行恢复。

3.2 关系型数据库

3.2.1 数据模型概述

数据模型是对现实世界中各种事物或实体特征的数字化模拟和抽象，用以表示现实世界中的实体及实体之间的联系，使之能存放到计算机中，并通过计算机软件进行处理。

数据模型应能满足三个方面的要求：一是能比较真实地模拟现实世界；二是容易为人所理解；三是便于在计算机上实现。

数据模型的种类很多，最常用的数据模型有关系数据模型、实体–联系数据模型、基于对象的数据模型和半结构化数据模型。在历史上，网状数据模型（Network Data Model）和层次数据模型（Hierarchical Data Model）先于关系数据模型出现。这些模型和底层的实现联系很紧密，并且使数据建模复杂化。因此，除在某些地方仍在使用的旧数据库中之外，如今网状数据模型和层次数据模型已经很少被使用了。

（1）关系数据模型（Relational Data Model）。关系数据模型用表的集合来表示数据和数据间的联系。每个表有多个列，每列有唯一的列名。关系数据模型是基于记录的模型的一种。其之所以称为基于记录的模型是因为数据库是由若干种固定格式的记录构成的。每个表包含某种特定类型的记录，每个记录类型定义了固定数目的字段（或属性）。表的列对应于记录类型的属性。关系数据模型是使用最广泛的数据模型，当今大量的数据库系统都基于关系数据模型。

（2）实体－联系数据模型（Entity－Relationship Data Model）。实体－联系数据模型也称为 E－R 数据模型，它基于对现实世界的这样一种认识：现实世界由一组称为实体的基本对象及这些对象间的联系构成。实体是现实世界中可区别于其他对象的一件"事情"或一个"物体"。实体－联系数据模型被广泛用于数据库设计。

（3）基于对象的数据模型（Object－Based Data Model）。面向对象的程序设计（特别是Java、C＋＋或 C#）已经成为主流的软件开发方法，这推动了基于对象的数据模型的发展。基于对象的数据模型可以看成是 E－R 数据模型增加了封装、方法（函数）和对象标识等概念后的扩展。对象－关系数据模型结合了基于对象的数据模型和关系数据模型的特征。

（4）半结构化数据模型（Semistructured Data Model）。半结构化数据模型允许那些相同类型的数据项含有不同的属性集的数据定义。这和早先提到的数据模型形成了对比：在那些数据模型中所有某种特定类型的数据项必须有相同的属性集。作为常见的一种标准，可扩展标记语言（eXtensible Markup Language，XML）被广泛地用来表示半结构化数据。

3.2.2　关系数据模型

关系数据模型是目前最重要的一种数据模型。关系型数据库系统采用关系数据模型作为数据的组织方式。关系数据模型的逻辑结构是一张二维表，它由行和列组成。例如，学生的关系可描述为：学生（学号，姓名，性别，系别，年龄，籍贯），相应的关系数据模型如表3.1 所示。

表3.1　学生关系数据模型

学号	姓名	性别	系别	年龄	籍贯
06001	李刚	男	计算机科学	18	江苏
06002	肖明	男	电子科学	19	湖南
06003	王晓平	女	计算机科学	18	湖北
06004	张辉	男	数学	20	浙江
06025	杨洋	女	物理	19	湖北

关系是一种规范化了的二维表中行的集合，为了使相应的数据操作简化，在关系数据模型中，对关系做了种种限制，关系具有如下特性。

（1）关系中不允许出现相同的元组（即行）。因为数学定义上集合中没有相同的元素，而关系是元组的集合，所以作为集合元素的元组应该是唯一的。

（2）关系中元组的顺序（即行序）是无关紧要的，在一个关系中可以任意交换两行的次序。因为集合中的元素是无序的，所以作为集合元素的元组也是无序的。根据关系的这个特性，可以改变元组的顺序使其具有某种排序，然后按照顺序查询数据，可以提高查询速度。

（3）关系中属性（即列）的顺序是无关紧要的，即列的顺序可以任意交换。交换时，应连同属性名一起交换，否则将得到不同的关系。

（4）同一属性名下的各个属性值必须来自同一个域，是同一类型的数据。

（5）关系中各个属性必须有不同的名字，不同的属性可来自同一个域，即它们的分量可以取自同一个域。

（6）关系中每一分量必须是不可分的数据项，或者说所有属性值都是原子的，即一个确定的值，而不是值的集合。属性值可以为空值，表示"未知"或"不可使用"，即不可"表中有表"。满足上述条件的关系称为规范化关系，否则称为非规范化关系。非规范化关系的举例如表 3.2 所示。

表 3.2　非规范化关系

学号	姓名	性别	系别	年龄	籍贯	成　　绩			
						英语	数学	计算机	数据库
95001	李勇	男	计算机科学	20	江苏	83.0	78.0	84.0	90.0
95002	刘晨	女	信息	19	山东	77.0	78.0	79.0	85.0
95003	王名	女	数学	18	北京	80.0	90.0	92.0	79.0
95004	张力	男	计算机科学	19	北京	80.0	90.0	87.0	79.0
95700	杨晓冬	男	物理	21	山西	88.0	92.5	97.0	95.0

1. 与关系有关的概念

（1）关系：对应通常说的表，如学生关系模型。

（2）元组：表中的一行即为一个元组。

（3）属性：表中的一列即为一个属性，如学生关系数据模型有 6 列，对应 6 个属性（学号、姓名、性别、系别、年龄、籍贯）。

（4）超码：指能够唯一地标识一个实体的一个或多个属性的集合。全部属性的集合总是能够组成一个超码。

（5）候选码：包含属性最少的超码。一个实体集可能有多个候选码。特别要注意，候选码同时具有两个重要性质：

①唯一性（Uniqueness）。关系 R 的任意两个不同元组，其候选码的值是不同的；

②最小性（Minimally）。候选码的属性集（A_i，A_j，…，A_k）中，任一属性都不能被删掉，否则将破坏唯一性。

（6）主键：从候选码中选出，用于在实体集中区分不同实体，如学生关系数据模型中的学号。主键是关系数据模型中的一个重要概念。每个关系必须选择一个主键，选定以后，不能随意改变。每个关系必定有且仅有一个主键，通常用较小的属性组合作为主键。

（7）主属性：包含在任何一个候选码中的属性叫作主属性（码属性）。

（8）非主属性：不包含在任何候选码中的属性叫作非主属性（非码属性）。

（9）域：属性的取值范围，如人的年龄一般在 1～150 岁之间。

（10）分量：元组中的一个属性值。

（11）关系模式：对关系的描述，一般表示为：关系名（属性 1，属性 2，……，属性 n）。例如，学生（<u>学号</u>，姓名，性别，系别，年龄，籍贯）（下画线标注的属性集合为主键，以下相同）；课程（<u>课程号</u>，课程名，学分）。

（12）联系的属性与码：在关系数据模型中，实体及实体间的联系都是用关系来表示的。联系在转化为关系时，除在关系的属性集合中加入该联系自身的属性外，还应加入与该联系相关联的实体的主键集合，并将该集合作为该关系的主键。例如，学生与课程之间的多对多的选修联系在关系数据模型中可以表示为：选修（<u>学号，课程号</u>，成绩）。

2. 关系数据模型的操纵与完整性约束

关系数据模型的操作主要包括查询、插入、删除和更新数据。这些操作必须满足关系的完整性规则（约束条件）。关系的完整性规则包括以下三大类。

（1）实体完整性（Entity Integrity）规则。若属性 A 是基本关系 R 的主属性，则主属性 A 不能取空值。例如，学生（<u>学号</u>，姓名，性别，系别，年龄，籍贯）关系中，学号不能为空；选修（<u>学号，课程号</u>，成绩）关系中，学号、课程号均不能为空。

（2）参照完整性（Referential Integrity）规则。外键（Foreign Key）的概念：设 F 是基本关系 R 的一个或一组属性，但不是基本关系 R 的码，如果 F 与基本关系 S 的主键 Ks 相对应，则称 F 是基本关系 R 的外键，并称基本关系 R 为参照关系（Referencing Relation），基本关系 S 为被参照关系（Referenced Relation）或目标关系（Target Relation）。

若属性（或属性组）F 是基本关系 R 的外键，它与基本关系 S 的主键 Ks 相对应（基本关系 R 和 S 不一定是不同的关系），则对于基本关系 R 中每个元组在 F 上的值或取空值（F 的每个属性值均为空值），或等于基本关系 S 中某个元组的主键对应值。例如，学生（<u>学号</u>，姓名，性别，专业号，年龄）；课程（<u>课程号</u>，课程名，学分）；选修（<u>学号，课程号</u>，成绩）。在选修关系中的学号或取空值，或等于学生关系中某个元组的学号值；选修关系中的课程号或取空值，或等于课程关系中某个元组的课程号值。

（3）用户定义的完整性（User - Defined Integrity）规则。完整性即合理性。例如，学生的年龄应为大于 0、小于 100 的整数。

3.2.3　E - R 数据模型

在设计关系型数据库时，首先需要为它建立逻辑模型。关系型数据库的逻辑模型可以通过实体和关系组成的图形来表示，这种图形称为 E - R 图，它主要将现实世界中的实体和实体之间的联系转换为逻辑模型。使用 E - R 图表示的逻辑模型称为 E - R 数据模型，一个标准的 E - R 数据模型主要由实体、属性和联系三部分组成。

实体是一个数据对象，是指客观存在并可以相互区分的事物，如一个教师、一个学生、一个雇员等。实体由一个带有名字的方框来表示，实体的所有属性在框内。例如，一个具体的学生拥有学号、姓名、性别和班级等属性，其中学号可以唯一标识某个具体学生这个实体。在实际应用中，实体的名称总是用单数名词，如 student，而不是 students。在 E - R 数据模型中，实体用矩形表示，在矩形内注明实体的名称。实体名常以有具体意义的英文名词来表示，联系名和属性名也采用这种方式。学生的实体模型如表 3.3 所示。

表 3.3　学生的实体模型

student
学号
姓名 年龄

具有相同属性的实体组合在一起就构成实体集（即实体的集合），而实体则是实体集中的某一个特例。

表 3.3 中的水平线把属性分为两个区，即键和非键：线上叫作键区，线下叫作数据区。student 的键属性是"学号"，非键属性是"姓名"和"年龄"。标识实体的属性集称为实体的键。键属性本身是一个属性，或者单独，或者与其他键属性结合，形成对实体的唯一标识符。主键被放置在线上方的键区，非键属性是不能作为键的属性的，它们被放置在数据区。键属性需要满足实体完整性规则。

在实际应用中，实体之间是存在联系的，这种联系必须在逻辑模型中表现出来。在 E－R 数据模型中，联系用菱形框表示，菱形框内写明"联系名"，并用"连接线"将有关实体连接起来，同时在"连接线"的旁边标注联系的类型。两个实体之间的联系类型可以分为以下三类。

（1）一对一：若对于实体集 A 中的每一个实体，在实体集 B 中最多有一个实体与之相关，反之亦然，则称实体集 A 与实体集 B 具有一对一的联系，可标记联系为 1：1。

（2）一对多：若对于实体集 A 中的每一个实体，在实体集 B 中有多个实体与之相关；反之，对于实体集 B 中的每一个实体，实体集 A 中最多有一个实体与之相关，则称实体集 A 与实体集 B 具有一对多的联系，可标记联系为 1：n。例如，学生与课程之间一对多的联系，如表 3.4 所示。

（3）多对多：若对于实体集 A 中的每一个实体，在实体集 B 中有多个实体与之相关；反之，对于实体集 B 中的每一个实体，实体集 A 中也有多个实体与之相关，则称实体集 A 与实体集 B 具有多对多的联系，可标记联系为 m：n。

表 3.4　学生与课程之间一对多的联系

student		course
学号	1：n	课程 Key
姓名 年龄		计算机 体育

3.2.4　关系型数据库的设计原则

数据库设计是指对于一个给定的应用环境，根据用户的需求，利用数据模型和应用程序模拟现实世界中该应用环境的数据结构和处理活动的过程。通常，数据库的设计流程包含以下三个阶段。

（1）概念设计阶段——通过业务部门的需求分析，确定数据库的功能和主体（E－R 图设计）。

（2）逻辑设计阶段——根据功能和使用需求制定具体的数据模型（E-R图转换为数据表）。

（3）物理设计阶段——通过数据模型、结合设备情况确定最终的数据库设计（表、字段、视图、索引、触发器等）。

概念模型是从现实世界到信息世界的第一层抽象。它使用E-R图来确定业务域实体的属性关系。E-R图主要由三个要素组成：实体、属性和联系。逻辑模型是将概念模型转化为具体的数据模型的过程，即基于概念设计阶段建立的E-R图，结合数据库管理系统软件支持的数据模型（层次、网格、关系、面向对象），转换成相应的逻辑模型。物理模型是指能够支持逻辑模型和数据模型的系统架构。物理模型是对真实数据库的描述，如关系型数据库中的一些对象是表、视图、字段、数据类型、长度、主键、外键、索引、约束、可为空、默认值等。

在数据库设计中需要遵循以下基本原则。

（1）数据库内数据文件的数据组织应获得最大限度的共享、最小的冗余度，消除数据及数据依赖关系中的冗余部分，使依赖于同一个数据模型的数据达到有效的分离。

（2）保证输入、修改数据时数据的一致性与正确性，即当修改一个表的数据时，与此表有联系的表不能因为该表的数据变化而失去其完整性和准确性。

（3）保证数据与使用数据的应用程序之间的高度独立性。

数据库中的数据反映了现实的业务逻辑，因此数据之间有着密切的关系。关系型数据库就是由一组相互关联的关系组成的，每个关系包括关系模式和关系值两个方面。关系模式是关系的抽象定义，描述了关系的具体结构；关系值是关系的具体内容，描述了某个时刻关系的状态。一个关系包含多个元组，每个元组都有一个特定的值，符合关系模式的结构并属于相应的属性。关系型数据库中的每个关系都需要进行规范化，使其达到一定的规范化程度，从而提高数据的共享性、一致性、可操作性和结构化程度。

规范化是把数据库组织在保持存储数据完整性的同时最小化冗余数据结构的过程，规范化的数据库必须符合关系数据模型的范式。范式可以防止在使用数据库时出现不一致的数据，并防止数据丢失。关系数据模型的范式目前有迹可循的共有八种，依次是：1NF、2NF、3NF、BCNF、4NF、5NF、DKNF和6NF。通常所用到的只是前三种范式，即第一范式（1NF）、第二范式（2NF）、第三范式（3NF）。

第一范式（1NF）强调的是列的原子性，即列不能再分成其他几列。在任何一个关系型数据库中，第一范式（1NF）是对关系模式的设计的基本要求，一般设计中都必须符合第一范式（1NF），包括下列指导原则。

（1）数据组的每个属性只可以包含一个值。

（2）关系中的每个数组必须包含相同数量的值。

（3）关系中的每个数组一定不能相同。

考虑这样一个表："学生"（姓名，性别，电话）。

如果在实际场景中，一个学生有家庭电话和移动电话，那么这种表的结构设计就没有符合第一范式。要符合第一范式我们只需把列（电话）拆分，即"学生"（姓名，性别，家庭电话，移动电话）。

第二范式（2NF）是在第一范式的基础上建立起来的，即符合第二范式必先符合第一范式。第二范式要求数据库表中的每个实体（即各个记录行）必须可以被唯一区分。为实现区分各行记录，通常需要为表设置一个"区分列"，用以存储各个实体的唯一标识。例如，在学生信息表中，设置了"学号"列，由于每个学生的编号都是唯一的，因此每个学生可以被唯一地区分（即使学生存在重名的情况），那么这个唯一属性列称为主关键字或主键。第二范式要求实体的属性完全依赖于主键：一是表必须有一个主键；二是没有包含在主键中的列必须完全依赖于主键，而不能只依赖于主键的一部分。

考虑一个"课程明细"表："课程明细"（课程 id，学号，学时，日期，课程名称）。

因为我们知道一个学生可以选修多门课程，所以单单一个课程 id 是不足以成为主键的，主键应该是（课程 id，学号）。显而易见，"日期"完全依赖于主键（课程 id，学号），而"学时"和"课程名称"只依赖于课程 id。所以，课程明细表不符合第二范式。不符合第二范式的设计容易产生冗余数据。可以把"课程明细"表拆分为"课程明细"（课程 id，学号，日期）和"课程"（课程 id，学时，课程名称）来消除原"课程明细"表中"学时""课程名称"多次重复的情况。

第三范式（3NF）是在第二范式的基础上建立起来的，即符合第三范式必先符合第二范式。第三范式要求关系表不存在非关键字列对任意候选关键字列的传递函数依赖，也就是说，第三范式要求一个关系表中不能包含已在其他表中所包含的非主关键字信息，即如果存在非主键列 A 依赖于非主键列 B，而非主键列 B 依赖于主键的情况，则称非主键列 A 传递函数依赖于主键。

考虑一个"上课"表："上课"（课程 id，学号，教室，日期，教师，教师职称）。

虽然该表的其他非主属性都依赖主键（课程 id，学号），符合第二范式，但是它有传递函数依赖！在"教师"和"教师职称"这里，一个教师一定能确定一个教师职称。如果不消除这种传递函数依赖，有可能会出现：①教师升职称，变成教授了，要修改数据表；②教师退休了，教师的职称也没了记录，无法删除原记录；③新的教师还没分配教什么课，如何记录他的职称？这些问题都会导致数据库管理的异常。上面的关系表存在非关键字列"教师职称"对关键字列"教师"的传递函数依赖。对于上面的这种关系，可以把这个关系表拆分为如下两个关系表："上课"（课程 id，学号，教室，日期，教师 id）和"教师"（教师 id，教室，教师职称）。

对于关系型数据库的设计，理想的设计目标是按照"规范化"原则存储数据，因为这样做能够消除数据冗余、更新异常、插入异常和删除异常。

3.3　数据仓库

数据仓库是从数据库基础上发展而来的，20 世纪 80 年代中期，"数据仓库"（Data Warehouse）这个名词首次出现在号称"数据仓库之父"Bill Inmon 的 *Building Data Warehouse* 一书中。在该书中，Bill Inmon 把数据仓库定义为："一个面向主题的、集成的、稳定的、随时间变化的数据的集合，以用于支持管理决策过程。"

建立数据仓库的目的是为企业高层系统地组织、理解和使用数据，以便进行战略决策。

3.3.1　数据仓库的历史

1988 年，为解决全企业集成问题，IBM 公司第一次提出了信息仓库（Information Warehouse）的概念，并称为 VITAL 规范。VITAL 定义了 85 种信息仓库组件，包括 PC、图形化界面、面向对象的组件及局域网等。至此，数据仓库的基本原理、技术架构及分析系统的主要原则都已确定，数据仓库初具雏形。

1991 年，Bill Inmon 出版了 *Building Data Warehouse* 一书，第一次给出了数据仓库的清晰定义和操作性极强的指导意见，真正拉开了数据仓库得以大规模应用的序幕。Bill Inmon 主张建立数据仓库时采用自上而下（DWDM）的方式，以第三范式进行数据仓库模型设计。

1993 年，毕业于斯坦福大学计算机系的博士 Ralph Kimball（拉尔夫·金博尔），出版了 *The Data Warehouse Toolkit* 一书，他在书里认同了 Bill Inmon 对于数据仓库的定义，但对具体的构建方法做了更进一步的研究。Ralph Kimball 主张采用自下而上（DMDW）的方式，力推数据集市建设，这种从部门到企业的数据仓库建立方式迎合人们从易到难的心理，得到了长足的发展。这两位商务智能领域中的革新者为此争论，直至 W. H. Inmon 推出新的商务智能架构，把 Ralph Kimball 的数据集市包括进来才算平息。

1996 年，加拿大的 IDC 公司调查了 62 家实现数据仓库的欧美企业，结果表明：数据仓库为企业带来了巨大的收益。进行数据仓库项目开发的企业在平均 2.72 年内的投资回报率为 321%。使用数据仓库所产生的巨大效益刺激了各行各业对数据仓库技术的需求，数据仓库市场以迅猛势头向前发展：一方面，数据仓库市场需求量越来越大，每年约以 400% 的速度增长；另一方面，数据仓库产品越来越成熟，生产数据仓库工具的厂家也越来越多。

如今，数据仓库已成为商务智能由数据到知识，由知识转化为利润的基础和核心技术。

3.3.2　数据仓库系统的组成

数据仓库系统以数据仓库为核心，将各种应用系统集成在一起，为统一的历史数据分析提供坚实的平台，通过数据分析与报表模块的查询和分析工具 OLAP（联机分析处理）、决策分析、数据挖掘完成对信息的提取，以满足决策的需要。

数据仓库系统通常是指一个数据库环境，而不是指一件产品。数据仓库系统的体系结构如图 3.6 所示，整个数据仓库系统分为源数据层、数据存储与管理层、OLAP 服务器层和前端分析工具层。

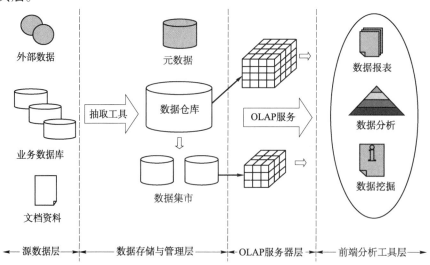

图 3.6　数据仓库系统的体系结构

数据仓库系统各组成部分如下所述。

1. 数据仓库

数据仓库是整个数据仓库系统的核心，是数据存放的地方并提供对数据检索的支持。相对于操作型数据库来说，其突出的特点是对海量数据的支持和快速的检索技术。

2. 抽取工具

抽取工具把数据从各种各样的存储环境中提取出来，进行必要的转化、整理，再存放到数据仓库内。对各种不同数据存储方式的访问能力是数据抽取工具的关键。其功能包括删除对决策应用没有意义的数据、转换到统一的数据名称和定义、计算统计和衍生数据、填补缺失数据、统一不同的数据定义方式等。

3. 元数据

元数据是关于数据的数据，在数据仓库中元数据位于数据仓库的上层，是描述数据仓库内数据的结构、位置和建立方法的数据。通过元数据进行数据仓库的管理和使用数据仓库。

4. 数据集市

数据集市是在构建数据仓库时经常用到的一个词语。如果说数据仓库是企业范围的，收集的是关于整个组织的主题，如顾客、商品、销售、资产和人员等方面的信息，那么数据集市则是包含企业范围数据的一个子集。例如，如果只包含销售主题的信息，这样数据集市只对特定的用户是有用的，其范围限于选定的主题。

数据集市面向企业中的某个部门（或某个主题），是从数据仓库中划分出来的，这种划分可以是逻辑上的，也可以是物理上的。数据仓库中存放了企业的整体信息，而数据集市只存放了某个主题需要的信息，其目的是减少数据处理量，使信息的利用更加快捷和灵活。

5. OLAP 服务

OLAP 是指对存储在数据仓库中的数据进行分析的一种软件，它能快速进行复杂数据查询和聚集，并帮助用户分析多维数据中的各维情况。

6. 数据报表、数据分析和数据挖掘

数据报表、数据分析和数据挖掘为用户产生各种数据分析和汇总报表，以及数据挖掘结果。

3.3.3 ETL

ETL 是 Extract、Transform、Load 三个单词的首字母缩写，也就是抽取、转换和装载。ETL 通常简称为数据抽取，它是商务智能/数据仓库的核心和灵魂，按照统一的规则集成并提高数据的价值，负责完成数据从数据源向目标数据仓库转化的过程，是实施数据仓库的重要步骤。

1. 数据抽取

数据抽取是从各种原始业务数据系统中获取需要的数据的过程，这是实现 ETL 的基础。数据抽取应在不影响业务系统性能的前提下满足业务需求。因此，在进行数据提取时应制定相应的策略，包括抽取方式、抽取时机、抽取周期等。

2. 数据转换

数据转换是按照预先设计好的规则将抽取的数据进行转换，使本来异构的数据格式能统

一起来。

由于业务系统的开发一般有一个较长的时间跨度，这就造成同一种数据在业务系统中可能会有多种完全不同的存储格式，甚至还有许多数据分析中所要使用的数据在业务系统中并不直接存在，而是需要根据某些公式对各部分数据进行计算才能得到的现象。这就要求对抽取的数据能灵活地进行计算、合并、拆分等转换操作。

3. 数据装载

数据装载是将转换完的数据按计划增量或全部导入数据仓库中。一般情况下，数据装载应该在系统完成更新之后进行。若数据仓库中的数据来自多个相互关联的企业系统，则应该保证在这些系统同步工作时移动数据。

数据装载包括基本装载、追加装载、破坏性合并和建设性合并等方式。

3.3.4　数据仓库与操作型数据库的关系

传统的数据库技术以单一的数据资源，即数据库为中心，进行联机事务处理（OLTP）、批处理、决策分析等各种数据处理工作，主要划分为两大类：操作型处理和分析型处理（或信息型处理）。操作型处理也叫事务处理，是指对操作型数据库的日常操作，通常是对一个或一组记录的查询和修改，主要为企业的特定应用服务，注重响应时间，以及数据的安全性和完整性。分析型处理则用于管理人员的决策分析，经常要访问大量的分析型历史数据。操作型数据和分析型数据的区别如表 3.5 所示。

表 3.5　操作型数据和分析型数据的区别

操作型数据	分析型数据
细节的	综合的
存取瞬间	历史数据
可更新	不可更新
操作需求事先可知	操作需求事先不可知
符合软件开发生命周期	完全不同的生命周期
对性能的要求较高	对性能的要求较为宽松
某一时刻操作一个单元	某一时刻操作一个集合
事务驱动	分析驱动
面向应用	面向分析
一次操作的数据量较小	一次操作的数据量较大
支持日常操作	支持管理需求

传统数据库系统侧重于企业的日常事务处理工作，难以满足对数据分析处理的要求和数据处理多样化的需求。操作型处理和分析型处理的分离成为必然。

近年来，随着数据库技术的应用和发展，人们尝试对数据库中的数据进行再加工，形成一个综合的、面向分析的环境，以更好地支持决策分析，从而形成了数据仓库技术。

操作型数据库存放了大量数据，为什么不直接在这种数据库上进行联机分析处理，而是另外花费时间和资源去构造一个与之分离的数据仓库？其主要原因是为了提高两个系统的性能。

操作型数据库是为已知的任务和负载设计的，如使用主关键字索引，检索特定的记录和优化查询；支持多事务的并行处理，需要加锁和日志等并行控制和恢复机制，以确保数据的一致性和完整性。

数据仓库的查询通常是复杂的，涉及大量数据在汇总级的计算，可能需要特殊的数据组织、存取方法和基于多维视图的实现方法对数据记录进行只读访问，以进行汇总和聚集。如果 OLTP 和 OLAP 都在操作型数据库上运行，会大大降低数据库系统的吞吐量。

总之，数据仓库与操作型数据库分离是由于这两种系统中数据的结构、内容和用法都不相同。

操作型数据库一般不维护历史数据，其数据很多，但对于决策是远远不够的。数据仓库系统用于决策支持需要历史数据，将不同来源的数据统一（如聚集和汇总），产生高质量、一致和集成的数据。

归纳起来，数据仓库与操作型数据库的对比如表 3.6 所示。显然数据仓库的出现并不是要取代数据库，目前大部分数据仓库还是使用关系型数据库管理系统来管理的，可以说数据库、数据仓库相辅相成、各有千秋。

表 3.6　数据仓库与操作型数据库的对比

数据仓库	操作型数据库
面向主题	面向应用
容量巨大	容量相对较小
数据是综合的或提炼的	数据是详细的
保存历史的数据	保存当前的数据
通常数据是不可更新的	数据是可更新的
操作需求是临时决定的	操作需求是事先可知的
一个操作存取一个数据集合	一个操作存取一个记录
数据常冗余	数据非冗余
操作相对不频繁	操作较频繁
所查询的是经过加工的数据	所查询的是原始数据
支持决策分析	支持事务处理
决策分析需要历史数据	事务处理需要当前数据
需做复杂的计算	鲜有复杂的计算
服务对象为企业高层决策人员	服务对象为企业业务处理方面的工作人员

3.4　Hadoop 与分布式数据存储

3.4.1　大数据对存储技术的挑战和 Hadoop 的起源

Hadoop 这个名字不是一个缩写，而是一个虚构的名字。该项目的创建者，Doug Cutting

如此解释 Hadoop 的得名："Hadoop 是我的孩子给一头吃饱了的棕黄色大象起的名字。我的命名标准就是简短、容易发音和拼写，没有太多的意义，并且不会被用于别处。小孩子是这方面的高手。Google 就是由小孩子命名的。"

Hadoop 及其子项目和后继模块所使用的名字往往也与其功能不相关，经常用一头大象或其他动物主题（如"Pig"）。子项目和后继模块中各个组成部分则使用便于描述的名称，帮助使用者可以大致通过其名字猜测其功能，如 Jobtracker 的任务就是跟踪 MapReduce 作业。

Google 搜索是技术难度很高的项目。首先，要存储很多的数据，要把全球的大部分网页都抓下来，可想而知存储量有多大。其次，要能快速检索网页，用户输入几个关键词查找资料，越快越好，最好在一秒之内出结果。如果全球每秒有上亿个用户在检索，只有一两秒的检索时间，要在全球的网页里找到最合适的检索结果，难度很大。Google 用三个最重要的核心技术解决上述问题，它们分别是 GFS、MapReduce 和 BigTable。2003 年，Google 的论文发表之后，Doug Cutting 等人根据论文的思想，在开源项目 Nutch 的基础上实现了 Hadoop。2005 年年初，Nutch 的开发者在 Nutch 上有了一个可工作的 MapReduce 应用；到当年年中，所有主要的 Nutch 算法被移植到 MapReduce 和 NDFS 来运行。

2008 年 1 月，Hadoop 已成为 Apache 顶级项目，证明它是成功的，是一个多样化、活跃的社区。通过这次机会，Hadoop 成功地被雅虎之外的很多公司应用，如 Last. fm、Facebook 和《纽约时报》。

2008 年 2 月，雅虎宣布其搜索引擎产品部署在一个拥有 1 万个内核的 Hadoop 集群上。

2008 年 4 月，Hadoop 打破世界纪录，成为最快排序 1TB 数据的系统。运行在一个 910 节点的群集中，Hadoop 在 209 秒内排序了 1TB 的数据（还不到三分半钟），击败了前一年的冠军（297 秒）。同年 11 月，Google 在报告中声称，它的 MapReduce 执行 1TB 数据的排序只用了 68 秒。2009 年 5 月，有报道宣称雅虎的团队使用 Hadoop 对 1TB 的数据进行排序只用了 62 秒。

从对应关系上看，Hadoop MapReduce 对应 MapReduce，Hadoop Distributed File System（HDFS）对应 GFS，HBase 对应 BigTable。一般分析师所说的 Hadoop 其实是指 Hadoop 体系，它包括 Hadoop MapReduce、HDFS 和 HBase，还有其他更多的技术。

3. 4. 2　Hadoop 生态圈及系统架构

Apache 的 Hadoop 项目研究和发展了可靠的、可扩展的开发开源软件——分布式计算体系。

Apache Hadoop 包含了一个框架型的软件库，允许大型数据集使用简单的编程模型在计算机集群中进行分布式处理。它的目的是从单一的服务器扩大到成千上万的机器，每个并发的机器提供部分计算和存储，从而实现不依靠硬件性能的提升来实现高可用性。在一个集群化的计算机系统中，每一台计算机都有可能发生故障，因此 Hadoop 软件库本身的设计专注于检测和处理来自应用层的故障和错误，从而提供一个高度可用的计算服务。

Hadoop 项目包括以下这些模块。

（1）Hadoop Common：从 Hadoop 0. 20 版本开始，Hadoop Core 项目便更名为 Common。Common 是为 Hadoop 其他子项目提供支持的常用工具，它主要包括 FileSystem、RPC 和串行

化库，它们为在廉价的硬件上搭建云计算环境提供基本的服务，并且为运行在该云平台上的软件开发提供了所需的 API。

（2）Hadoop 分布式文件系统（HDFS）：分布式文件系统，提供了高吞吐量的访问应用程序数据。由于 HDFS 具有高容错性（Fault – Tolerant）的特点，所以可以设计部署在低廉（Low – Cost）的硬件上。它可以通过提供高吞吐率（High – Throughput）来访问应用程序的数据，适合那些有着超大数据集的应用程序。HDFS 放宽了可移植操作系统接口（Poartable Operating System Interface，POSIX）的要求，这样就可以实现以流的形式访问文件系统中的数据。

（3）Hadoop YARN：用于作业调度和集群资源管理的框架。作为 Hadoop 项目的核心架构，YARN 赋予 Hadoop 多个数据处理引擎（在一个统一平台上），如交互式 SQL、实时流数据、数据科学和数据批处理。YARN 开启了一种全新的分析方法，是企业级 Hadoop 部署的必要环节。

（4）Hadoop MapReduce：一种编程模型，用于大规模数据集（大于 1TB）的并行运算。"映射"（Map）"化简"（Reduce）等概念和它们的主要思想都是从函数式编程语言借鉴来的。Hadoop MapReduce 使得编程人员在不了解分布式并行编程的情况下也能方便地将自己的程序运行在分布式系统上。

下面列出与 Apache Hadoop 相关的其他项目。

（1）Ambari。Ambari 是一个基于网络的工具，负责配置、管理、监控 Apache Hadoop 的集群，包括支持 Hadoop HDFS、Hadoop、Hive、HCatalog、HBase、ZooKeeper、Oozie、Pig 和 Sqoop。Ambari 还提供了一个仪表板查看集群健康度，如热力图、可视化的界面监控、诊断 MapReduce、Pig 和 Hive 的性能表现。

（2）Avro。Avro 是用于数据序列化的系统。它提供了丰富的数据结构类型、快速可压缩的二进制数据格式、存储持久性数据的文件集、远程调用的功能和简单的动态语言集成功能。其中，代码生成器既不需要读写文件数据，也不需要使用或实现协议，它只是一个可选的对静态类型语言的实现。

Avro 系统依赖于模式（Schema），数据的读和写是在模式之下完成的。这样就可以减少写入数据的开销，提高序列化的速度并缩减其大小，同时也可以方便动态脚本语言的使用，因为数据连同其模式都是自描述的。

在 RPC 中，Avro 系统的客户端和服务端通过握手协议进行模式的交换。因此，当客户和服务端拥有彼此全部的模式时，不同模式下的相同命名字段、丢失字段和附加字段等信息的一致性问题就得到了很好的解决。

（3）Cassandra。Cassandra 是一个混合型的非关系的数据库，类似于 Google 的 BigTable。Cassandra 的主要特点与传统的数据库技术不同，它是由一堆数据库节点共同构成的一个分布式网络服务，对 Cassandra 的写操作，会被复制到其他节点上去，对 Cassandra 的读操作，也会被路由到某个节点上去读取。对于一个 Cassandra 群集来说，扩展性能是比较简单的事情，只需在群集里面添加节点就可以了。

（4）Chukwa。Chukwa 是在 Hadoop 的 HDFS 和 MapReduce 框架之上搭建的开源的数据收集系统，用于监控和分析大型分布式系统的数据。它同时继承了 Hadoop 的可扩展性和健壮性。Chukwa 通过 HDFS 来存储数据，并通过 MapReduce 任务来处理数据。Chukwa

中也附带了灵活且强大的工具，用于显示、监视和分析数据结果，以便更好地利用所收集的数据。

（5）HBase。HBase 是一个分布式的、面向列的开源数据库。它在 Hadoop 之上提供了类似 Google BigTable 的能力。HBase 不同于一般的关系型数据库：其一，HBase 是一个适合于存储非结构化数据的数据库；其二，HBase 采用的模式是基于列的而不是基于行的。用户将数据存储在一个表里，一个数据行拥有一个可选择的键和任意数量的列。由于 HBase 表是疏松的，用户可以给行定义各种不同的列。HBase 主要适用于需要随机访问、实时读写的大数据分析任务。

（6）Hive。Hive 最早是由 Facebook 设计的一个建立在 Hadoop 基础之上的数据仓库，它提供了一些用于数据整理、特殊查询和分析存储在 Hadoop 文件中的数据集的工具。Hive 提供的是一种结构化数据的机制，它支持类似于传统 RDBMS 中的 SQL 语言来帮助那些熟悉 SQL 的用户查询 Hadoop 中的数据，该查询语言称为 Hive SQL。与此同时，那些传统的 MapReduce 编程人员也可以在 Mapper 或 Reducer 中通过 Hive SQL 查询数据。Hive 编译器会把 Hive SQL 编译成一组 MapReduce 任务，从而方便 MapReduce 编程人员进行 Hadoop 应用的开发。

（7）Mahout。Mahout 是 Apache Software Foundation（ASF）开发的一个全新的开源项目，其主要目标是创建一些可伸缩的机器学习算法，供开发人员在 Apache 许可下免费使用。该项目已经发展到了它的最二个年头，目前只有一个公共发行版。Mahout 包含许多实现，包括集群、分类、CP 和进化程序。此外，通过使用 Apache Hadoop 库，Mahout 可以有效地扩展到云中。

（8）Pig。Pig 是一个对大型数据集进行分析和评估的平台。Pig 最突出的优势是它的结构能够经受住高度并行化的检验，这个特性让它能够处理大型的数据集。目前，Pig 的底层由一个编译器组成，它在运行的时候会产生一些 MapReduce 程序序列，Pig 的语言层由一种叫作 Pig Latin 的正文型语言组成。

（9）Spark。Spark 是一个快速和通用的 Hadoop 数据计算引擎。Spark 提供了一个简单而富有表现力的编程模型，支持多种应用，包括 ETL、机器学习、数据流处理、图形计算等。

（10）Tez。Tez 是 Apache 最新开源的支持 DAG 作业的计算框架，它直接源于 MapReduce 框架，核心思想是将 Map 和 Reduce 两个操作进一步拆分，即 Map 被拆分成 Input、Processor、Sort、Merge 和 Output，Reduce 被拆分成 Input、Shuffle、Sort、Merge、Processor 和 Output。这些分解后的元操作可以任意灵活组合，产生新的操作。这些操作经过一些控制程序组合后，可形成一个大的 DAG 作业。

（11）ZooKeeper。ZooKeeper 是一个开放源码的分布式应用程序协调服务，是 Google 的 Chubby 一个开源的实现，是 Hadoop 和 Hbase 的重要组件。它是一个为分布式应用提供一致性服务的软件，提供的功能包括配置维护、域名服务、分布式同步、组服务等。ZooKeeper 的目标是封装好复杂易出错的关键服务，将简单易用的接口和性能高效、功能稳定的系统提供给用户。ZooKeeper 包含一个简单的原语集，提供 Java 和 C 语言的接口。

Hadoop 生态圈如图 3.7 所示。

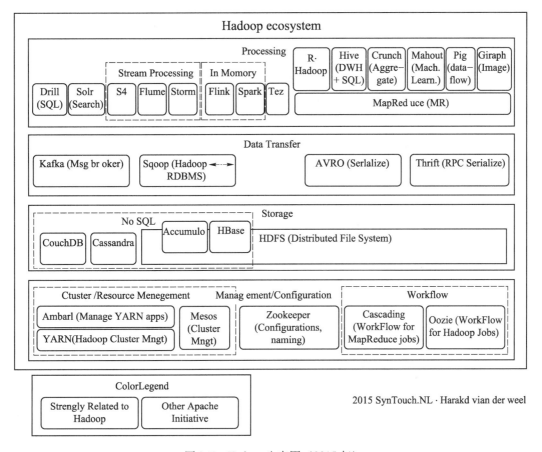

图 3.7　Hadoop 生态圈（2015 年）

3.4.3　Hadoop 应用场景

本节先用一种有助于理解的方式描述 MapReduce 和 HDFS 是如何工作的。假如有 1000GB 的多个文本文件，内容是英文网页，需要统计词频，也就是哪些单词出现过，各出现过多少次，有 1000 台计算机可供使用，要求速度越快越好。最直接的想法是，把 1000GB 的文本文件分成 1000 份，每台计算机处理 1GB 数据。处理完之后，其他 999 台计算机将处理结果发送到一台固定的计算机上，由这台计算机进行合并然后输出结果。

Hadoop 将这个过程进行自动化的处理。首先看如何存储这 1000GB 的文本文件。HDFS 在这 1000 台计算机上创建分布式文件系统，将 1000GB 的文本文件切分成若干固定大小的文件块，每个块一般是 64MB，分散存储在这 1000 台计算机上。这么多计算机，在运行的时候难免会出现几台突然死机或损坏的情况，这导致其中存储的文件块丢失，会导致计算出错。为避免这种情况，HDFS 对每个文件块进行复制，复制成 3 ~ 5 个相同的块，放到不同的计算机中，这样死机的计算机中的文件块在其他计算机中仍然可以被找到，不影响计算。

MapReduce 其实是两部分，先是 Map 操作，然后是 Reduce 操作。从词频计算来说，假设某个文件块里的一行文字是 "This is a small cat. That is a small dog."，那么 Map 操作会对这一行进行处理，将每个单词从句子解析出来，依次生成形如 < "this"，1 >、< "is"，1 >、< "a"，1 >、< "small"，1 >、< "cat"，1 >、< "that"，1 >、< "is"，1 >、

＜"a", 1＞、＜"small", 1＞、＜"dog", 1＞的键值对，＜"this", 1＞表示"this"这个单词出现了 1 次，在每个键值对里，单词出现的次数都是 1 次，允许有相同的键值对多次出现，如＜"is", 1＞这个键值对出现了 2 次。Reduce 操作就是合并同类项，将上述产生的相同的键值对合并起来，将这些单词出现的次数累加起来，计算结果就是：＜"this", 1＞，＜"is", 2＞，＜"a", 2＞，＜"small", 2＞，＜"cat", 1＞，＜"that", 1＞，＜"dog", 1＞。这种方式很简洁，并且可以进行多种形式的优化。比如，在一个计算机上，对本地存储的 1GB 的文件块先进行 Map 操作，然后再进行 Reduce 操作，那么就得到了这 1GB 文件的词频统计结果，然后再将这个结果传送到远程计算机，跟其他 999 台计算机的统计结果再次进行 Reduce 操作，就得到 1000GB 文件的全部词频统计结果。如果文件没有那么大，只有三四个 GB，就不需要在本地进行 Reduce 操作了，每次 Map 操作之后直接将结果传送到远程计算机进行 Reduce 操作。

具体地，如果用 Hadoop 来做词频统计，流程是这样的：

（1）先用 HDFS 的命令行工具，将 1000GB 文件复制到 HDFS 上；

（2）用 Java 写 MapReduce 代码，写完后调试编译，然后打包成 Jar 包；

（3）执行 Hadoop 命令，用这个 Jar 包在 Hadoop 集群上处理 1000GB 文件，然后将结果文件存放到指定的目录；

（4）用 HDFS 的命令行工具查看结果文件。

3.4.4 Hadoop 局限性

首先，Hadoop 是一个框架，不是一个解决方案。在解决大数据分析的问题上人们误认为 Hadoop 可以立即有效工作，而实际上对于简单的查询，Hadoop 的性能表现是可以的，但对于难一些的分析问题，Hadoop 会迅速败下阵来，因为需要直接开发 MapReduce 代码。出于这个原因，Hadoop 更像是 J2EE 编程环境而不是商业分析解决方案。所谓框架，意味着你一定要在其之上进行个性化和业务相关的开发和实现，而这些都需要成本。

与许多的应用程序相似，Hadoop 的子项目 Hive 和 Pig 虽然不错，但依然无法逾越其架构的限制。Hive 和 Pig 都是帮助非专业工程师快速有效使用 Hadoop 的完善工具，用于把分析查询转换为常用的 SQL 或 Java MapReduce 任务，这些任务可以部署在 Hadoop 环境中。其中，Hive 是基于 Hadoop 的一个数据仓库工具，它可以帮助实现数据汇总、即时查询，以及分析存储在 Hadoop 兼容的文件系统的大型数据集等；而 Pig 是并行计算的高级数据流语言和执行框架。但 Hadoop 的 MapReduce 框架的一些限制，会导致效率低下，尤其是在节点间通信的情况（这种场合需要排序和连接）。

Hadoop 的部署确实很方便，快捷而且免费，但在后期维护和开发方面成本很高。大数据工程师可以在一个小时内下载、安装 Hadoop 并发布一个简单的查询。作为没有软件成本的开源项目，使得它是替代甲骨文和 Teradata 等传统数据库的一个非常有吸引力的选择。但是，就像很多通用开源框架一样，它并不会完全适配企业的业务。因此，要想把开源框架业务化，企业仍然得投入开发和维护成本。一旦进入开发和维护阶段，Hadoop 的真正成本就会变得很明显。

Hadoop 对于大数据存储和汇总计算非常有效，但对应用于特定的分析来说其效率通常是非常低下的。Hadoop 擅长于大量数据的分析和汇总，或者把原始数据转化成对另一个应用程序（如搜索或文本挖掘）更有效的东西——"流水线"。但是，如果在分析目的不清晰的情况下探索数据，Hadoop 的优势很快就会荡然无存。这再次回到了业务本身，框架是为业务服务的，即便是大数据的分析和汇总，也难以脱离其数据的业务特性。所以对于特定的分析，仍然不得不在编程和执行 MapReduce 代码上花很多时间才能达到目的。

需要分析大量的数据时，Hadoop 允许通过数千个节点并行计算，在这一点上其潜力很大。但是，并非所有的分析工作都可以并行处理，有些复杂的探查分析需要从多个节点调集数据，反而降低了处理速度。所以要想提高性能，仍然需要专门为要解决的问题而设计和优化相应的 Hadoop 程序，否则速度会很慢。因为每个 MapReduce 任务都要等到之前的工作完成之后才能开始，所以就像关键路径一样，Hadoop 执行性能的快慢取决于其最慢的 MapReduce 任务。

Hadoop 是一个用来做一些非常复杂的数据分析工作的杰出工具，但也需要大量的编程工作才能实现。这一点不止体现在数据分析应用方面，也反映了目前使用开源框架时不得不面对的选型平衡问题。当企业在选型开源框架或代码的时候，既要考虑清楚它能够提供多少帮助、节省多少时间和成本、提高多少效率，也要知道由此而产生多少新增的成本，如工程师的学习成本、开发和维护成本，以及未来的扩展成本，甚至还要考虑安全性方面的问题，毕竟开源框架的漏洞也是众所周知的。

3.5　阿里云 MaxCompute

3.5.1　MaxCompute 简介

大数据计算服务（MaxCompute，原名 ODPS）是一种快速、完全托管的 TB/PB 级数据仓库解决方案。MaxCompute 向用户提供了完善的数据导入方案及多种经典的分布式计算模型，能够更快地解决用户海量数据计算问题，有效降低企业成本，并保障数据安全。MaxCompute 主要服务于批量结构化数据的存储和计算，可以提供海量数据仓库的解决方案及针对大数据的分析建模服务。随着社会数据收集手段的不断丰富及完善，越来越多的行业数据被积累下来。数据规模已经增长到了传统软件行业无法承载的海量数据（百 GB、TB，乃至 PB）级别。在分析海量数据场景下，由于单台服务器的处理能力的限制，数据分析者通常采用分布式计算模型。但分布式计算模型对数据分析人员提出了较高的要求，且不易维护。使用分布式计算模型，数据分析人员不仅需要了解业务需求，同时还需要熟悉底层计算模型。MaxCompute 的目的是为用户提供一种便捷的分析处理海量数据的手段，用户可以不必关心分布式计算细节，直接达到分析大数据的目的。

3.5.2　MaxCompute 的基本概念

1. 项目空间（Project）

项目空间是 MaxCompute 的基本组织单元，它类似于传统数据库的 Database 或 Schema 的概念，是进行多用户隔离和访问控制的主要边界。一个用户可以同时拥有多个项目空间的权限，通过安全授权，可以在一个项目空间中访问另一个项目空间中的对象。

2. 表（Table）

表是 MaxCompute 的数据存储单元。它在逻辑上也是由行和列组成的二维结构，每行代

表一条记录，每列表示相同数据类型的一个字段，一条记录可以包含一个或多个列，各个列的名称和类型构成这张表的 Schema。

3. 分区表（Partition）

分区表是指在创建表时指定分区空间，即指定表内的某几个字段作为分区列。在大多数情况下，用户可以将分区类比为文件系统下的目录。MaxCompute 将分区列的每个值作为一个分区（目录）。用户可以指定多级分区，即将表的多个字段作为表的分区，分区之间正如多级目录的关系。在使用数据时如果指定了需要访问的分区名称，则只会读取相应的分区，避免全表扫描，提高处理效率，降低费用。

4. 任务（Task）

任务（Task）是 MaxCompute 的基本计算单元，SQL 及 MapReduce 功能都是通过任务（Task）完成的。对于用户提交的大多数任务，MaxCompute 会对其进行解析，得出任务的执行计划。执行计划是由具有依赖关系的多个执行阶段（Stage）构成的。目前，执行计划逻辑上可以被看作一个有向图，图中的点是执行阶段，各个执行阶段的依赖关系是图的边。MaxCompute 会依照图（执行计划）中的依赖关系执行各个阶段。在同一个执行阶段内，会有多个进程，也称为 Worker，共同完成该执行阶段的计算工作。

5. 资源（Resource）

资源（Resource）是 MaxCompute 的特有概念。用户如果想使用 MaxCompute 的自定义函数（UDF）或 MapReduce 功能，则需要依赖资源来完成。例如，用户在编写 SQL、UDF 及 MapReduce 时，需要将编译好的 Jar 包以资源的形式上传到 ODPS。

3.5.3 MaxCompute 数据的导入导出

tunnel 命令，主要用于数据的上传、下载等功能。其主要功能包括如下几种。

1. upload

upload 命令支持文件或目录（指一级目录）的上传，每一次上传只支持数据上传到一个表或表的一个分区，有分区的表一定要指定上传的分区。例如：

```
tunnel upload log.txt test_project.test_table/p1="b1",p2="b2";
```

该段代码是将 log.txt 中的数据上传至项目空间 test_project 的表 test_table 中的 p1 = "b1"，p2 = "b2"分区。

2. download

download 命令只支持下载到单个文件，每一次下载只支持下载一个表或一个分区到一个文件，有分区的表一定要指定下载的分区。例如：

```
tunnel download test_project.test_table/p1="b1",p2="b2"test_table.txt;
```

该段代码是将表中的数据下载到 test_table.txt 文件中。

3. resume

因为网络或 tunnel 服务出错，resume 命令支持文件或目录的续传，用户可以继续上一次的数据上传操作。但 resume 命令暂时没有对下载操作的支持。

4. show

show 命令显示历史任务信息。

5. purge

purge 命令清理 session 目录，默认清理 3 天内的。

6. tunnel

tunnel 命令是对 tunnel 模块的 SDK 的封装，具有以下特点。

（1）支持对表的读写，不支持视图。

（2）写表是追加（Append）模式。

（3）采用并发以提高整体吞吐量，避免频繁提交。

（4）目标分区必须存在。

tunnel 命令中还包含一些参数，在这里就不一一展开，如果感兴趣可以查看 https：// help. aliyun. com/document_detail/27833. html? spm = 5176. doc27822. 6. 140. 5Ti53W。

3.5.4　MaxCompute SQL

1. MaxCompute SQL 概要

MaxCompute SQL 适用于分析海量数据（TB 级别）、对实时性要求不高的场合，它的每个作业的准备、提交等阶段都要花费较长时间，因此要求每秒处理几千至数万笔事务的业务是不能用 MaxCompute 完成的。MaxCompute SQL 采用的是类似于 SQL 的语法，可以看作是标准 SQL 的子集，但不能因此简单地把 MaxCompute 等价成一个数据库，它在很多方面并不具备数据库的特征，如事务、主键约束、索引等。目前，在 MaxCompute 中允许的最大 SQL 长度是 2MB。

2. DDL 语句

创建表基本语法如下：

```
create table[if not exists] table_name
[(col_name data_type [commet col_comment], …)]
[comment table_comment]
[partitioned by (col_name data_type [comment col_comment], …)]
[lifecycle days]
[as select_statement];
```

当然也可以这样做：

```
create table [if not exists] table_name like existing_table_name;
```

或者：

```
create table [if not exists] table_name as select *  from table_name where;
```

但是这两者还是有区别的：在数据上，as 可带入数据，可以依赖多张表，但是 like 只能复制单张表的表结构，不能带入数据；在属性上，as 分区不能带入键信息、注释等，但 like 可以带入分区键信息、注释。两者都不能带入 lifecycle。

删除表基本语法如下：

```
drop table [if not exists] table_name;
```

修改表基本语法有如下几种。

（1）添加列。

```
alter table table_name add columns (col_name1 type1,col_name2 type2…);
```

（2）修改列名。

```
alter table table_name change column old_col_name rename to new_col_name;
```

（3）修改表注释。

```
alter table table_name set comment 'tb1 comment';
```

（4）修改列/分区注释。

```
alter table table_name change column col_name comment 'comment';
```

（5）修改表的生命周期。

```
alter table table_name set lifecycle days;
```

（6）修改表/分区的修改时间。

```
alter table table_name touch [partition_col = 'partition_col_value', …];
```

（7）清空表中的数据。

```
truncate table table_name;
```

将指定的非分区表中的数据清空，但是该命令不支持分区表。对于分区表，可以用 alter table table_name drop partition 的方式将分区里的数据清除。

添加分区基本语法如下：

```
alter table table_name add [if not exists] partition partition_spec
  partition_spec:
 (partition_col1 = partition_col_value1, partition_col2 =
partiton_col_value2,...);
```

删除分区基本语法如下：

```
alter table table_name drop [if not exists] partition partition_spec
  partition_spec:
 (partition_col1 = partition_col_value1, partition_col2 =
partiton_col_value2,...);
```

修改分区值基本语法如下：

```
alter table table_name partition (partition_col1 = partition_col_value1,
partition_col2 = partiton_col_value2,...) rename to partition (partition_col1 =
partition_col_newvalue1, partition_col2 = partiton_col_newvalue2,...);
```

说明：不支持修改分区列列名，只能修改分区列对应的值；修改多级分区的一个或多个分区值，多级分区的每一级的分区值都必须写上。

3. DML 语句

1）更新表中数据（insert overwrite/into）

（1）输出到普通表或静态分区。

基本语法如下：

```
insert overwrite|into table tablename [partition (partcol1 = val1, partcol2
=val2...)] select_statement from from_statement;
```

（2）输出到动态分区。

在 insert overwrite 到一张分区表时，可以在语句中指定分区的值，也可以用另外一种更加灵活的方式，即在分区中指定一个分区列名，但不给出值。相应地，在 select 子句中的对应列来提供分区的值。

基本语法如下：

```
insert {into|overwrite} table <table_name> [partition (<pt_spec>)]
[(<col_name>,<col_name>...)]
select_statement from from_statement;
```

动态分区功能的限制有如下几点。

①目前，在使用动态分区功能的 SQL 中，在分布式环境下，单个进程最多只能输出 512 个动态分区，否则引发运行时异常。

②在现阶段，任意动态分区 SQL 不允许生成超过 2000 个动态分区，否则引发运行时异常。

③动态生成的分区值不允许出现 null 值，否则会引发异常。

④如果目标表有多级分区，在运行 insert 语句时允许指定部分分区为静态，但是静态分区必须是高级分区。

2）多路输出（multi　insert）

MaxCompute SQL 支持在一个语句中插入不同的结果表或分区。

基本语法如下：

```
from from_statement
insert overwrite|into table tablename1 [partition (partcol1=val1,
partcol2=val2...)] select_statement1
[insert overwrite|into table tablename2 [partition (partcol1=val3,
partcol2=val4...)] select_statement2];
```

多路输出的限制有如下几点。

（1）一般情况下，单个 SQL 里最多可以写 128 路输出，超过 128 路报语法错误。

（2）在一个 multi insert 中，对于分区表，同一个目标分区不允许出现多次；对于未分区表，该表不能出现多次。

（3）对于同一张分区表的不同分区，不能同时有 insert overwrite 和 insert into 操作，否则报错返回。

3）select 操作

```
select [all|distinct]select_expr,select_expr,...
 from table_reference
 [where where_condition]
  [group by col_list]
 [order by order_condition]
 [distribute by distribute_condition[sort by sort_condition]]
 [limit number];
```

列可以用列名指定，或者用 * 代表所有的列。

（1）支持使用嵌套子查询，子查询必须要有别名。

（2）子查询可以与其他表或子查询进行聚合（join）。

where 子句支持的过滤条件如表 3.7 所示。

表 3.7　过滤条件

过滤条件	描　　述
＞，＜，＝，＞＝，＜＝，＜＞	
like, rlike	
in, not in	如果在 in/not in 条件后加子查询，子查询只能返回一列值，且返回值的数量不能超过 1000

其他子句如表 3.8 所示。

表 3.8　其他子句

distinct	返回唯一不同的值
group by	分组查询，常和聚合函数配合使用
order by	全局排序，必须与 limit 合用
limit n	限制输出行数
distributed by	做 hash 分片
sort by	局部排序，必须和 distribute by 合用
having	由于 where 关键字无法与合计函数一起使用，可以采用 having 子句

说明：order by 和 distribute by 或 sort by 不能共用；group by 和 distribute by 或 sort by 不能共用。

4）union all

将两个或多个 select 操作返回的数据集联合成一个数据集，如果结果有重复行时，会返回所有符合条件的行，不进行重复行的去重处理。

```
select_statement union all select_statement;
```

这里需要注意以下三点。

（1）不支持顶级的两个查询结果的合并，要改写为一个子查询的形式。

（2）union all 操作对应的各个子查询的列个数、名称和类型必须一致，如果列名不一致时，可以使用列的别名加以解决。

（3）一般情况下，最多允许 128 路 union all，超过这个限制语法报错。

5）join

MaxCompute 的 join 支持多路链接，但不支持笛卡儿积，即无 on 条件的链接。

语法定义如下：

```
table_reference join table_factor [join_condition] | table_reference {left
outer |right outer |full outer |inner} join table_reference join_condition
table_reference:
          table_factor
          |join_table
table_factor:
tbl_name [alias]
|table_subquery alias
|( table_references )
join_condition:
on equality_expression ( and equality_expression )* ;
```

MaxComputer 中 SQL 的 join 和通常的 SQL 语句一样，分为以下几种。

（1）left join 会从左表那里返回所有的记录，即使在右表中没有匹配的行。

（2）right outer join 右连接，返回右表中的所有记录，即使在左表中没有记录与它匹配。

（3）full outer join 全连接，返回左右表中的所有记录。

（4）在表中存在至少一个匹配时，inner join 返回行，关键字 inner 可省略。

（5）连接条件，只允许 and 连接的等值条件，并且最多支持 16 路 join 操作。只有在 mapjoin 中，可以使用不等值连接或使用 or 连接多个条件。

6）mapjoin hint

mapjoin 是 MaxCompute 中一个特别且非常有用的功能。当一个大表和一个或多个小表做 join 时，可以使用 mapjoin，性能比普通的 join 要快很多。mapjoin 的基本原理是：在小数据量情况下，SQL 会将用户指定的小表全部加载到执行 join 操作的程序的内存中，从而加快 join 的执行速度。注意，使用 mapjoin 时有以下限制：

（1）left outer join 的左表必须是大表；

（2）right outer join 的右表必须是大表；

（3）inner join 左表或右表均可以作为大表；

（4）full outer join 不能使用 mapjoin；

（5）mapjoin 支持小表为子查询；

（6）使用 mapjoin 时需要引用小表或是子查询时，需要引用别名；

（7）在 mapjoin 中，可以使用不等值连接或使用 or 连接多个条件；

（8）目前 MaxCompute 在 mapjoin 中最多支持指定 6 张小表，否则报语法错误；

（9）如果使用 mapjoin，则所有小表占用的内存总和不得超过 512MB。请注意，由于 MaxCompute 是压缩存储，因此小表在被加载到内存后，数据大小会急剧膨胀。此处的 512MB 限制是加载到内存后的空间大小；

（10）多个表聚合（join）时，最左边的两个表不能同时是 mapjoin 的表。

MaxCompute SQL 不支持在普通 join 的 on 条件中使用不等值表达式、or 逻辑等复杂的 join 条件，但是在 mapjoin 中可以进行如上操作，例如：

```
select /* + mapjoin(a) * /
a.total_price,b.total_price
from shop a join sale_detail b
on a.total_price < b.total_price or a.total_price + b.total_price < 500;
```

3.5.5　函数

数学运算函数如表 3.9 所示。

表 3.9　数学运算函数

三角类	整形类	运算类	随机数
acos/cos（反余弦函数/余弦函数）	ceil（向上取整）	abs（绝对值）	rand（返回任意种子的随机数）
asin/sin（反正弦函数/正弦函数）	floor（向下取整）	exp（指数函数）	
atan（反正切函数）	round（四舍五入）	ln（自然对数函数）	
cosh（双曲余弦函数）	trunc（截取到指定小数点位置）	log（以 base 为底的 x 的对数）	
cot（余切函数）	conv（进制转换函数）	pow（返回 x 的 y 次方）	
sinh（双曲正弦函数）		sqrt（计算平方根）	
tan（正切函数）			
tanh（双曲正弦函数）			

字符串处理函数如表 3.10 所示。

表 3.10　字符串处理函数

长度类	查找类	整形类
length（返回字符串长度）	instr（计算一个子串在字符串中的位置）	concat（连接字符串）
lengthb（返回字符串以字节为单位的长度）	substr（返回字符串从开始往后数，长度为 length 的子串）	split_part（依照分隔符拆分字符串）
		tolower（输出英文字符串对应的小写字符串）
		toupper（输出英文字符串对应的大写字符串）
		trim（去除字符串左右空格）

日期处理函数如表 3.11 所示。

表 3.11　日期处理函数

日期获取类	日期转换类	日期运算类
getdate（获取当前系统日期）	to_date（将字符串按照指定日期格式转换）	datediff（计算两个时间的差值）
lastday（取 date 当月的最后一天）	to_char（将日期按照指定字符串格式转换）	
datepart（提取日期指定时间单位的值）		
weekday（返回日期当前周的第几天）		

窗口函数如表 3.12 所示。

表 3.12　窗口函数

聚合函数	排名类	其他类
count（计数函数）	row_number（计算行号，从 1 开始）	lag（按偏移量取当前行之前第几行的值）
sum（求和函数）	rank（排名相同的行数据获得排名顺序下降）	lead（按偏移量取当前行之后第几行的值）
avg（平均值函数）	dense_rank（排名，相同的行数据获得的排名相同）	
max/min（最大/小值函数）		
median（中位数函数）		
stddev（标准差函数）		

udf（自定义函数）如表 3.13 所示。

表 3.13　udf（自定义函数）

udf 分类	描　　述
udf	用户自定义量值函数，其输入输出是一对一的关系，即输入一行数据，写出一条输出值
udtf	自定义表值函数，用来解决一次函数调用输出多行数据的场景，也是唯一能返回多个字段的自定义函数，udf 只能一次计算输出一条返回值
udaf	自定义聚合函数，其输入输出是多对一的关系，即将多条数据输入记录聚合成一条输出值，可以与 SQL 中的 group by 连用

3.5.6　MaxCompute MapReduce

1. MapReduce 概要

MaxCompute 提供了三个版本的 MapReduce 编程接口，如下所述。

（1）MaxCompute MapReduce：MaxCompute 的原生接口，执行速度更快，开发更便捷，不暴露文件系统。

（2）MR2（扩展 MapReduce）：对 MaxCompute MapReduce 的扩展，支持更复杂的作业调度逻辑。Map/Reduce 的实现方式与 MaxCompute 原生接口一致。

（3）Hadoop 兼容版本：高度兼容 Hadoop MapReduce，与 MaxCompute 原生 MapReduce、MR2 不兼容。

2. MapReduce 处理流程

MapReduce 处理数据的流程主要分成两个阶段：Map 阶段和 Reduce 阶段。首先执行 Map 阶段，再执行 Reduce 阶段。Map 和 Reduce 的处理逻辑由用户自定义实现，但要符合 MapReduce 框架的约定。

（1）在正式执行 Map 阶段前，需要将输入数据进行"分片"。所谓分片，就是将输入数据切分为大小相等的数据块，每一块作为单个 Map Worker 的输入被处理，以便于多个 Map Worker 同时工作。

（2）分片完毕后，多个 Map Worker 就可以同时工作了。每个 Map Worker 在读入各自的数据后，进行计算处理，最终输出给 Reduce。Map Worker 在输出数据时，需要为每一条输出数据指定一个 Key 值。这个 Key 值决定了这条数据将会被发送给哪一个 Reduce Worker。Key 值和 Reduce Worker 是多对一的关系，具有相同 Key 值的数据会被发送给同一个 Reduce Worker，单个 Reduce Worker 有可能会接收到多个不同 Key 值的数据。

（3）在进入 Reduce 阶段之前，MapReduce 框架会对数据按照 Key 值排序，使得具有相同 Key 值的数据彼此相邻。如果用户指定了"合并操作"（Combiner），框架会调用 Combiner，将具有相同 Key 值的数据进行聚合。Combiner 的逻辑可以由用户自定义实现。与经典的 MapReduce 框架协议不同，在 ODPS 中，Combiner 的输入、输出的参数必须与 Reduce 保持一致。这部分的处理通常也叫作"洗牌"（Shuffle）。

（4）接下来进入 Reduce 阶段。具有相同 Key 值的数据会到达同一个 Reduce Worker。同一个 Reduce Worker 会接收来自多个 Map Worker 的数据。每个 Reduce Worker 会对 Key 值相同的多个数据进行 Reduce 操作。最后，相同 Key 值的多个数据经过 Reduce 的作用后，将变成一个值。

3. MapReduce 应用场景

MapReduce 最早是由 Google 提出的分布式数据处理模型，随后受到了业内的广泛关注，并被大量应用到各种商业场景中，下面列举几个应用范例。

（1）搜索：网页爬取、倒排索引、PageRank。

（2）Web 访问日志分析：分析和挖掘用户在 Web 上的访问、购物行为特征，实现个性化推荐；分析用户访问行为。

（3）文本统计分析：莫言小说的 WordCount、词频 TFIDF 分析；学术论文、专利文献的引用分析和统计；维基百科数据分析等。

（4）海量数据挖掘：非结构化数据、时空数据、图像数据的挖掘。

（5）机器学习：监督学习、无监督学习、分类算法（如决策树、SVM 等）。

（6）自然语言处理：基于大数据的训练和预测；基于语料库构建单词共现矩阵、高频词数据挖掘、重复文档检测等。

（7）广告推荐：用户点击（CTR）和购买行为（CVR）预测。

3.5.7　MaxCompute 权限与安全

1. 用户及授权管理

MaxCompute 的用户及授权管理主要涉及两个方面，即用户认证和角色管理。

1）用户认证

用户认证检查请求 Request 发送者的真实身份：①正确验证消息发送方的真实身份；②正确验证接收到的消息在途中是否被篡改。云账号认证使用消息签名机制，可以保证消息在传输过程中的完整性和真实性。

2）角色管理

角色（Role）是一组访问权限的集合。当需要对一组用户赋予相同的权限时，可以使用角色来授权。基于角色的授权可以大大简化授权流程，降低授权管理成本。当需要对用户授权时，应当优先考虑是否应该使用角色来完成。

每一个项目空间在创建时，会同时自动创建一个 Admin 角色，并且为该角色授予确定的权限：能访问项目空间内的所有对象，能进行用户与角色管理，能对用户或角色进行授权。与项目空间 Owner 相比，Admin 角色不能将 Admin 权限指派给用户，不能设定项目空间的安全配置，不能修改项目空间的鉴权模型。Admin 角色所对应的权限不能被修改。

删除一个角色时，ODPS 会检查该角色内是否还存在其他用户。若存在其他用户，则删除该角色失败。只有在该角色的所有用户都被撤销时，删除角色才会成功。

MaxCompute 授权分为 ACL 授权和 Policy 授权。

（1）ACL 授权基本语法如下：

```
grant/revoke <privileges> on <object> to <subject>;
```

（2）Policy 授权主要解决 ACL 无法实现的一些复杂授权场景。

①以此操作对一组对象进行授权。

②带限制条件的授权。

Policy 使用访问策略语言描述权限，基本语法如下：

```
get policy on role <role name>;
put policy <policy file> on role <role name>;
```

2. 基于标签的安全控制

基于标签的安全控制是项目空间级别的一种强制访问控制策略，它的引入是为了让项目空间管理员能更加灵活地控制用户对列级别敏感数据的访问。

Labelsecurity 安全机制开关必须由 Owner 打开，Admin 角色没有此权限；用户的安全许可标签和文件敏感等级取值范围均为 0 ~ 9，两者相互对应；显示设置的列的敏感等级优先级高于表的敏感等级，和顺序、等级高低无关。

3. 项目空间的安全配置

（1）鉴权配置如表 3.14 所示。

表 3.14　鉴权配置

语　　句	说　　明
show SecurityConfiguration	查看项目空间的安全配置
set CheckPermissionUsingACL = true/false	激活/冻结 ACL 授权机制
set CheckPermissionUsingPolicy = true/false	激活/冻结 Policy 授权机制
set ObjectCreatorHasAccessPermission = true/false	允许/禁止对象创建者默认拥有访问权限
set ObjectCreatorHasGrantPermission = true/false	允许/禁止对象创建者默认拥有授权权限

（2）数据保护如表 3.15 所示。

表 3.15　数据保护

语　　句	说　　明
set ProjectProtection = false	关闭数据保护机制
set ProjectProtection = true［with exception < policy >］	开启数据保护机制
list TrustedProjects	查看可信项目空间列表
add TrustedProject < projectName >	添加可信项目空间
remove TrustedProject < projectName >	移除可信项目空间

MaxCompute 支持使用 Package、项目互信和 Exception Policy 的形式进行跨项目空间的资源分享。

3.6　常用 Linux 指令简介

3.6.1　安装和登录指令

1. login

功能说明：登入系统。

语　　法：login。

补充说明：login 指令让用户登入系统，亦可通过它的功能随时更换登入身份。在 Slackware 发行版中，您可在指令后面附加欲登入的用户名称，它会直接询问密码，等待用户输入。当/etc 目录里含名称为 nologin 的文件时，系统只 root 账号登入系统，其他用户一律不准登入。

2. reboot

功能说明：重新开机。

语　　法：dreboot［ – dfinw］。

补充说明：执行 reboot 指令可让系统停止运作，并重新开机。

参　　数：

– d　重新开机时不把数据写入记录文件/var/tmp/wtmp。本参数具有"– n"参数的效果。

– f　强制重新开机，不调用 shutdown 指令的功能。

– i　重新开机之前先关闭所有网络界面。

– n　重新开机之前不检查是否有未结束的程序。

– w　仅做测试，并不真的将系统重新开机，只会把重新开机的数据写入/var/log 目录下的 wtmp 记录文件。

3. shutdown

功能说明：系统关机指令。

语　　法：shutdown［ – efFhknr］［ – t 秒数］［时间］［警告信息］。

补充说明：shutdown 指令可以关闭所有程序，并依用户的需要，进行重新开机或关机的动作。

参　　数：

－c 当执行"shutdown－h 11：50"指令时，只要按"＋"键就可以中断关机的指令。

－f 重新启动时不执行 fsck。

－F 重新启动时执行 fsck。

－h 将系统关机。

－k 只是送出信息给所有用户，但不会实际关机。

－n 不调用 init 程序进行关机，而由 shutdown 自己进行。

－r shutdown 之后重新启动。

－t 送出警告信息和删除信息之间要延迟多少秒。［时间］设置多久时间后执行 shut-down 指令。［警告信息］要传送给所有登入用户的信息。

4. halt

功能说明：关闭系统。

语　　法：halt［－dfinpw］。

补充说明：halt 会先检测系统的 runlevel，若 runlevel 为 0 或 6，则关闭系统；否则调用 shutdown 来关闭系统。

参　　数：

－d 不要在 wtmp 中记录。

－f 不论目前的 runlevel 为何，不调用 shutdown 强制关闭系统。

－i 在 halt 之前，关闭全部的网络界面。

－n halt 前，不用先执行 sync。

－p halt 之后，执行 poweroff。

－w 仅在 wtmp 中记录，而不实际结束系统。

5. mount

功能说明：挂载 Linux 系统外的文件。

语　　法：mount［－afFhnrvVw］［－L＜标签＞］［－o＜选项＞］［－t＜文件系统类型＞］［设备名］［加载点］。

补充说明：mount 可将指定设备中指定的文件系统加载到 Linux 目录下（也就是装载点），可将经常使用的设备写入文件/etc/fastab 中，以使系统在每次启动时自动加载。mount 加载设备的信息记录在/etc/mtab 文件中。使用 umount 命令卸载设备时，记录将被清除。

参　　数：

－a 加载文件/etc/fstab 中设置的所有设备。

－f 不实际加载设备。可与－v 等参数同时使用以查看 mount 的执行过程。

－F 需与－a 参数同时使用。所有在/etc/fstab 中设置的设备会被同时加载，可加快执行速度。

－h 显示在线帮助信息。

－L＜标签＞ 加载文件系统标签为＜标签＞的设备。

－n 不将加载信息记录在/etc/mtab 文件中。

－o＜选项＞ 指定加载文件系统时的选项，有些选项也可在/etc/fstab 中使用。

－r 以只读方式加载设备。

－t ＜文件系统类型＞。

－v 执行时显示详细的信息。

－V 显示版本信息。

－w 以可读写模式加载设备，默认设置。

6. umount

功能说明：卸除文件系统。

语　　法：umount［－ahnrvV］［－t ＜文件系统类型＞］［文件系统］。

补充说明：umount 可卸除目前挂在 Linux 目录中的文件系统。

参　　数：

－a 卸除/etc/mtab 中记录的所有文件系统。

－h 显示帮助。

－n 卸除时不要将信息存入/etc/mtab 文件中。

－r 若无法成功卸除，则尝试以只读的方式重新挂入文件系统。

－t ＜文件系统类型＞ 仅卸除选项中所指定的文件系统。

－v 执行时显示详细的信息。

－V 显示版本信息。

［文件系统］除直接指定文件系统外，也可以用设备名称或挂入点来表示文件系统。

7. exit

功能说明：退出目前的 shell。

语　　法：exit［状态值］。

补充说明：执行 exit 可使 shell 以指定的状态值退出。若不设置状态值参数，则 shell 以预设值退出。状态值 0 代表执行成功，其他值代表执行失败。exit 也可用在 script，离开正在执行的 script，回到 shell。

8. last

功能说明：列出目前与过去登入系统的用户相关信息。

语　　法：last［－adRx］［－f ＜记录文件＞］［－n ＜显示列数＞］［账号名称...］［终端机编号...］。

补充说明：单独执行 last 指令，它会读取位于/var/log 目录下，名称为 wtmp 的文件，并把该文件中记录的登入系统的用户名单全部显示出来。

参　　数：

－a 把从何处登入系统的主机名称或 IP 地址，显示在最后一行。

－d 将 IP 地址转换成主机名称。

－f ＜记录文件＞ 指定记录文件。

－n ＜显示列数＞或 － ＜显示列数＞ 设置列出名单的显示列数。

－R 不显示登入系统的主机名称或 IP 地址。

－x 显示系统关机、重新开机，以及执行等级的改变等信息。

3.6.2 文件处理指令

1. file

功能说明：辨识文件类型。

语　　法：file［－beLvz］［－f ＜名称文件 ＞］［－m ＜魔法数字文件 ＞...］［文件或目录...］。

补充说明：通过 file 指令，分析师得以辨识该文件的类型。

参　　数：

－b　列出辨识结果时，不显示文件名称。

－c　详细显示指令执行过程，便于排错或分析程序执行的情形。

－f ＜名称文件 ＞　指定名称文件，其内容有一个或多个文件名称时，让 file 依序辨识这些文件，格式为每列一个文件名称。

－L　直接显示符号连接所指向的文件的类别。

－m ＜魔法数字文件 ＞　指定魔法数字文件。

－v　显示版本信息。

－z　尝试去解读压缩文件的内容。

2. mkdir（make directories）

功能说明：建立目录。

语　　法：mkdir［－p］［－－help］［－－version］［－m ＜目录属性 ＞］［目录名称］。

补充说明：mkdir 可建立目录并同时设置目录的权限。

参　　数：

－m ＜目录属性 ＞或 －－mode ＜目录属性 ＞　建立目录并同时设置目录的权限。

－p 或 －－parents　若所要建立目录的上层目录尚未建立，则会一并建立上层目录。

－－help　显示帮助。

－－verbose　执行时显示详细的信息。

－－version　显示版本信息。

3. grep

功能说明：查找文件里符合条件的字符串。

语　　法：grep［－abcEFGhHilLnqrsvVwxy］［－A ＜显示列数 ＞］［－B ＜显示列数 ＞］［－C ＜显示列数 ＞］［－d ＜进行动作 ＞］［－e ＜范本样式 ＞］［－f ＜范本文件 ＞］［－－help］［范本样式］［文件或目录...］。

补充说明：grep 指令用于查找内容包含指定的范本样式的文件，如果发现某文件的内容符合所指定的范本样式，预设 grep 指令会把含有范本样式的那一列显示出来。若不指定任何文件名称，或者所给予的文件名为“－”，则 grep 指令会从标准输入设备读取数据。

参　　数：

－a 或 －－text　不要忽略二进制的数据。

－A ＜显示列数 ＞或 －－after － context ＝ ＜显示列数 ＞　除显示符合范本样式的那一列之外，还显示该列之后的内容。

－b 或 －－byte － offset　在显示符合范本样式的那一列之前，标示出该列第一个字符的位编号。

－B ＜显示列数 ＞或 －－before － context ＝ ＜显示列数 ＞　除显示符合范本样式的那一列之外，还显示该列之前的内容。

－c 或 －－count　计算符合范本样式的列数。

－C＜显示列数＞或－－context＝＜显示列数＞或－＜显示列数＞　除显示符合范本样式的那一列外，还显示该列之前、之后的内容。

－d＜进行动作＞或－－directories＝＜进行动作＞　当指定要查找的是目录而非文件时，必须使用这项参数，否则 grep 指令将回报信息并停止动作。

－e＜范本样式＞或－－regexp＝＜范本样式＞　指定字符串作为查找文件内容的范本样式。

－E 或－－extended－regexp　将范本样式视为延伸的普通表示法来使用。

－f＜范本文件＞或－－file＝＜范本文件＞　指定范本文件，其内容含有一个或多个范本样式，让 grep 查找符合范本条件的文件内容，格式为每列一个范本样式。

－F 或－－fixed－regexp　将范本样式视为固定字符串的列表。

－G 或－－basic－regexp　将范本样式视为普通的表示法来使用。

－h 或－－no－filename　在显示符合范本样式的那一列之前，不标示该列所属的文件名称。

－H 或－－with－filename　在显示符合范本样式的那一列之前，标示该列所属的文件名称。

－i 或－－ignore－case　忽略字符大小写的差别。

－l 或－－file－with－matches　列出文件内容符合指定的范本样式的文件名称。

－L 或－－files－without－match　列出文件内容不符合指定的范本样式的文件名称。

－n 或－－line－number　在显示符合范本样式的那一列之前，标示出该列的列数编号。

－q 或－－quiet 或－－silent　不显示任何信息。

－r 或－－recursive　此参数的效果和指定"－d recurse"参数相同。

－s 或－－no－messages　不显示错误信息。

－v 或－－revert－match　反转查找。

－V 或－－version　显示版本信息。

－w 或－－word－regexp　只显示全字符合的列。

－x 或－－line－regexp　只显示全列符合的列。

－y　此参数的效果和指定"－i"参数相同。

－－help　显示帮助。

4. dd

功能说明：读取，转换并输出数据。

语　　法：dd［bs＝＜字节数＞］［cbs＝＜字节数＞］［conv＝＜关键字＞］［count＝＜区块数＞］［ibs＝＜字节数＞］［if＝＜文件＞］［obs＝＜字节数＞］［of＝＜文件＞］［seek＝＜区块数＞］［skip＝＜区块数＞］［－－help］［－－version］。

补充说明：dd 可从标准输入或文件读取数据，依指定的格式来转换数据，再输出到文件、设备或标准输出。

参　　数：

bs＝＜字节数＞　将 ibs（输入）与 obs（输出）设成指定的字节数。

cbs＝＜字节数＞　转换时，每次只转换指定的字节数。

conv＝＜关键字＞　指定文件转换的方式。

count = <区块数>　仅读取指定的区块数。

ibs = <字节数>　每次读取的字节数。

if = <文件>　从文件读取。

obs = <字节数>　每次输出的字节数。

of = <文件>　输出到文件。

seek = <区块数>　开始输出时，跳过指定的区块数。

skip = <区块数>　开始读取时，跳过指定的区块数。

－－help　显示帮助。

－－version　显示版本信息。

5. find

功能说明：查找文件或目录。

语　　法：find［目录…］［－amin　<分钟>］［－anewer　<参考文件或目录>］［－atime <24 小时数>］［－cmin　<分钟>］［－cnewer　<参考文件或目录>］［－ctime <24 小时数>］［－daystart］［－depyh］［－empty］［－exec　<执行指令>］［－false］［－fls　<列表文件>］［－follow］［－fprint　<列表文件>］［－fprint0　<列表文件>］［－fprintf　<列表文件> <输出格式>］［－fstype　<文件系统类型>］［－gid　<群组识别码>］［－group　<群组名称>］［－help］［－ilname　<范本样式>］［－iname　<范本样式>］［－inum　<inode 编号>］［－ipath　<范本样式>］［－iregex　<范木样式>］［－links　<连接数目>］［－lname　<范本样式>］［－ls］［－maxdepth <目录层级>］［－mindepth　<目录层级>］［－mmin　<分钟>］［－mount］［－mtime <24 小时数>］［－name　<范本样式>］［－newer　<参考文件或目录>］［－nogroup］［noleaf］［－nouser］［－ok　<执行指令>］［－path　<范本样式>］［－perm　<权限数值>］［－print］［－print0］［－printf　<输出格式>］［－prune］［－regex　<范本样式>］［－size　<文件大小>］［－true］［－type　<文件类型>］［－uid　<用户识别码>］［－used　<日数>］［－user　<拥有者名称>］［－version］［－xdev］［－xtype　<文件类型>］。

补充说明：find 指令用于查找符合条件的文件。任何位于参数之前的字符串都将被视为欲查找的目录。

参　　数：

－amin <分钟>　查找在指定时间曾被存取过的文件或目录，单位以分钟计算。

－anewer <参考文件或目录>　查找其存取时间较指定文件或目录的存取时间更接近现在的文件或目录。

－atime <24 小时数>　查找在指定时间曾被存取过的文件或目录，单位以 24 小时计算。

－cmin <分钟>　查找在指定时间被更改的文件或目录。

－cnewer <参考文件或目录>　查找其更改时间较指定文件或目录的更改时间更接近现在的文件或目录。

－ctime <24 小时数>　查找在指定时间被更改的文件或目录，单位以 24 小时计算。

－daystart　从本日开始计算时间。

－depth　从指定目录下深层的子目录开始查找。

－expty　寻找文件大小为 0 Byte 的文件，或者目录下没有任何子目录或文件的空目录。

– exec < 执行指令 >　假设 find 指令的回传值为 True，就执行该指令。

– false　将 find 指令的回传值皆设为 False。

– fls < 列表文件 >　此参数的效果和指定 "– ls" 参数类似，但会把结果保存成指定的列表文件。

– follow　排除符号连接。

– fprint < 列表文件 >　此参数的效果和指定 "– print" 参数类似，但会把结果保存成指定的列表文件。

– fprint0 < 列表文件 >　此参数的效果和指定 "– print0" 参数类似，但会把结果保存成指定的列表文件。

– fprintf < 列表文件 > < 输出格式 >　此参数的效果和指定 "– printf" 参数类似，但会把结果保存成指定的列表文件。

– fstype < 文件系统类型 >　只寻找该文件系统类型下的文件或目录。

– gid < 群组识别码 >　查找符合指定群组识别码的文件或目录。

– group < 群组名称 >　查找符合指定群组名称的文件或目录。

– help 或 – – help　显示帮助。

– ilname < 范本样式 >　此参数的效果和指定 "– lname" 参数类似，但忽略字符大小写的差别。

– iname < 范本样式 >　此参数的效果和指定 "– name" 参数类似，但忽略字符大小写的差别。

– inum < inode 编号 >　查找符合指定的 inode 编号的文件或目录。

– ipath < 范本样式 >　此参数的效果和指定 "– ipath" 参数类似，但忽略字符大小写的差别。

– iregex < 范本样式 >　此参数的效果和指定 "– regexe" 参数类似，但忽略字符大小写的差别。

– links < 连接数目 >　查找符合指定的硬连接数目的文件或目录。

– iname < 范本样式 >　指定字符串作为寻找符号连接的范本样式。

– ls　假设 find 指令的回传值为 True，就将文件或目录名称列出到标准输出。

– maxdepth < 目录层级 >　设置大目录层级。

– mindepth < 目录层级 >　设置小目录层级。

– mmin < 分钟 >　查找在指定时间曾被更改过的文件或目录，单位以分钟计算。

– mount　此参数的效果和指定 "– xdev" 参数相同。

– mtime < 24 小时数 >　查找在指定时间曾被更改过的文件或目录，单位以 24 小时计算。

– name < 范本样式 >　指定字符串作为寻找文件或目录的范本样式。

– newer < 参考文件或目录 >　查找其更改时间较指定文件或目录的更改时间更接近现在的文件或目录。

– nogroup　找出不属于本地主机群组识别码的文件或目录。

– noleaf　不去考虑目录至少需拥有两个硬连接存在。

– nouser　找出不属于本地主机用户识别码的文件或目录。

－ok ＜执行指令＞　　此参数的效果和指定"－exec"参数类似，但在执行指令之前会先询问用户，若回答"y"或"Y"，则放弃执行指令。

－path ＜范本样式＞　　指定字符串作为寻找目录的范本样式。

－perm ＜权限数值＞　　查找符合指定的权限数值的文件或目录。

－print　　假设 find 指令的回传值为 True，就将文件或目录名称列出到标准输出。格式为每列一个名称，每个名称之前皆有"．／"字符串。

－print0　　假设 find 指令的回传值为 True，就将文件或目录名称列出到标准输出。格式为全部的名称皆在同一行。

－printf ＜输出格式＞　　假设 find 指令的回传值为 True，就将文件或目录名称列出到标准输出。格式可以自行指定。

－prune　　不寻找字符串作为寻找文件或目录的范本样式。

－regex ＜范本样式＞　　指定字符串作为寻找文件或目录的范本样式。

－size ＜文件大小＞　　查找符合指定的文件大小的文件。

－true　　将 find 指令的回传值皆设为 True。

－typ ＜文件类型＞　　只寻找符合指定的文件类型的文件。

－uid ＜用户识别码＞　　查找符合指定的用户识别码的文件或目录。

－used ＜日数＞　　查找文件或目录被更改之后在指定时间曾被存取过的文件或目录，单位以日计算。

－user ＜拥有者名称＞　　查找符合指定的拥有者名称的文件或目录。

－version 或 －－version　　显示版本信息。

－xdev　　将范围局限在先行的文件系统中。

－xtype ＜文件类型＞　　此参数的效果和指定"－type"参数类似，差别在于它针对符号连接检查。

6. mv

功能说明：移动或更名现有的文件或目录。

语　　法：mv ［－bfiuv］［－－help］［－－version］［－S ＜附加字尾＞］［－V ＜方法＞］［源文件或目录］［目标文件或目录］。

补充说明：mv 指令可移动文件或目录，或者更改文件或目录的名称。

参　　数：

－b 或 －－backup　　若需覆盖文件，则覆盖前先行备份。

－f 或 －－force　　若目标文件或目录与现有的文件或目录重复，则直接覆盖现有的文件或目录。

－i 或 －－interactive　　覆盖前先行询问用户。

－S ＜附加字尾＞ 或　　－－suffix ＝ ＜附加字尾＞　　与 －b 参数一并使用，可指定备份文件所要附加的字尾。

－u 或 －－update　　在移动或更改文件名时，若目标文件已存在，且其文件日期比源文件新，则不覆盖目标文件。

－v 或 －－verbose　　执行时显示详细的信息。

－V ＝ ＜方法＞ 或　　－－version －control ＝ ＜方法＞　　与 －b 参数一并使用，可指定备份

的方法。

－－help　显示帮助。

－－version　显示版本信息。

7. ls（list）

功能说明：列出目录内容。

语　　法：ls［－1aAbBcCdDfFgGhHiklLmnNopqQrRsStuUvxX］［－I＜范本样式＞］［－T
＜跳格字数＞］［－w＜每列字符数＞］［－－block－size＝＜区块大小＞］［－－color＝＜使用
时机＞］［－－format＝＜列表格式＞］［－－full－time］［－－help］［－－indicator－style＝＜标注
样式＞］［－－quoting－style＝＜引号样式＞］［－－show－control－chars］［－－sort＝＜排序方
式＞］［－－time＝＜时间戳记＞］［－－version］［文件或目录...］。

补充说明：执行 ls 指令可列出目录的内容，包括文件和子目录的名称。

参　　数：

－1　每列仅显示一个文件或目录名称。

－a 或 －－all　所有文件和目录。

－A 或 －－almost－all　显示所有文件和目录，但不显示现行目录和上层目录。

－b 或 －－escape　显示脱离字符。

－B 或 －－ignore－backups　忽略备份文件和目录。

－c　以更改时间排序，显示文件和目录。

－C　以从上至下，从左到右的直行方式显示文件和目录名称。

－d 或 －－directory　显示目录名称而非其内容。

－D 或 －－dired　用 Emacs 的模式产生文件和目录列表。

－f　此参数的效果和同时指定"aU"参数相同，并关闭"lst"参数的效果。

－F 或 －－classify　在执行文件、目录、Socket、符号连接、管道名称后面，各自加上
＊、／、＝、＠、｜号。

－g　此参数将忽略不予处理。

－G 或 －－no－group　不显示群组名称。

－h 或 －－human－readable　用"K""M""G"来显示文件和目录的大小。

－H 或 －－si　此参数的效果和指定"－h"参数类似，但计算单位是 1000Bytes 而非
1024Bytes。

－i 或 －－inode　显示文件和目录的 inode 编号。

－I＜范本样式＞或 －－ignore＝＜范本样式＞　不显示符合范本样式的文件或目录名称。

－k 或 －－kilobytes　此参数的效果和指定"block－size＝1024"参数相同。

－l　使用详细格式列表。

－L 或 －－dereference　如遇到性质为符号连接的文件或目录，直接列出该连接所指向的
原始文件或目录。

－m　用","号区隔每个文件和目录的名称。

－n 或 －－numeric－uid－gid　以用户识别码和群组识别码替代其名称。

－N 或 －－literal　直接列出文件和目录名称，包括控制字符。

－o　此参数的效果和指定"－l"参数类似，但不列出群组名称或识别码。

－p 或－－file－type　此参数的效果和指定"－F"参数类似，但不会在执行文件名称后面加上"＊"号。

－q 或－－hide－control－chars　用"?"号取代控制字符，列出文件和目录名称。

－Q 或－－quote－name　把文件和目录名称以""号标示起来。

－r 或－－reverse　反向排序。

－R 或－－recursive　递归处理，将指定目录下的所有文件及子目录一并处理。

－s 或－－size　显示文件和目录的大小，以区块为单位。

－S　以文件和目录的大小排序。

－t　以文件和目录的更改时间排序。

－T＜跳格字符＞或－－tabsize＝＜跳格字数＞　设置跳格字符所对应的空白字符数。

－u　以存取时间排序，显示文件和目录。

－U　列出文件和目录名称时不予排序。

－v　文件和目录的名称列表以版本进行排序。

－w＜每列字符数＞或－－width＝＜每列字符数＞　设置每列的最大字符数。

－x　以从左到右，由上至下的横列方式显示文件和目录名称。

－X　以文件和目录的后一个扩展名排序。

－－block－size＝＜区块大小＞　指定存放文件的区块大小。

－－color＝＜列表格式＞　培植文件和目录的列表格式。

－－full－time　列出完整的日期与时间。

－－help　显示帮助。

－－indicator－style＝＜标注样式＞　在文件和目录等名称后面加上标注，易于辨识该名称所属的类型。

－－quoting－syte＝＜引号样式＞　把文件和目录名称以指定的引号样式标示起来。

－－show－control－chars　在显示文件和目录列表时，使用控制字符。

－－sort＝＜排序方式＞　配置文件和目录列表的排序方式。

－－time＝＜时间截记＞　用指定的时间截记取代更改时间。

－－version　显示版本信息。

8. diff（differential）

功能说明：比较文件的差异。

语　　法：diff［－abBcdefHilnNpPqrstTuvwy］［－＜行数＞］［－C＜行数＞］［－D＜巨集名称＞］［－I＜字符或字符串＞］［－S＜文件＞］［－W＜宽度＞］［－x＜文件或目录＞］［－X＜文件＞］［－－help］［－－left－column］［－－suppress－common－line］［文件或目录1］［文件或目录2］。

补充说明：diff 指令以逐行的方式，比较文本文件的差异。如果指定要比较目录，则diff 会比较目录中相同文件名的文件，但不会比较其中子目录。

参　　数：

－＜行数＞　指定要显示多少行的文本。此参数必须与－c 或－u 参数一并使用。

－a 或－－text　diff 预设只会逐行比较文本文件。

－b 或－－ignore－space－change　不检查空格字符的不同。

－B 或 －－ignore－blank－lines　　不检查空白行。

－c　　显示全部内文，并标出不同之处。

－C＜行数＞或 －－context＜行数＞　　与执行"－c－＜行数＞"指令相同。

－d 或 －－minimal　　使用不同的演算法，以较小的单位来做比较。

－D＜巨集名称＞或 ifdef＜巨集名称＞　　此参数的输出格式可用于前置处理器巨集。

－e 或 －－ed　　此参数的输出格式可用于 ed 的 script 文件。

－f 或 －forward－ed　　输出的格式类似 ed 的 script 文件，但按照原来文件的顺序来显示不同处。

－H 或 －－speed－large－files　　比较大文件时，可加快速度。

－l＜字符或字符串＞或 －－ignore－matching－lines＜字符或字符串＞　　若两个文件在某几行有所不同，而这几行同时包含了选项中指定的字符或字符串，则不显示这两个文件的差异。

－i 或 －－ignore－case　　不检查大小写的不同。

－l 或 －－paginate　　将结果交由 pr 程序来分页。

－n 或 －－rcs　　将比较结果以 RCS 的格式来显示。

－N 或 －－new－file　　在比较目录时，若文件 A 仅出现在某个目录中，预设会显示 Only in 目录；若文件 A 使用 －N 参数，则 diff 会将文件 A 与一个空白的文件比较。

－p　　若比较的文件为 C 语言的程序码文件时，则显示差异所在的函数名称。

－P 或 －－unidirectional－new－file　　与 －N 参数类似，但只有当第二个目录包含了一个第一个目录所没有的文件时，才会将这个文件与空白的文件做比较。

－q 或 －－brief　　仅显示有无差异，不显示详细的信息。

－r 或 －－recursive　　比较子目录中的文件。

－s 或 －－report－identical－files　　若没有发现任何差异，仍然显示信息。

－S＜文件＞或 －－starting－file＜文件＞　　在比较目录时，从指定的文件开始比较。

－t 或 －－expand－tabs　　在输出时，将 tab 字符展开。

－T 或 －－initial－tab　　在每行前面加上 tab 字符以便对齐。

－u，－U＜列数＞或 －－unified＝＜列数＞　　以合并的方式来显示文件内容的不同。

－v 或 －－version　　显示版本信息。

－w 或 －－ignore－all－space　　忽略全部的空格字符。

－W＜宽度＞或 －－width＜宽度＞　　在使用 －y 参数时，指定栏宽。

－x＜文件名或目录＞或 －－exclude＜文件名或目录＞　　不比较选项中所指定的文件或目录。

－X＜文件＞或 －－exclude－from＜文件＞　　可以将文件或目录类型存成文本文件，然后在 ＝＜文件＞中指定此文本文件。

－y 或 －－side－by－side　　以并列的方式显示文件的异同之处。

－－help　　显示帮助。

－－left－column　　在使用 －y 参数时，若两个文件某一行内容相同，则仅在左侧的属性显示该行内容。

－－suppress－common－lines　　在使用 －y 参数时，仅显示不同之处。

9. cat

使用权限：所有使用者。

使用方式：cat［ – AbeEnstTuv］［ – – help］［ – – version］fileName。

说明：把档案串连接后传到基本输出（荧幕或加 > fileName 到另一个档案）。

参　　数：

– n 或 – – number　由 1 开始对所有输出的行数编号。

– b 或 – – number – nonblank　和 – n 参数相似，只不过对于空白行不编号。

– s 或 – – squeeze – blank　当遇到有连续两行以上的空白行时，就代换为一行的空白行。

– v 或 – – show – nonprinting　使用^和 M – 符号，除 LFD 和 TAB 外。

范例：

cat – n textfile1 > textfile2　把 textfile1 的档案内容加上行号后输入 textfile2 这个档案里。

cat – b textfile1 textfile2 > > textfile3　把 textfile1 和 textfile2 的档案内容加上行号（空白行不加）之后将内容附加到 textfile3 里。

10. ln（link）

功能说明：连接文件或目录。

语　　法：ln［ – bdfinsv］［ – S ＜字尾备份字符串＞］［ – V ＜备份方式＞］［ – – help］［ – – version］［源文件或目录］［目标文件或目录］或 ln｜ – bdfinsv］［ – S ＜字尾备份字符串＞］［ – V ＜备份方式＞］［ – – help］［ – – version］［源文件或目录 . . .］［目的目录］。

补充说明：ln 指令用在连接文件或目录，如同时指定两个以上的文件或目录，且最后的目的地是一个已经存在的目录，则会把前面指定的所有文件或目录复制到该目录中。若同时指定多个文件或目录，且最后的目的地并非是一个已存在的目录，则会出现错误信息。

参　　数：

– b 或 – – backup　删除、覆盖目标文件之前的备份。

– d 或 – F 或 – – directory　建立目录的硬连接。

– f 或 – – force　强行建立文件或目录的连接，不论文件或目录是否存在。

– i 或 – – interactive　覆盖既有文件之前先询问用户。

– n 或 – – no – dereference　把符号连接的目的目录视为一般文件。

– s 或 – – symbolic　对源文件建立符号连接，而非硬连接。

– S ＜字尾备份字符串＞或 – – suffix = ＜字尾备份字符串＞　用 – b 参数备份目标文件后，备份文件的字尾会被加上一个备份字符串，预设的字尾备份字符串是符号"～"，可通过 – S 参数来改变它。

– v 或 – – verbose　显示指令执行过程。

– V ＜备份方式＞或 – – version – control = ＜备份方式＞　用 – b 参数备份目标文件后，备份文件的字尾会被加上一个备份字符串，这个字符串可用 – S 参数变更。当使用 – V ＜备份方式＞参数指定不同备份方式时，也会产生不同字尾的备份字符串。

– – help　显示帮助。

– – version　显示版本信息。

3.6.3 系统管理相关指令

1. df（disk free）

功能说明：显示磁盘的相关信息。

语　　法：df［－ahHiklmPT］［－－block－size＝＜区块大小＞］［－t ＜文件系统类型＞］［－x ＜文件系统类型＞］［－－help］［－－no－sync］［－－sync］［－－version］［文件或设备］。

补充说明：df 指令可显示磁盘的文件系统与使用情形。

参　　数：

－a 或－－all　包含全部的文件系统。

－－block－size＝＜区块大小＞　以指定的区块大小来显示区块数目。

－h 或－－human－readable　以可读性较高的方式来显示信息。

－H 或－－si　与－h 参数相同，但在计算时是以 1000 Bytes 为换算单位而非 1024 Bytes。

－i 或－－inodes　显示 inode 的信息。

－k 或－－kilobytes　指定区块大小为 1024 Bytes。

－l 或－－local　仅显示本地端的文件系统。

－m 或－－megabytes　指定区块大小为 1048576 Bytes。

－－no－sync　在取得磁盘使用信息前，不要执行 sync 指令，此为预设值。

－P 或－－portability　使用 POSIX 的输出格式。

－－sync　在取得磁盘使用信息前，先执行 sync 指令。

－t＜文件系统类型＞或－－type＝＜文件系统类型＞　仅显示指定文件系统类型的磁盘信息。

－T 或－－print－type　显示文件系统的类型。

－x＜文件系统类型＞或－－exclude－type＝＜文件系统类型＞　不要显示指定文件系统类型的磁盘信息。

－－help　显示帮助。

－－version　显示版本信息。

［文件或设备］　指定磁盘设备。

2. top

功能说明：显示、管理执行中的程序。

语　　法：top［bciqsS］［d ＜间隔秒数＞］［n ＜执行次数＞］。

补充说明：执行 top 指令可显示目前正在系统中执行的程序，并通过它所提供的互动式界面，用热键加以管理。

参　　数：

b　使用批处理模式。

c　列出程序时，显示每个程序的完整指令，包括指令名称、路径和参数等相关信息。

d＜间隔秒数＞　设置 top 监控程序执行状况的间隔时间，单位以秒计算。

i　执行 top 指令时，忽略闲置或是已成为 Zombie 的程序。

n＜执行次数＞　设置监控信息的更新次数。

q　持续监控程序执行的状况。

s　使用保密模式，消除互动模式下的潜在危机。

S　使用累计模式，其效果类似 ps 指令的 "－S" 参数。

3. free

功能说明：显示内存状态。

语　　法：free［－bkmotV］［－s ＜间隔秒数＞］。

补充说明：free 指令会显示内存的使用情况，包括实体内存、虚拟的交换文件内存、共享内存区段，以及系统核心使用的缓冲区等。

参　　数：

－b　以 Byte 为单位显示内存使用情况。

－k　以 KB 为单位显示内存使用情况。

－m　以 MB 为单位显示内存使用情况。

－o　不显示缓冲区调节列。

－s＜间隔秒数＞　持续观察内存使用状况。

－t　显示内存总和列。

－V　显示版本信息。

4. quota

功能说明：显示磁盘已使用的空间与限制。

语　　法：quota［－quvV］［用户名称...］或 quota［－gqvV］［群组名称...］。

补充说明：执行 quota 指令，可查询磁盘空间的限制，并得知已使用多少空间。

参　　数：

－g　列出群组的磁盘空间限制。

－q　简明列表，只列出超过限制的部分。

－u　列出用户的磁盘空间限制。

－v　显示该用户或群组在所有挂入系统的存储设备的空间限制。

－V　显示版本信息。

5. adduser

功能说明：新增用户账号。

语　　法：adduser。

补充说明：在 Slackware 中，adduser 指令是个 script 程序，利用交谈的方式取得输入的用户账号资料，然后再交由真正建立账号的 useradd 指令建立新用户，如此可方便管理员建立用户账号。在 Red Hat Linux 中，adduser 指令则是 useradd 指令的符号连接，两者实际上是同一个指令。

6. kill

功能说明：删除执行中的程序或工作。

语　　法：kill［－s ＜信息名称或编号＞］［程序］或 kill［－l ＜信息编号＞］。

补充说明：kill 指令可将指定的信息送至程序。若预设的信息为 SIGTERM（15），则将指定程序终止。若仍无法终止该程序，可使用 SIGKILL（9）信息尝试强制删除程序。程序或工作的编号可利用 ps 指令或 jobs 指令查看。

参　　数：

－l＜信息编号＞　若不加＜信息编号＞选项，则－l参数会列出全部的信息名称。

－s＜信息名称或编号＞　指定要送出的信息。

［程序］　［程序］可以是程序的 PID 或 PGID，也可以是工作编号。

7. crontab

功能说明：设置计时器。

语　　法：crontab ［－u ＜用户名称＞］［配置文件］或 crontab ［－u ＜用户名称＞］［－elr］。

补充说明：crontab 是一个常驻服务，它提供计时器的功能，让用户在特定的时间得以执行预设的指令或程序。只要用户会编辑计时器的配置文件，就可以使用计时器的功能。其配置文件格式如下：Minute Hour Day Month DayOFWeek Command。

参　　数：

－e　编辑该用户的计时器设置。

－l　列出该用户的计时器设置。

－r　删除该用户的计时器设置。

－u＜用户名称＞　指定要设定计时器的用户名称。

3.6.4　网络操作指令

1. ifconfig

功能说明：显示或设置网络设备。

语　　法：ifconfig ［网络设备］［down up － allmulti － arp － promisc］［add ＜地址＞］［del ＜地址＞］［＜hw ＜网络设备类型＞＜硬件地址＞］［io_addr ＜I/O 地址＞］［irq ＜IRQ 地址＞］［media ＜网络媒介类型＞］［mem_start ＜内存地址＞］［metric ＜数目＞］［mtu ＜字节＞］［netmask ＜子网掩码＞］［tunnel ＜地址＞］［－broadcast ＜地址＞］［－pointopoint ＜地址＞］［IP 地址］。

补充说明：ifconfig 指令可设置网络设备的状态，或者显示目前的设置。

参　　数：

add＜地址＞　设置网络设备 IPv6 的 IP 地址。

del＜地址＞　删除网络设备 IPv6 的 IP 地址。

down　关闭指定的网络设备。

＜hw ＜网络设备类型＞＜硬件地址＞　设置网络设备的类型与硬件地址。

io_ addr＜I/O 地址＞　设置网络设备的 I/O 地址。

irq＜IRQ 地址＞　设置网络设备的 IRQ。

media＜网络媒介类型＞　设置网络设备的媒介类型。

mem_ start＜内存地址＞　设置网络设备在主内存所占用的起始地址。

metric＜数目＞　指定在计算数据包的转送次数时，所要加上的数目。

mtu＜字节＞　设置网络设备的 MTU。

netmask＜子网掩码＞　设置网络设备的子网掩码。

tunnel＜地址＞　建立 IPv4 与 IPv6 之间的隧道通信地址。

up　启动指定的网络设备。

－broadcast＜地址＞　将要送往指定地址的数据包当成广播数据包来处理。

－pointopoint＜地址＞　与指定地址的网络设备建立直接连线，此模式具有保密功能。

－promisc　关闭或启动指定网络设备的 promiscuous 模式。

［IP 地址］　指定网络设备的 IP 地址。

［网络设备］　指定网络设备的名称。

2. ping

功能说明：检测主机。

语　　法：ping［－dfnqrRv］［－c＜完成次数＞］［－i＜间隔秒数＞］［－I＜网络界面＞］［－l＜前置载入＞］［－p＜范本样式＞］［－s＜数据包大小＞］［－t＜存活数值＞］［主机名称或 IP 地址］。

补充说明：执行 ping 指令会使用 ICMP 传输协议，发出要求回应的信息，若远端主机的网络功能没有问题，就会回应该信息，因而得知该主机运作正常。

参　　数：

－d　使用 Socket 的 SO_ DEBUG 功能。

－c＜完成次数＞　设置完成要求回应的次数。

－f　极限检测。

－i＜间隔秒数＞　指定收发信息的间隔时间。

－I＜网络界面＞　使用指定的网络界面送出数据包。

－l＜前置载入＞　设置在送出要求信息之前，先行发出的数据包。

－n　只输出数值。

－p＜范本样式＞　设置填满数据包的范本样式。

－q　不显示指令执行过程，开头和结尾的相关信息除外。

－r　忽略普通的 Routing Table，直接将数据包送到远端主机上。

－R　记录路由过程。

－s＜数据包大小＞　设置数据包的大小。

－t＜存活数值＞　设置存活数值 TTL 的大小。

－v　详细显示指令的执行过程。

3. netstat

功能说明：显示网络状态。

语　　法：netstat［－acCeFghilMnNoprstuvVwx］［－A＜网络类型＞］［－－ip］。

补充说明：利用 netstat 指令可得知整个 Linux 系统的网络情况。

参　　数：

－a 或－－all　显示所有连线中的 Socket。

－A＜网络类型＞或－－＜网络类型＞　列出该网络类型连线中的相关地址。

－c 或－－continuous　持续列出网络状态。

－C 或－－cache　显示路由器配置的快取信息。

－e 或－－extend　显示网络其他相关信息。

－F 或－－fib　显示 FIB。

－g 或－－groups　显示多重广播功能群组组员名单。

－h 或 －－help　显示帮助。

－i 或 －－interfaces　显示网络界面信息表单。

－l 或 －－listening　显示监控中的服务器的 Socket。

－M 或 －－masquerade　显示伪装的网络连线。

－n 或 －－numeric　直接使用 IP 地址，而不通过域名服务器。

－N 或 －－netlink 或 －－symbolic　显示网络硬件外围设备的符号连接名称。

－o 或 －－timers　显示计时器。

－p 或 －－programs　显示正在使用 Socket 的程序识别码和程序名称。

－r 或 －－route　显示 Routing Table。

－s 或 －－statistice　显示网络工作信息统计表。

－t 或 －－tcp　显示 TCP 传输协议的连线状况。

－u 或 －－udp　显示 UDP 传输协议的连线状况。

－v 或 －－verbose　显示指令执行过程。

－V 或 －－version　显示版本信息。

－w 或 －－raw　显示 RAW 传输协议的连线状况。

－x 或 －－unix　此参数的效果和指定" －A unix"参数相同。

－－ip 或 －－inet　此参数的效果和指定" －A inet"参数相同。

4. telnet

功能说明：远端登入。

语　　法：telnet［ －8acdEfFKLrx］［ －b＜主机别名＞］［ －e＜脱离字符＞］［ －k＜域名＞］
［ －l＜用户名称＞］［ －n＜记录文件＞］［ －S＜服务类型＞］［ －X＜认证形态＞］［主机名称或
IP 地址＜通信端口＞］。

补充说明：执行 telnet 指令开启终端机阶段作业，并登入远端主机。

参　　数：

－8　允许使用 8 位字符资料，包括输入与输出。

－a　尝试自动登入远端系统。

－b＜主机别名＞　使用别名指定远端主机名称。

－c　不读取用户专属目录里的 . telnetrc 文件。

－d　启动排错模式。

－e＜脱离字符＞　设置脱离字符。

－E　滤除脱离字符。

－f　此参数的效果和指定" －F"参数相同。

－F　使用 Kerberos V5 认证时，加上此参数可把本地主机的认证数据上传到远端主机。

－k＜域名＞　使用 Kerberos V5 认证时，加上此参数可让远端主机采用指定的域名，而
非该主机的域名。

－K　不自动登入远端主机。

－l＜用户名称＞　指定要登入远端主机的用户名称。

－L　允许输出 8 位字符资料。

－n＜记录文件＞　指定文件记录相关信息。

－r　使用类似 rlogin 指令的用户界面。

－S＜服务类型＞　设置 telnet 连线所需的 IP TOS 信息。

－x　假设主机有支持数据加密的功能，那就使用它。

－X＜认证形态＞　关闭指定的认证形态。

5. ftp（file transfer protocol）

功能说明：设置文件系统相关功能。

语　　法：ftp［－dignv］［主机名称或 IP 地址］。

补充说明：ftp 是 ARPANet 的标准文件传输协议，该网络就是现今 Internet 的前身。

参　　数：

－d　详细显示指令执行过程，便于排错或分析程序执行的情形。

－i　关闭互动模式，不询问任何问题。

－g　关闭本地主机文件名称支持特殊字符的扩充特性。

－n　不使用自动登录。

－v　显示指令执行过程。

6. rlogin（remote login）

功能说明：远端登入。

语　　法：rlogin［－8EL］［－e ＜脱离字符＞］［－l ＜用户名称＞］［主机名称或 IP 地址］

补充说明：执行 rlogin 指令开启终端机阶段操作，并登入远端主机。

参　　数：

－8　允许输入 8 位字符数据。

－e　＜脱离字符＞　设置脱离字符。

－E　滤除脱离字符。

－l　＜用户名称＞　指定要登入远端主机的用户名称。

－L　使用 litout 模式进行远端登入阶段操作。

7. rcp（remote copy）

功能说明：远端复制文件或目录。

语　　法：rcp［－pr］［源文件或目录］［目标文件或目录］或 rcp［－pr］［源文件或目录…］［目标文件］。

补充说明：rcp 指令用在远端复制文件或目录，如同时指定两个以上的文件或目录，且最后的目的地是一个已经存在的目录，则它会把前面指定的所有文件或目录复制到该目录中。

参　　数：

－p　保留源文件或目录的属性，包括拥有者、所属群组、权限与时间。

－r　递归处理，将指定目录下的文件与子目录一并处理。

8. finger

功能说明：查找并显示用户信息。

语　　法：finger［－lmsp］［账号名称…］。

补充说明：finger 指令会去查找并显示指定账号的用户相关信息，包括本地与远端主机的用户皆可，账号名称没有大小写的差别。单独执行 finger 指令，它会显示本地主机现在所有的用户的登录信息，包括账号名称、真实姓名、登入终端机、闲置时间、登入时间，以及地址和电话。

参　　数：

－l　列出该用户的账号名称、真实姓名、用户专属目录、登入所用的 shell、登入时间。转信地址、电子邮件状态，以及计划文件和方案文件内容。

－m　排除查找用户的真实姓名。

－s　列出该用户的账号名称、真实姓名、登入终端机、闲置时间、登入时间，以及地址和电话。

－p　列出该用户的账号名称、真实姓名、用户专属目录、登入所用的 shell、登入时间、转信地址、电子邮件状态，但不显示该用户的计划文件和方案文件内容。

9. mail

功能说明：E－mail 管理程序。

语　　法：mail［－iInNv］［－b＜地址＞］［－c＜地址＞］［－f＜邮件文件＞］［－s＜邮件主题＞］［－u＜用户账号＞］［收信人地址］。

补充说明：mail 指令是一个文字模式的邮件管理程序，操作的界面不像 elm 或 pine 那么容易使用，但功能尚称完整。

参　　数：

－b＜地址＞　指定密件副本的收信人地址。

－c＜地址＞　指定副本的收信人地址。

－f＜邮件文件＞　读取指定邮件文件中的邮件。

－i　不显示终端发出的信息。

－I　使用互动模式。

－n　程序使用时，不使用 mail. rc 文件中的设置。

－N　阅读邮件时，不显示邮件的标题。

－s＜邮件主题＞　指定邮件的主题。

－u＜用户账号＞　读取指定用户的邮件。

－v　执行时，显示详细的信息。

3.6.5　系统安全相关指令

1. passwd（password）

功能说明：设置密码。

语　　法：passwd［－dklS］［－u＜－f＞］［用户名称］。

补充说明：passwd 指令让用户可以变更自己的密码，而系统管理者则能用它管理系统用户的密码。只有系统管理者可以指定用户名称，一般用户只能变更自己的密码。

参　　数：

－d　删除密码。本参数仅有系统管理者才能使用。

－f　强制执行。

－k　设置只有在密码过期失效后，方能更新。

－l　锁住密码。

　　- s　列出密码的相关信息。本参数仅有系统管理者才能使用。

　　- u　解开已上锁的账号。

2. su（super user）

功能说明：变更用户身份。

语　　法：su［- flmp］［- - help］［- - version］［- ］［- c < 指令 >］［- s < shell >］［用户账号］。

补充说明：su 指令可让用户暂时变更登入的身份，变更时须输入所要变更的用户账号与密码。

参　　数：

　　- c < 指令 > 或 - - command = < 指令 >　执行完指定的指令后，即恢复原来的身份。

　　- f 或 - - fast　适用于 csh 与 tsch，使 shell 不用去读取启动文件。

　　- . - l 或 - - login　变更身份时，也同时变更工作目录，以及 home、shell、user、logname。此外，也会变更 path 变量。

　　- m， - p 或 - - preserve - environment　变更身份时，不要变更环境变量。

　　- s < shell > 或 - - shell = < shell >　指定要执行的 shell。

　　- - help　显示帮助。

　　- - version　显示版本信息。

　　［用户账号］　指定要变更的用户。若不指定此参数，则预设变更为 root。

3. umask

功能说明：指定在建立文件时预设的权限掩码。

语　　法：umask［- S］［权限掩码］。

补充说明：umask 指令可用来设定权限掩码。权限掩码是由 3 个八进制的数字所组成的，将现有的存取权限减掉权限掩码后，即可产生建立文件时预设的权限。

参　　数：

　　- S　以文字的方式来表示权限掩码。

4. chgrp（change group）

功能说明：变更文件或目录的所属群组。

语　　法：chgrp［- cfhRv］［- - help］［- - version］［所属群组］［文件或目录 . . .］或 chgrp［- cfhRv］［- - help］［- - reference = < 参考文件或目录 >］［- - version］［文件或目录 . . .］。

补充说明：在 UNIX 系统家族里，文件或目录权限是由拥有者及所属群组来管理的。可以使用 chgrp 指令去变更文件与目录的所属群组，设置方式采用群组名称或群组识别码皆可。

参　　数：

　　- c 或 - - changes　效果类似 "- v" 参数类似，但仅回报变更的部分。

　　- f 或 - - quiet 或 - - silent　不显示错误信息。

　　- h 或 - - no - dereference　只对符号连接的文件进行修改，而不变更其他任何相关文件。

　　- R 或 - - recursive　递归处理，将指定目录下的所有文件及子目录一并处理。

　　- v 或 - - verbose　显示指令执行过程。

　　- - help　显示帮助。

－－reference＝＜参考文件或目录＞　把指定文件或目录的所属群组全部设成和参考文件或目录的所属群组相同。

－－version　显示版本信息。

5. chmod（change mode）

功能说明：变更文件或目录的权限。

语　　法：chmod［－cfRv］［－－help］［－－version］［＜权限范围＞＋／－／＝＜权限设置…＞］［文件或目录…］或 chmod［－cfRv］［－－help］［－－version］［数字代号］［文件或目录…］或 chmod［－cfRv］［－－help］［－－reference＝＜参考文件或目录＞］［－－version］［文件或目录…］。

补充说明：在 UNIX 系统家族里，文件或目录权限的控制以读取、写入、执行三种一般权限来区分，另有三种特殊权限可供运用，再搭配拥有者与所属群组管理权限范围。可以使用 chmod 指令去变更文件与目录的权限，设置方式采用文字或数字代号皆可。符号连接的权限无法变更，如果对符号连接修改权限，其改变会作用在被连接的原始文件。权限范围的表示法如下：

u：User，即文件或目录的拥有者；

g：Group，即文件或目录的所属群组；

o：Other，除文件或目录拥有者或所属群组外，其他用户皆属于这个范围；

a：All，即全部的用户，包含拥有者、所属群组及其他用户。

有关权限代号的部分列举如下：

r：读取权限，数字代号为 4；

w：写入权限，数字代号为 2；

x：执行或切换权限，数字代号为 1；

－：不具任何权限，数字代号为 0；

s：特殊功能说明，变更文件或目录的权限。

参　　数：

－c 或 －－changes　效果类似"－v"参数，但仅回报更改的部分。

－f 或 －－quiet 或 －－silent　不显示错误信息。

－R 或 －－recursive　递归处理，将指定目录下的所有文件及子目录一并处理。

－v 或 －－verbose　显示指令执行过程。

－－help　显示帮助。

－－reference＝＜参考文件或目录＞　把指定文件或目录的权限全部设成和参考文件或目录的权限相同

－－version　显示版本信息。

＜权限范围＞＋＜权限设置＞　开启权限范围的文件或目录的该项权限设置。

＜权限范围＞－＜权限设置＞　关闭权限范围的文件或目录的该项权限设置。

＜权限范围＞＝＜权限设置＞　指定权限范围的文件或目录的该项权限设置。

6. chown（change owner）

功能说明：变更文件或目录的拥有者或所属群组。

语　　法：chown［－cfhRv］［－－dereference］［－－help］［－－version］［拥有者．＜所

属群组 >][文件或目录 ..] 或 chown ［ – chfRv］［ – – dereference］［ – – help］［ – – version］
［. 所属群组］［文件或目录 ...... ］或 chown ［ – cfhRv］［ – – dereference］［ – – help］［ – – ref-
erence = < 参考文件或目录 > ］［ – – version］［文件或目录 ... ］。

补充说明：在 UNIX 系统家族里，文件或目录权限的掌控以拥有者及所属群组来管理。
您可以使用 chown 指令去变更文件与目录的拥有者或所属群组，设置方式采用用户名称或用
户识别码皆可，设置群组则用群组名称或群组识别码。

参　　数：

– c 或 – – changes　　效果类似 " – v" 参数，但仅回报更改的部分。

– f 或 – – quite 或 – – silent　　不显示错误信息。

– h 或 – – no – dereference　　只对符号连接的文件做修改，而不更动其他任何相关文件。

– R 或 – – recursive　　递归处理，将指定目录下的所有文件及子目录一并处理。

– v 或 – – version　　显示指令执行过程。

– – dereference　　效果和 " – h" 参数相同。

– – help　　显示帮助。

– – reference = < 参考文件或目录 >　　把指定文件或目录的拥有者与所属群组全部设成
和参考文件或目录的拥有者与所属群组相同。

– – version　　显示版本信息。

7. chattr（change attribute）

功能说明：改变文件属性。

语　　法：chattr ［ – RV］［ – v < 版本编号 > ］［ + / – / = < 属性 > ］［文件或目录 ... ］。

补充说明：这项指令可改变存放在 ext2 文件系统中的文件或目录属性，这些属性共有
以下八种模式。

a：让文件或目录仅供附加用途。

b：不更新文件或目录的最后存取时间。

c：将文件或目录压缩后存放。

d：当 dump 程序执行时，该文件或目录不会被 dump 备份。

i：不得任意更动文件或目录。

s：保密性删除文件或目录。

S：即时更新文件或目录。

u：预防意外删除。

参　　数：

– R　　递归处理，将指定目录下的所有文件及子目录一并处理。

– v < 版本编号 >　　设置文件或目录版本。

– V　　显示指令执行过程。

+ < 属性 >　　开启文件或目录的该项属性。

– < 属性 >　　关闭文件或目录的该项属性。

= < 属性 >　　指定文件或目录的该项属性。

8. who

功能说明：显示目前登入系统的用户信息。

语　　法：who［－Himqsw］［－－help］［－－version］［am i］［记录文件］。

补充说明：执行这项指令可得知目前有哪些用户登入系统，单独执行 who 指令会列出登入账号、使用的终端机、登入时间，以及从何处登入或正在使用哪个 X 显示器。

参　　数：

－H 或 －－heading　显示各属性的标题信息列。

－i 或 －u 或 －－idle　显示闲置时间，若该用户在前一分钟之内有进行任何动作，则将其标示成 "." 号，如果该用户已超过 24 小时没有任何动作，则标示出 "old" 字符串。

－m　此参数的效果和指定 "am i" 字符串相同。

－q 或 －－count　只显示登入系统的账号名称和总人数。

－s　此参数将忽略不予处理，仅负责解决 who 指令其他版本的兼容性问题。

－w 或 －T 或 －－mesg 或 －－message 或 －－writable　显示用户的信息状态栏。

－－help　显示帮助。

－－version　显示版本信息。

3.6.6　其他指令

1. tar（tape archive）

功能说明：备份文件。

语　　法：tar［－ABcdgGhiklmMoOpPrRsStuUvwWxzZ］［－b ＜区块数目＞］［－C ＜目的目录＞］［－f ＜备份文件＞］［－F ＜Script 文件＞］［－K ＜文件＞］［－L ＜媒体容量＞］［－N ＜日期时间＞］［－T ＜范本文件＞］［－V ＜卷册名称＞］［－X ＜范本文件＞］［－＜设备编号＞＜存储密度＞］［－－after－date＝＜日期时间＞］［－－atime－preserve］［－－backuup＝＜备份方式＞］［－－checkpoint］［－－concatenate］［－－confirmation］［－－delete］［－－ex-clude＝＜范本样式＞］［－－force－local］［－－group＝＜群组名称＞］［－－help］［－－ignore－failed－read］［－－new－volume－script＝＜Script 文件＞］［－－newer－mtime］［－－no-recursion］［－－null］［－－numeric－owner］［－－owner＝＜用户名称＞］［－－posix］［－－erve］［－－preserve－order］［－－preserve－permissions］［－－record－size＝＜区块数目＞］［－－recursive－unlink］［－－remove－files］［－－rsh－command＝＜执行指令＞］［－－same－owner］［－－suffix＝＜备份字尾字符串＞］［－－totals］［－－use－compress－program＝＜执行指令＞］［－－version］［－－volno－file＝＜编号文件＞］［文件或目录...］。

补充说明：tar 是用来建立、还原备份文件的工具程序，它可以加入、解开备份文件内的文件。

参　　数：

－A 或 －－catenate　新增文件到已存在的备份文件。

－b＜区块数目＞或 －－blocking－factor＝＜区块数目＞　设置每笔记录的区块数目，每个区块大小为 12Bytes。

－B 或 －－read－full－records　读取数据时重设区块大小。

－c 或 －－create　建立新的备份文件。

－C＜目的目录＞或 －－directory＝＜目的目录＞　切换到指定的目录。

－d 或 －－diff 或 －－compare　对比备份文件内和文件系统上的文件的差异。

-f < 备份文件 > 或 -- file = < 备份文件 >　指定备份文件。

-F < Script 文件 > 或 -- info - script = < Script 文件 >　每次更换磁带时，就执行指定的 Script 文件。

-g 或 -- listed - incremental　处理 GNU 格式的大量备份。

-G 或 -- incremental　处理旧的 GNU 格式的大量备份。

-h 或 -- dereference　不建立符号连接，直接复制该连接所指向的原始文件。

-i 或 -- ignore - zeros　忽略备份文件中的 0 Byte 区块，也就是 EOF。

-k 或 -- keep - old - files　解开备份文件时，不覆盖已有的文件。

-K < 文件 > 或 -- starting - file = < 文件 >　从指定的文件开始还原。

-l 或 -- one - file - system　复制的文件或目录存放的文件系统，必须与 tar 指令执行时所处的文件系统相同，否则不予复制。

-L < 媒体容量 > 或 - tape - length = < 媒体容量 >　设置存放媒体的容量，单位以 1024 Bytes 计算。

-m 或 -- modification - time　还原文件时，不变更文件的更改时间。

-M 或 -- multi - volume　在建立、还原备份文件或列出其中的内容时，采用多卷册模式。

-N < 日期格式 > 或 -- newer = < 日期时间 >　只将较指定日期更新的文件保存到备份文件里。

-o 或 -- old - archive 或 -- portability　将资料写入备份文件时使用 V7 格式。

-O 或 -- stdout　把从备份文件里还原的文件输出到标准输出设备。

-p 或 -- same - permissions　用原来的文件权限还原文件。

-P 或 -- absolute - names　文件名使用绝对名称，不移除文件名称前的 "/" 号。

-r 或 -- append　新增文件到已存在的备份文件的结尾部分。

-R 或 -- block - number　列出每个信息在备份文件中的区块编号。

-s 或 -- same - order　还原文件的顺序和备份文件内的存放顺序相同。

-S 或 -- sparse　倘若一个文件内含大量的连续 0 字节，则将此文件存成稀疏文件。

-t 或 -- list　列出备份文件的内容。

-T < 范本文件 > 或 -- files - from = < 范本文件 >　指定范本文件，其内含有一个或多个范本样式，让 tar 解开或建立符合设置条件的文件。

-u 或 -- update　仅置换较备份文件内的文件更新的文件。

-U 或 -- unlink - first　解开压缩文件还原文件之前，先解除文件的连接。

-v 或 -- verbose　显示指令执行过程。

-V < 卷册名称 > 或 -- label = < 卷册名称 >　建立使用指定的卷册名称的备份文件。

-w 或 -- interactive　遭遇问题时先询问用户。

-W 或 -- verify　写入备份文件后，确认文件正确无误。

-x 或 -- extract 或 -- get　从备份文件中还原文件。

-X < 范本文件 > 或 -- exclude - from = < 范本文件 >　指定范本文件，其内含有一个或多个范本样式，让 tar 排除符合设置条件的文件。

-z 或 -- gzip 或 -- ungzip　通过 gzip 指令处理备份文件。

－Z 或 －－compress 或 －－uncompress　通过 compress 指令处理备份文件。

－ ＜设备编号＞ ＜存储密度＞　设置备份用的外围设备编号及存放数据的密度。

－－after－date＝＜日期时间＞　此参数的效果和指定 "－N" 参数相同。

－－atime－preserve　不变更文件的存取时间。

－－backup＝＜备份方式＞或 －－backup　移除文件前先进行备份。

－－checkpoint　读取备份文件时列出目录名称。

－－concatenate　此参数的效果和指定 "－A" 参数相同。

－－confirmation　此参数的效果和指定 "－w" 参数相同。

－－delete　从备份文件中删除指定的文件。

－－exclude＝＜范本样式＞　排除符合范本样式的文件。

－－group＝＜群组名称＞　把加入设备文件中的文件的所属群组设成指定的群组。

－－help　显示帮助。

－－ignore－failed－read　忽略数据读取错误，不中断程序的执行。

－－new－volume－script＝＜Script 文件＞　此参数的效果和指定 "－F" 参数相同。

－－newer－mtime　只保存更改过的文件。

－－no－recursion　不做递归处理，也就是指定目录下的所有文件及子目录不予处理。

－－null　从 null 设备读取文件名称。

－－numeric－owner　以用户识别码及群组识别码取代用户名称和群组名称。

－－owner＝＜用户名称＞　把加入备份文件中的文件的拥有者设成指定的用户。

－－posix　将数据写入备份文件时使用 POSIX 格式。

－－preserve　此参数的效果和指定 "－ps" 参数相同。

－－preserve－order　此参数的效果和指定 "－A" 参数相同。

－－preserve－permissions　此参数的效果和指定 "－p" 参数相同。

－－record－size＝＜区块数目＞　此参数的效果和指定 "－b" 参数相同。

－－recursive－unlink　解开压缩文件还原目录之前，先解除整个目录下所有文件的连接。

－－remove－files　文件加入备份文件后，就将其删除。

－－rsh－command＝＜执行指令＞　设置要在远端主机上执行的指令，以取代 rsh 指令。

－－same－owner　尝试以相同的文件拥有者还原文件。

－－suffix＝＜备份字尾字符串＞　移除文件前先行备份。

－－totals　备份文件建立后，列出文件大小。

－－use－compress－program＝＜执行指令＞　通过指定的指令处理备份文件。

－－version　显示版本信息。

－－volno－file＝＜编号文件＞　使用指定文件内的编号取代预设的卷册编号。

2. unzip

功能说明：解压缩 zip 文件。

语　　法：unzip［－cflptuvz］［－agCjLMnoqsVX］［－P ＜密码＞］［.zip 文件］［文件］［－d ＜目录＞］［－x ＜文件＞］或 unzip［－Z］。

补充说明：unzip 为 .zip 压缩文件的解压缩程序。

参　　数：

　－ c　将解压缩的结果显示到屏幕上，并对字符做适当的转换。

　－ f　更新现有的文件。

　－ l　显示压缩文件内所包含的文件。

　－ p　与 － c 参数类似，会将解压缩的结果显示到屏幕上，但不会执行任何的转换。

　－ t　检查压缩文件是否正确。

　－ u　与 － f 参数类似，但是除更新现有的文件外，也会将压缩文件中的其他文件解压缩到目录中。

　－ v　执行时显示详细的信息。

　－ z　仅显示压缩文件的备注文字。

　－ a　对文本文件进行必要的字符转换。

　－ b　不要对文本文件进行字符转换。

　－ C　压缩文件中的文件名称区分大小写。

　－ j　不处理压缩文件中原有的目录路径。

　－ L　将压缩文件中的全部文件名改为小写。

　－ M　将输出结果送到 more 程序进行处理。

　－ n　解压缩时不要覆盖原有的文件。

　－ o　不必先询问用户，unzip 执行后覆盖原有文件。

　－ P < 密码 >　使用 zip 的密码选项。

　－ q　执行时不显示任何信息。

　－ s　将文件名中的空格字符转换为下画线字符。

　－ V　保留 VMS 的文件版本信息。

　－ X　解压缩的同时回存文件原来的 UID/GID。

　［. zip 文件］　指定 . zip 压缩文件。

　［文件］　指定要处理 . zip 压缩文件中的哪些文件。

　－ d < 目录 >　指定文件解压缩后所要存储的目录。

　－ x < 文件 >　指定不要处理 . zip 压缩文件中的哪些文件。

　－ Z　unzip － Z 等于执行 zipinfo 指令。

3. gunzip（gnu unzip）

功能说明：解压文件。

语　　法：gunzip［ － acfhlLnNqrtvV］［ － s ＜压缩字尾字符串＞］［文件 . . . ］或 gunzip［ － acfhlLnNqrtvV］［ － s ＜压缩字尾字符串＞］［目录］。

补充说明：gunzip 是一个使用广泛的解压缩程序，它用于解开被 gzip 压缩过的文件，这些压缩文件预设后的扩展名为". gz"。事实上，gunzip 就是 gzip 的硬连接，因此不论是压缩或解压缩，都可通过 gzip 指令单独完成。

参　　数：

　－ a 或 － － ascii　使用 ASCII 文字模式。

　－ c 或 － － stdout 或 － － to - stdout　把解压后的文件输出到标准输出设备。

　－ f 或 － force　强行解开压缩文件，不理会文件名称或硬连接是否存在，以及该文件是否为符号连接。

−h 或 −−help　　显示帮助。

−l 或 −−list　　列出压缩文件的相关信息。

−L 或 −−license　　显示版本与版权信息。

−n 或 −−no−name　　解压缩时，若压缩文件内含有原来的文件名称及时间戳记，则将其忽略不予处理。

−N 或 −−name　　解压缩时，若压缩文件内含有原来的文件名称及时间戳记，则将其回存到解开的文件上。

−q 或 −−quiet　　不显示警告信息。

−r 或 −−recursive　　递归处理，将指定目录下的所有文件及子目录一并处理。

−S ＜压缩字尾字符串＞或 −−suffix ＜压缩字尾字符串＞　　更改压缩字尾字符串。

−t 或 −−test　　测试压缩文件是否正确无误。

−v 或 −−verbose　　显示指令执行过程。

−V 或 −−version 显示版本信息。

4. unarj

功能说明：解压缩 . arj 文件。

语　　法：unarj［eltx］［. arj 压缩文件］。

补充说明：unarj 为 . arj 压缩文件的压缩程序。

参　　数：

e　解压缩 . arj 文件。

l　显示压缩文件内所包含的文件。

t　检查压缩文件是否正确。

x　解压缩时保留原有的路径。

5. mtools

功能说明：显示 mtools 支持的指令。

语　　法：mtools。

补充说明：mtools 为 MS − DOS 文件系统的工具程序，可模拟许多 MS − DOS 的指令。这些指令都是 mtools 的符号连接，因此会有一些共同的特性。

参　　数：

−a　长文件名重复时，自动更改目标文件的长文件名。

−A　短文件名重复但长文件名不同时，自动更改目标文件的短文件名。

−o　长文件名重复时，将目标文件覆盖现有的文件。

−O　短文件名重复但长文件名不同时，将目标文件覆盖现有的文件。

−r　长文件名重复时，要求用户更改目标文件的长文件名。

−R　短文件名重复但长文件名不同时，要求用户更改目标文件的短文件名。

−s　长文件名重复时，则不处理该目标文件。

−S　短文件名重复但长文件名不同时，则不处理该目标文件。

−v　执行时显示详细的说明。

−V　显示版本信息。

数据分析工具与语言

4.1 SQL 基础

4.1.1 SQL 简介

结构化查询语言（Structured Query Language）简称 SQL，是一种 ANSI 的标准计算机语言、一种数据库查询和程序设计语言，用于存取数据，以及查询、更新和管理关系型数据库系统。同时，SQL 也是数据库脚本文件的扩展名。

SQL 是高级的非过程化编程语言，允许用户在高层数据结构上工作。它不要求用户指定对数据的存放方法，也不需要用户了解具体的数据存放方式，所以具有完全不同底层结构的不同数据库系统，可以使用相同的结构化查询语言作为数据输入与管理的接口。SQL 语句可以嵌套，这使它具有极大的灵活性和强大的功能。所有 SQL 语句接收集合作为输入，返回集合作为输出。SQL 的集合特性允许一条 SQL 语句的结果作为另一条 SQL 语句的输入。SQL 不要求用户指定对数据的存放方法，这种特性使用户更易集中精力于要得到的结果。所有 SQL 语句使用查询优化器，它是 RDBMS 的一部分，由它决定对指定数据存取的最快速度的手段。查询优化器知道存在什么索引、哪儿使用合适，而用户不需要知道表是否有索引、表有什么类型的索引。

SQL 可用于所有用户的 DB 活动模型，包括系统管理员、数据库管理员、应用程序员、决策支持系统人员及许多其他类型的终端用户。基本的 SQL 命令只需很短的时间就能学会，最高级的命令也能在几天内掌握。SQL 为许多任务提供了命令，如下所述。

（1）面向数据库执行查询。

（2）可从数据库取回数据。

（3）可在数据库中插入新的记录。

（4）可更新数据库中的数据。

（5）可从数据库删除记录。

（6）可创建新数据库。

（7）可在数据库中创建新表。

（8）可在数据库中创建存储过程。

（9）可在数据库中创建视图。

（10）可以设置表、存储过程和视图的权限。

1. RDBMS

RDBMS 是 SQL 的基础，同样也是所有现代数据库系统的基础，如 MS SQL Server、IBM DB2、Oracle、MySQL，以及 Microsoft Access。RDBMS 中的数据存储在被称为表（Tables）

的数据库对象中。一个数据库通常包含一个或多个表，每个表由一个名字标识（如"姓名"或"性别"）。表包含带有数据的记录（行）。最强大的是，用户可将使用 SQL 的技能从一个 RDBMS 转到另一个。所有用 SQL 编写的程序都是可以移植的。

2. SQL 语法

SQL 对大小写不敏感，可以把 SQL 分为两个部分：数据操作语言（DML）和数据定义语言（DDL）。SQL 是用于执行查询的语法。但是 SQL 语言也包含用于更新、插入和删除记录的语法。查询和更新指令构成了 SQL 的 DML 部分：

（1）select – 从数据库表中获取数据；

（2）update – 更新数据库表中的数据；

（3）delete – 从数据库表中删除数据；

（4）insert into – 向数据库表中插入数据。

SQL 的 DDL 部分使分析师有能力创建或删除数据表。分析师也可以定义索引（键）、规定表之间的链接，以及施加表之间的约束。SQL 中最重要的 DDL 语句如下：

（1）create database – 创建新数据库；

（2）alter database – 修改数据库；

（3）create table – 创建新表；

（4）alter table – 变更（改变）数据库表；

（5）drop table – 删除表；

（6）create index – 创建索引（搜索键）；

（7）drop index – 删除索引。

4.1.2 MySQL 数据类型

本书使用 MySQL 作为主要数据编程语言，因此我们基于 MySQL 简要描述一下 SQL 中的五种数据类型：字符型、文本型、数值型、逻辑型和日期型。

1. 字符型

字符型数据包含 varchar 型数据和 char 型数据。这两种数据类型的差别是细微的，但是非常重要。它们都用来储存字符串长度小于 255 的字符。

假如向一个长度为 40 个字符的 varchar 型字段中输入数据 Bill Gates，当以后需要从这个字段中取出此数据时，取出的数据的长度为 10 个字符，即字符串 Bill Gates 的长度。假如把数据输入一个长度为 40 个字符的 char 型字段中，那么当取出数据时，所取出的数据的长度将是 40 个字符，字符串的后面会被附加多余的空格。

通常情况下，使用 varchar 型字段要比 char 型字段方便得多。使用 varchar 型字段时，不需要为剪掉数据中多余的空格而操心。

varchar 型字段的另一个突出的好处是它可以比 char 型字段占用更少的内存和硬盘空间。当数据库很大时，节省内存和硬盘的空间变得非常重要。

2. 文本型

使用文本型数据可以存放超过 20 亿个字符的字符串。当需要存储大串的字符时，应该使用文本型数据。与字符型数据有长度不同，文本型数据没有长度。一个文本型字段中的数据通常要么为空，要么很大。

如果需要从 html form 的多行文本编辑框（textarea）中收集数据，就应该把收集的数据存储于文本型字段中。但是，原则上只要能避免使用文本型字段，就应该不使用它。文本型字段既大且慢，滥用文本型字段会使服务器速度变慢。文本型字段还会占用大量的磁盘空间。一旦向文本型字段中输入了任何数据（甚至是空值），就会有 2KB 的存储空间被自动分配给该数据。除非删除该记录，否则系统无法收回这部分存储空间。

3. 数值型

SQL 支持多种不同的数值型数据，包括 int 型数据、tinyint 型数据、numeric 型数据、money 型数据和 smallmoney 型数据等。

一方面，为了节省存储空间，应该尽可能地使用最小的数据类型。一个 tinyint 型数据只占用 1 个字节，一个 int 型数据占用 4 个字节。这看起来似乎差别不大，但是在比较大的表中，字节数的增长是很快的。另一方面，一旦在数据库中创建了一个字段，要修改它是很困难的。因此，为安全起见，应该预测一个字段所需要存储的数值最大有可能是多大，然后选择适当的数据类型。

numeric 型数据能表示非常大的数，比 int 型数据要大得多。一个 numeric 型字段可以存储从 -10^{38} 到 10^{38} 范围内的数。numeric 型数据还能表示有小数部分的数。例如，可以在 numeric 型字段中存储小数 3.14。

int 型或 numeric 型数据都可以被用来存储钱数，但原则上推荐使用 money 型数据。如果钱数不大时可以使用 smallmoney 型数据。smallmoney 型数据只能存储从 $-214\,748.364\,8$ 到 $214\,748.364\,7$ 的钱数。同样，如果可以的话，应该用 smallmoney 型来代替 money 型数据，以节省空间。money 型数据可以存储从 $-922\,337\,203\,685\,477.580\,8$ 到 $922\,337\,203\,685\,477.580\,7$ 的钱数。如果需要存储比这还大的金额，就只能使用 numeric 型数据。

4. 逻辑型

逻辑型（bit）型字段只能取两个值：0 或 1。

5. 日期型

日期型数据是使用比较多的一种数据类型，包含 datetime 型数据和 smalldatetime 型数据。一个 datetime 型的字段可以存储的日期范围是从 1753 年 1 月 1 日第一毫秒到 9999 年 12 月 31 日最后一毫秒。datetime 型字段在输入日期和时间之前并不包含实际的数据。

如果不需要覆盖这么大范围的日期和时间，可以使用 smalldatetime 型数据。它与 datetime 型数据的使用方法相同，但它能表示的日期和时间范围比 datetime 型数据小，而且不如 datetime 型数据精确。一个 smalldatetime 型的字段能够存储从 1900 年 1 月 1 日到 2079 年 6 月 6 日的日期，它只能精确到秒。

4.1.3　数据定义语言

数据定义语言（DDL）是集中负责数据结构定义与数据库对象定义的语言，由 create、alter 与 drop 三个语法组成，最早是从 CODASYL（Conference on Data Systems Languages）数据模型开始应用的，现在被纳入 SQL 指令中作为其中一个子集。目前，大多数的 DBMS 都支持对数据库对象的 DDL 操作，部分数据库（如 PostgreSQL）可把 DDL 放在交易指令中，也就是说它可以被撤回（Rollback）。较新版本的 DBMS 会加入 DDL 专用的触发程序，让数据库管理员可以追踪来自 DDL 的修改。

为了更好地管理数据，通常需要创建数据库来存储相关的数据表。create database 用于创建数据库，语法如下：

```
create database database_name;
```

若要创建一个名为"my_database"的数据库，可以使用下面的 create database 语句。

```
create database my_database;
```

若要删除这个数据库，可以通过下面的语句来实现。

```
drop database my_database;
```

数据表是数据库中储存资料的基本架构。在安装完数据库系统后，需要在数据库中建立数据表。虽然通过许多数据库工具可以在不使用 SQL 的情况下建立数据表，但是了解 create table 的语法对了解数据表是有帮助的。数据表分为属性（Column）及元组（Row），每一个元组代表一条记录，而每一个属性代表一条记录的一部分。例如，有一个记载学生信息的数据表，属性有可能包括姓名、性别、年龄、班级等。在生成一个数据表时，需要注明属性的名称，以及该属性的数据类别。

数据类别可能是以许多不同的形式存在的。它可能是一个整数（如 1）、一个实数（如 0.55）、一个字符串（如"sql"）、一个日期/时间（如"2000 – JAN – 25 03：22：22"），甚至以逻辑型 bit（0 或 1）的状态存在。定义数据表需要对每一个属性的数据类别下定义。例如，"姓名"这个属性的数据类别是 char（50），代表这是一个包含 50 个字符的字符串。需要注意的一点是，不同的数据库系统有不同的资料数据类别，所以在设计数据表的属性之前最好先参考一下数据库的手册。

create table 的语法是：

```
create table "数据表名"
("属性 1" "属性 1 数据类别", "属性 2" "属性 2 数据类别", ... );
```

例如，建立一张学生信息表可以使用以下的 SQL 程序。

```
create table student
(name char(50),
sex char(6),
address char(50),
class char(50),
height float,
weight_float);
```

如果需要从数据库中清除一个数据表，那么可以用 SQL 提供的 drop table 语法来实现。drop table 的语法是：

```
drop table "数据表名";
```

如果要清除上述程序中创建的学生信息数据表，可以使用以下的 SQL 程序。

```
drop table student;
```

这个操作在删除表的同时将会删除表的结构、属性，以及索引。

有时候，在清除一个数据表中的所有资料的同时，还希望保留数据表的结构。例如，上传数据出错时，需要清除掉数据但将表结构保留，以待下次上传数据。truncate table 指令可以实现将数据表中的资料删除但保留数据表本身的目标。truncate table 的语法如下：

```
truncate table "数据表名";
```

所以，若要清除上述程序中创建的学生信息数据表之内的资料，可以使用以下的 SQL 程序。

```
truncate table student;
```

在数据库中创建数据表后，可能需要调整该数据表的结构。常见的改变有如下几种。

（1）加入一个属性：add "属性 1" "属性 1 数据类别"。

（2）改变属性名称：change "原本属性名" "新属性名" "新属性名数据类别"。

（3）改变属性的数据类别：modify "属性 1" "新数据类别"。

（4）删去一个属性：drop "属性 1"。

以 create table 创建的 student 数据表来当作例子，原始的 student 数据表如表 4.1 所示。

表 4.1　原始的 student 数据表

属性名称	数据类别
name	char（50）
sex	char（6）
address	char（50）
class	char（50）
height	float
weight	float

首先，加入一个叫作 "birthday" 的属性，可以使用如下的 SQL 语句。

```
alter table student add birthday date;
```

执行这个语句，加入新属性的 student 数据表如表 4.2 所示。

表 4.2　加入新属性的 student 数据表

属性名称	数据类别
name	char（50）
sex	char（6）
address	char（50）
class	char（50）
height	float
weight	float
birthday	date

其次，把 "address" 属性改名为 "addr"，可以使用如下的 SQL 语句。

```
alter table student change address addr char(50);
```

执行这个语句，改变属性名称的 student 数据表如表 4.3 所示。

表4.3　改变属性名称的 student 数据表

属性名称	数据类别
name	char（50）
sex	char（6）
addr	char（50）
class	char（50）
height	float
weight	float
birthday	date

再次，将"addr"属性的数据类别改为 char（30），可以使用如下的 SQL 语句。

```
alter table student modify addr char(30);
```

执行这个语句，改变属性数据类别的 student 数据表如表4.4 所示。

表4.4　改变属性数据类别的 student 数据表

属性名称	数据类别
name	char（50）
sex	char（6）
addr	char（30）
class	char（50）
height	float
weight	float
birthday	date

最后，删除"birthday"属性，可以使用如下的 SQL 语句。

```
alter table student modify addr char(30);
```

执行这个语句，删除属性的 student 数据表如表4.5 所示。

表4.5　删除属性的 student 数据表

属性名称	数据类别
name	char（50）
sex	char（6）
addr	char（30）
class	char（50）
height	float
weight	float

索引（Index）可以帮助分析师从数据表中快速地找到需要的资料。例如，假设要在一本描述动物的书中找到有关猫科动物的信息。若这本书没有索引，那分析师是必须要从头开

始读的，直到找到与猫科动物相关的信息为止；若这本书有索引，就可以先去索引找出猫科动物的信息是在哪一页，然后直接到那一页去阅读。很明显，运用索引是一种有效且省时的方式。

从数据库数据表中寻找资料也是同样的原理。如果一个数据表没有索引，数据库系统就需要对整个数据表的资料进行全域扫描（这个过程称为"table scan"）。若有适当的索引存在，数据库系统就可以先由这个索引找出需要的资料是在数据表的什么地方，然后直接去那些地方提取数据，这样速度就快多了。因此，在数据表上建立索引是一件有利于提高系统效率的事。一个索引可以涵盖一或多个维度（属性）。建立索引的语法如下：

```
create index "索引名" on "数据表名" ("属性名");
```

现在假设有如下的数据表：

```
table student
( name char(50),
sex char(6),
address char(50),
class char(50),
height float,
weight_float );
```

要在 name 这个属性上建立索引，可以使用如下的语句。

```
create index idx_student_name on student (name);
```

当然也可以在 name 和 class 这两个属性上建立一个复合索引，可以使用如下的语句。

```
create index idx_student_name on student (name,class);
```

索引名通常在名字前加一个前缀，如"idx_"，来避免与数据库中的其他信息混淆。另外，在索引名之内，包含数据表名及属性名也是一个好方式。

视图（Views）可以被当作虚拟数据表。它与数据表的不同是：数据表实际存储数据，而视图是建立在数据表之上的一个虚拟表，它本身并不实际存储数据。建立一个视图的语法如下：

```
create view "视图名" as "SQL 语句";
```

"SQL 语句"可以是任何的 SQL 程序。例如，假设要在 student 数据表的基础上建立一个包括 name、sex 和 class 三个属性的视图，分析师可以进行如下操作。

```
create view v_stuedent as select name, sex, class
from student;
```

然后就生成了一个叫作 v_student 的视图。

```
view v_student
(name char(50),
sex char(6),
address char(50) );
```

分析师也可以用视图来连接两个数据表。在这个情况下，使用者就可以直接通过一个视图找出他要的信息，而不需要通过两个不同的数据表进行一次连接的动作。

4.1.4　数据操作语言

数据操作语言（Data Manipulation Language，DML），分析师通过它可以实现对数据库的基本操作，如对表中数据的查询、插入、删除和修改。在 DML 中，应用程序可以对数据库进行插、删、改、排、检五种操作。

数据库允许将数据由数据表中取出，当然也可以将数据存入这些数据表。SQL 语言通过 insert into 指令来实现这个重要功能。基本上，有两种做法可以将数据存入数据表中：一种是一次输入一条数据；另一种是一次输入多条数据。先来看一次输入一条数据的方式，一次输入一条数据的语法如下：

```
insert into "数据表名" ("属性1","属性2",...) values ("值1","值2",...);
```

假设分析师有一个架构如表 4.6 所示的 store 数据表。

表 4.6　store 数据表

列名	数据类型
店铺名	char（50）
销量	float
日期	datetime

若要将这条数据存入这个数据表：在 1999 – 02 – 08，上海店有 900 000 的营业额，可以使用如下的 SQL 语句。

```
insert into store (店铺名,销量,日期) values ('上海',900000,'1999-02-08');
```

insert into 能够一次输入多条数据。与上面的例子不同的是，现在需要用 select 指令来指明要输入数据表的数据。select 语句指明了数据是从另一个数据表提取而来的。一次输入多条数据的语法如下：

```
insert into "数据表1"("属性1","属性2",...)
select "属性3","属性4",...from "数据表2";
```

以上的语法是最基本的。这句 SQL 的 select 语句也可以含有 where、group by 及 having 等子句，以及数据表连接及别名等。例如，如果分析师想要将 1999 年的营业额数据存入 store 数据表，且分析师知道数据的来源是 sales 数据表，那么分析师就可以进行如下操作。

```
insert into store (店铺名,销量,日期)
select 店铺名,销量,日期 from sales where year(date) = 1999;
```

这个小程序用了 MySQL 中的 year 函数来从日期中找出年份。不同的数据库会有不同的语法。例如，Oracle 系统要求 SQL 语句使用 where to_char（date，"yyyy"） =1998。

有时候，分析师可能会需要修改数据表中的数据。在这个时候，分析师就需要用到 update 指令。这个指令的语法如下：

```
update "数据表名" set "属性1" =[新值] where {条件};
```

下面通过例子来了解这个语法是如何工作的。假设分析师有如表 4.7 所示的 store 数据表（1）。

表 4.7　store 数据表（1）

店铺名	销量	日期
上海	300 000	1999 – 02 – 05
上海	300 000	1999 – 02 – 05
杭州	250 000	1999 – 02 – 07
北京	300 000	1999 – 02 – 08
大连	700 000	1999 – 02 – 08

分析师发现上海在 1999 – 02 – 05 当日的销量实际上是 500 000，而不是数据表中所存储的 300 000，因此分析师用如下的 SQL 语句来修改这条数据。

```
update store set 销量 =500000
where 店铺名 ="上海" and 日期 ="1999 - 02 - 05";
```

修改后的数据表如表 4.8 所示。

表 4.8　store 数据表（2）

店铺名	销量	日期
上海	500 000	1999 – 02 – 05
上海	500 000	1999 – 02 – 05
杭州	250 000	1999 – 02 – 07
北京	300 000	1999 – 02 – 08
大连	700 000	1999 – 02 – 08

在这个例子中，只有一条数据符合 where 子句中的条件。如果有多条数据符合条件，每一条符合条件的数据都会被修改。

分析师也可以同时修改好几个属性，语法如下：

```
update "数据表"
set "属性1" =[值1],"属性2" =[值2] where {条件};
```

在某些情况下，分析师会需要直接从数据库中删除一些数据。这可以通过 delete from 指令来实现。它的语法如下：

```
delete from "数据表名" where {条件};
```

下面以表 4.7 为例，分析师需要将有关上海的数据全部删除。在这里，分析师可以通过如下的 SQL 语句来达到这个目的。

```
delete from store where 店铺名 ="上海";
```

删除有关上海的数据后，得到如表 4.9 所示的新数据表。

表 4.9　store 数据表（3）

店铺名	销量	日期
杭州	250 000	1999 – 02 – 07
北京	300 000	1999 – 02 – 08
大连	700 000	1999 – 02 – 08

select 指令一个最常用的方式是从数据库中的数据表内提取数据。根据字面理解，可以看到两个关键字：从（from）数据库中的数据表内提取（select）。其基本的 SQL 语法如下：

```
select "属性名" from "数据表名";
```

通过以下的例子来观察 select 指令实际的应用。假设分析师有如表 4.7 所示的数据表，如果要选出所有的店铺名，可使用如下 SQL 语句。

```
select 店铺名 from store;
```

分析师一次可以读取若干属性，也可以同时从若干数据表中提取数据。

在提取数据时，分析师可以控制数据提取的满足条件，也可以控制数据输出的形式。其中，有以下几个常用的指令。

（1）distinct 是对记录中所有值都同等地进行去重，而不是只针对店铺名这个字段。如果在表 4.7 中分析师想提取不重复的数据元组，可以使用如下 SQL 语句。

```
select distinct 店铺名,销量 from store;
```

得到的结果如表 4.10 所示。

表 4.10 提取无重复的 store 数据

店铺名	销量
上海	300 000
杭州	250 000
北京	300 000
大连	700 000

（2）where 指令表示 SQL 程序有条件提取数据元组。在许多时候，分析师需要选择性地提取一些数据。例如，分析师可能只提取表 4.7 中销量超过 300 000 的数据。要做到这一点，就需要用到 where 指令。该指令的语法如下：

```
select "属性名" from "数据表名" where {条件};
```

若分析师需要提取销量超过 300 000 的数据，可以使用如下 SQL 语句。

```
select * from store where 销量 > 300 000;
```

得到的结果如表 4.11 所示。

表 4.11 提取销量超过 300 000 的数据

店铺名	销量	日期
大连	700 000	1999 - 02 - 08

where 语句后的 {条件} 可以是逻辑运算，多个逻辑表达式中间可用 and 或 or 连接，逻辑表达式的运算符如表 4.12 所示。

表4.12 逻辑表达式的运算符

运算符	描 述
=	等于
< >	不等于
>	大于
<	小于
> =	大于等于
< =	小于等于
between and	在某个范围内
in	在这个范围内（多用于子查询）
like	搜索某种模式

like 指令后跟随的通配符："％"替代一个或多个字符，"_"仅替代一个字符。

group by 指令与聚合计算函数相配合，根据一个或多个数据列对结果集进行分组计算。如果要计算出每一间店铺的销量，分析师要做到两件事：第一，店铺名及销量这两个属性都要选出；第二，分析师需要确认所有的销量都要依照各个店铺名来分开计算。这个语法如下：

```
select "属性1", sum("属性2") from "数据表名" group by "属性1";
```

利用上述表4.7的例子，分析师可以使用如下 SQL 语句。

```
select 店铺名, sum(销量) from store group by 店铺名;
```

得到的结果如表4.13所示。

表4.13 对店铺分组聚合计算

店铺名	sum（销量）
上海	600 000
杭州	250 000
北京	300 000
大连	700 000

当分析师选不止一个属性，且其中至少有一个属性包含函数的运用时，分析师就需要用到 group by 指令。想要正确使用这个指令，分析师需要确定 group by 属性的名称。换句话说，除需要被聚合计算的属性外，其他属性都需要放在 group by 的子句中。通常，用于分组的属性也被称为维度。

在了解了如何通过 select 及 where 这两个指令将数据由数据表中提取出来之后，还有必要了解如何将提取出来的数据进行排列。事实上，分析师经常需要将提取出来的数据做排序显示，可能由小往大（Ascending）排列，或者由大往小（Descending）排列。在这种情况下，分析师就可以运用 order by 指令来达到目的。order by 指令的语法如下：

```
select "属性名" from ""数据表名" [where "条件"] order by "属性名" [asc, desc];
```

其中，需要注意以下两点。

（1）［ ］代表 where 是不一定需要的。不过，如果 where 子句存在的话，它必须在 order by 子句之前。

（2）asc 代表结果会以由小往大的顺序列出，而 desc 代表结果会以由大往小的顺序列出。如果两者皆没有被写出，默认 asc。

SQL 允许按照若干不同的属性来排序。假设有两个属性，order by 子句的语法如下：

```
select "属性名" from "数据表名" [where "条件"]
order by "属性一" [asc, desc], "属性二" [asc, desc];
```

如果这两个属性都选择由小往大排序，那么这个子句造成的结果就是按照"属性一"由小往大排序。若有好几条数据"属性一"的值相等，那么这几条数据就按照"属性二"由小往大排序。

接下来举例来说明：假设按照销量属性由大往小列出表 4.7 中的数据，分析师可以使用如下 SQL 语句。

```
select 店铺名, 销量, 日期 from store order by 销量 desc;
```

得到的结果如表 4.14 所示。

表 4.14　对店铺销量排序

店铺名	销量	日期
大连	700 000	1999 – 02 – 08
上海	300 000	1999 – 02 – 05
上海	300 000	1999 – 02 – 05
北京	300 000	1999 – 02 – 08
杭州	250 000	1999 – 02 – 07

在以上的例子中，分析师用属性名作为排列顺序的依据。除属性名外，分析师也可以用属性的顺序（依据 SQL 语句中的顺序）。select 后面的第一个属性为 1，第二个属性为 2，以此类推。在上面这个例子中，以下 SQL 语句可以达到完全一样的效果。

```
select 店铺名, 销量, 日期 from store order by 2 desc;
```

SQL 允许对输出的结果进行筛选。例如，分析师可能只需要知道哪些店铺的销量超过 500 000。如果不愿意或不能使用 where 指令，还可以使用 having 指令。having 子句通常是在一个 SQL 语句的最后。一个含有 having 子句的 SQL 语句并不一定要包含 group by 子句，虽然它常常与 group by 一起出现。having 指令的语法如下：

```
select "属性1", sum("属性2") from "数据表名" group by "属性1" having (函数条件);
```

请读者注意，group by 子句并不是一定需要的。以表 4.7 为例，分析师使用如下 SQL 语句。

```
select 店铺名, sum(销量) as 总销量
from store group by 店铺名 having 总销量 >500000;
```

得到的结果如表 4.15 所示。

表 4.15　利用 having 输出销量大于 500 000 的记录

店铺名	总销量
上海	1 800 000
北京	700 000

在 SQL 语句中，最常用到的 alias（别名）有两种：①属性别名；②数据表别名。

简单来说，属性别名的作用是让 SQL 产生的结果易读。在之前的例子中，每当聚合计算销量总和时，属性名都是 sum（销量）。虽然这个没有什么问题，但输出后的列名显得非常不专业，有时由于聚合计算的复杂性导致输出的属性名不是非常易懂。若采用属性别名，就可以使得输出结果中的属性名是简单易懂的，如上一个例子中的"sum（销量）as 总销量"。

第二种别名是数据表别名。要给一个数据表取一个别名，只需要在 from 子句中的数据表名后空一格，然后再列出要用的数据表别名就可以了。这对于分析师用 SQL 语句由数个不同的数据表中提取数据是很方便的。这一点在之后谈到聚合（join）时会看到。

4.1.5　join

有时为了得到完整的数据，分析师需要从两个或更多的数据表中提取数据。join 用于将两个或多个数据表中的列根据维度之间的关系聚合起来，分析师可以从聚合后的数据表中查询数据。数据库中的数据表可通过键将彼此联系起来。主键（Primary Key）是一个列，在这个主键列中的每一行的值都是唯一的。这样做的目的是在不重复每个数据表中的所有数据的情况下，把数据表间的数据交叉捆绑在一起。

例如，有以下两个数据表：class 数据表和 school 数据表，如表 4.16 和表 4.17 所示。

表 4.16　class 数据表

student_id	name	sex	age	height
001	阿尔德	男	14	112.5
002	爱丽丝	女	13	84
003	芭芭拉	女	13	98
004	凯露	女	14	102.5

表 4.17　school 数据表

student_id	region	grade
001	北京	三年级
003	上海	三年级
004	杭州	四年级
005	大连	四年级

（1）主键。根据之前给出的 class 数据表和 school 数据表，再来回顾一下主键的概念：主键（Primary Key）中的每一条数据都是数据表中的唯一值。换言之，它是用来独一无二地确认一个数据表中的每一行数据的。主键可以是原本的数据内的一个属性，或者

是一个人造属性（与原本数据没有关系的属性）。主键可以包含一个或多个属性。当主键包含多个属性时，则被称为组合键（Composite Key）。主键可以在创建新数据表时被设定（运用 create table 语句），或者以改变现有的数据表架构的方式被设定（运用 alter table）。

以下举几个在创建新数据表时设定主键的方式。

```
create table student (student_id char(10), name char(10), class char(6),
primary key (student_id));
create table student (student_id char(10),name char(10), class char(6), pri-
mary key (name, class));
```

以下则是通过改变现有数据表架构来设定主键。

```
alter table student add primary key (student_id);
```

请注意，在用 alter table 语句添加主键之前，分析师需要确认被用来当作主键的属性必须设定为 not null；也就是说，该属性一定不能为空。

（2）外键。与主键相比，另一个很重要的 Key 是外键。外键是一个（或数个）指向另外一个数据表主键的属性。外键的作用是确定数据的参考完整性（Referential Integrity）。换言之，只有被准许的数据值才会被存入数据库内。

例如，假设分析师有两个数据表：class 数据表和 school 数据表，在这里分析师就会在 class 数据表中设定一个外键，而这个外键指向 class 数据表中的主键（student_id）。

根据 class 数据表和 school 数据表，如果分析师同时想知道每个学生所在的地区和性别，那这个时候就需要将两个数据表连接起来。仔细了解这两个数据表后，发现它们可经由一个相同的属性（student_id）连接起来。为了得到聚合结果，分析师可以使用如下 SQL 语句。

```
select class.student_id, region,sex
from class inner join school on class.student_id =school.student_id;
```

得到的结果如表 4.18 所示。

表 4.18　school 与 class 聚合 inner join 后数据表

student_id	region	sex
001	北京	男
003	上海	女
004	杭州	女

inner join 的作用是，只有在两个表中存在匹配的 id 时才返回所有能匹配的数据记录对。如果 class 数据表中的行在 school 数据表中没有匹配，就不会给出这些行。

left join 会从左表（class 数据表）那里返回所有的行，即使在右表（school 数据表）没有匹配的行。如果分析师同时想知道每个学生所在的地区和性别，可以使用如下 SQL 语句。

```
select class.student_id, region, sex
from class left join school on class.student_id =school.student_id;
```

得到的结果如表 4.19 所示。

表 4.19　school 与 class 聚合 lefe join 后数据表

student_id	region	sex
001	北京	男
002	.	女
003	上海	女
004	杭州	女

与上一节的 inner join 相比，left join 得到的结果返回了 class 数据表中所有的 student_id，在 school 数据表中没有匹配的会返回空值。

与 left join 不同的是，right join 会从右表（school 数据表）那里返回所有的行，即使在左表（class 数据表）中没有匹配的行。如果分析师同时想知道每个学生所在的地区和性别，可以使用如下 SQL 语句。

```
select school. student_id, region, sex
from class right join school on class. student_id = school. student_id;
```

得到的结果如表 4.20 所示。

表 4.20　school 与 class 聚合 right join 后数据表

student_id	region	sex
001	北京	男
003	上海	女
004	杭州	女
005	大连	.

与之前的 inner join 和 left join 相比，分析师可以看到 right join 返回了 school 数据表中所有的 student_id，在 class 数据表中没有匹配的会返回空值。

只要其中某个数据表存在匹配，full join 就会返回行。如果分析师同时想知道每个学生所在的地区和性别，可以使用如下 SQL 语句。

```
select class. student_id,region,sex
from class full join school on class. student_id = school. student_id;
```

得到的结果如表 4.21 所示。

表 4.21　school 与 class 聚合 full join 后数据表

student_id	region	sex
001	北京	男
002	.	女
003	上海	女
004	杭州	女
005	大连	.

分析师可以看到，full join 会从左表（class 数据表）和右表（school 数据表）那里返回

所有的行。如果 class 数据表中的行在 school 数据表中没有匹配，或者如果 school 数据表中的行在 class 数据表中没有匹配的也以空值返回。

其实，where 子句也能实现 join 的作用，使用 class 数据表和 school 数据表为例，也是得到每个学生所在的地区和性别，可以使用如下 SQL 语句。

```
select student_id, region, sex
from class where class.student_id = school.student_id;
```

得到的结果如表 4.22 所示。

表 4.22 school 与 class 聚合后数据表

student_id	region	sex
001	北京	男
003	上海	女
004	杭州	女

分析师发现得到的结果和之前 inner join 产生的结果一样，由此可以看出 where 子句也可以实现 join 的作用。

4.1.6　数据表的合并、交集

union 指令的作用是将两个 SQL 语句的结果合并起来。从这个角度来看，union 跟 join 有些许类似，因为这两个指令都可以从多个数据表中提取数据。union 的一个限制是两个 SQL 语句所产生的属性需要是同样的数据类型。另外，当分析师用 union 这个指令时，分析师只会看到不同的数据值（类似 select distinct）。

union 的语法如下：

```
[SQL 语句 1] union [SQL 语句 2];
```

现有两个数据表：employees 数据表和 salary 数据表，如表 4.23 和表 4.24 所示。

表 4.23 employees 数据表

name	department_id	sex
Lucy	1	女
Jane	1	女
Bolb	2	男

表 4.24 salary 数据表

name	income	outcome
Lucy	4500	123
Jane	3660	455
Tina	5673	324

分析师可以使用如下 SQL 语句来实现数据集的合并。

```
select name from employees
            union
      select name from salary;
```

得到的结果如表 4.25 所示。

表 4.25 employees 与 salary 通过 union 聚合

name
Lucy
Jane
Bolb
Tina

和 union 指令类似，intersect 也是对两个 SQL 语句所产生的结果进行处理。不同的地方是，union 基本上是一个 or（如果这个值存在于第一句或第二句，它就会被选出），而 intersect 则比较像 and（这个值要存在于第一句和第二句才会被选出）。union 是联集，而 intersect 是交集。intersect 的语法如下：

[SQL 语句 1] intersect [SQL 语句 2];

同样地，分析师可以使用如下 SQL 语句来实现数据集的交集。

```
select name from employees
            intersect
      select name from salary;
```

得到的结果如表 4.26 所示。

表 4.26 employees 与 salary 通过 intersect 聚合后数据表

name
Lucy
Jane

minus 指令是运用在两个 SQL 语句上的。它先找出第一个 SQL 语句所产生的结果，然后看这些结果有没有在第二个 SQL 语句的结果中：如果有的话，那么这一条数据就被去除，不会在最后的结果中出现；如果第二个 SQL 语句所产生的结果并没有存在于第一个 SQL 语句所产生的结果内，那这条数据就被抛弃。minus 的语法如下：

[SQL 语句 1] minus [SQL 语句 2];

继续使用同样的数据表来举例，并使用如下 SQL 语句。

```
select name from employees
            minus
      select name from salary;
```

得到的结果如表 4.27 所示。

表 4.27 employees 与 salary 通过 minus 聚合后数据表

name
Bolb
Tina

注意，在 minus 指令下，不同的值只会被列出一次。

4.1.7 SQL 实用函数

SQL 拥有很多可用于计数和计算的内建函数，内建 SQL 函数的语法是：select function（列）from 表。在 SQL 中，基本的函数类型有很多，下面介绍两种常见的类型：aggregate 聚合函数和 scalar 标量函数。

1. aggregate 聚合函数

aggregate 聚合函数如表 4.28 所示。

表 4.28　aggregate 聚合函数

函数	描述
avg（column）	返回某列的平均值
count（column）	返回某列的行数（不包括 null 值）
count（*）	返回被选行数
first（column）	返回在指定的域中第一个记录的值
last（column）	返回在指定的域中最后一个记录的值
max（column）	返回某列的最高值
min（column）	返回某列的最低值
stdev（column）	返回某列的标准差
sum（column）	返回某列的总和
var（column）	返回某列的方差

2. scalar 标量函数

scalar 标量函数如表 4.29 所示。

表 4.29　scalar 标量函数

函数	描述
ucase（c）	将某个域转换为大写
lcase（c）	将某个域转换为小写
mid（c，start［，end］）	从某个文本域提取字符
len（c）	返回某个文本域的长度
instr（c，char）	返回某个文本域中指定字符的数值位置
left（c，number_of_char）	返回某个被请求的文本域的左侧部分
right（c，number_of_char）	返回某个被请求的文本域的右侧部分
round（c，decimals）	对某个数值域进行指定小数位数的四舍五入
mod（x，y）	返回除法操作的余数
now（）	返回当前的系统日期
format（c，format）	改变某个域的显示方式
datediff（d，date1，date2）	用于执行计算两个日期之间的差值

4.2　MapReduce

计算机科学是算法与算法变换的科学，算法是计算机科学的基石。任何一个计算问题的分析与建模，几乎都可以归结为算法问题。MapReduce 算法模型是由 Google 公司的 Jeffrey Dean 和 Sanjay Ghemawat 基于海量数据处理而提出的，主要应用于大规模数据集（大于 1TB）的分布并行运算。目前，基于 MapReduce 算法模型建立的 Hadoop 开源分布计算平台被认为是处理大数据问题的利器，Map（映像）和 Reduce（化简）的创意与灵感主要源自函数型编程思想，同时继承了向量型编程的特性。MapReduce 使程序员在不了解分布式并行编程的情况下，可将编写的程序运行于分布式计算系统。

MapReduce 分别由 Map 函数和 Reduce 函数完成。Map 函数应用于集合中的所有成员，返回处理结果集；而 Reduce 函数是从两个或更多 Map 函数结果中，通过多线程或独立系统并行对结果集进行分类和归纳，即一个 Map 函数用来把一组键值对映像成一组新的键值对，利用并发的 Reduce 函数对所有映像新键值对进行归纳。

4.2.1　MapReduce Job

MapReduce 的流行是有原因的，它非常简单、易于实现且扩展性强，可以通过它轻易地编写出同时在多台主机上运行的程序，可以使用 Ruby、Python、PHP 和 C++ 等非 Java 类语言编写 Map 或 Reduce 程序，还可以在任何安装 Hadoop 的集群中运行同样的程序，不论这个集群有多少台主机。MapReduce 适合于处理大量的数据集，因为它会同时被多台主机一起处理，这样通常会有较快的速度。假设需要对中国的各大城市的常年气温做出统计，输出过去 100 年内各大城市的最高气温，输出文档的形式大致如图 4.1 所示。

日期	省	城市	最低气温（摄氏）	最高气温（摄氏）
...	...	...	...	...
1999—10—23	浙江	杭州	13	27
1999—10—23	直辖	上海	14	25
1999—10—23	直辖	北京	10	21
1999—10—23	江苏	南京		
...	...	...	...	...
2016—06—29	浙江	杭州	24	35
...	...	...	...	...

图 4.1　全国各大城市气温历史数据

在单机上运行时，想要完成这个任务，需要将每个城市的气温统计出来。在许多类似的数据分析场景中，由于数据量的庞大，特别是数据量超过硬件内存允许的范围时，需要进行很多次内、外存交换，这无疑会延长程序的执行时间。但在 MapReduce 中，这是一个 WordCount 类型的处理就能快速解决的问题。

在 Hadoop 中，用于执行 MapReduce 任务的机器角色有两个：一个是 JobTracker；另一个是 TaskTracker。

JobTracker 是用于调度工作的，TaskTracker 是用于执行工作的。一个 Hadoop 集群中只有一台 JobTracker。每个 MapReduce 任务都被初始化为一个 Job。每个 Job 又可以分为两个阶段：Map 阶段和 Reduce 阶段。这两个阶段分别用两个函数来表示，即 Map 函数和 Reduce 函数。Map 函数接收一个 < key，value > 形式的输入，然后同样产生一个 < key，value > 形式的中间输出；Hadoop 会负责将所有具有相同中间 key 值的 value 集合到一起传递给 Reduce 函数；Reduce 函数接收一个如 < key，（list of values）> 形式的输入，然后对这个 value 集合进行处理，每个 Reduce 函数产生 0 或 1 个输出，Reduce 函数的输出也是 < key，value > 形式的。

Hadoop MapReduce 的运作流程如图 4.2 所示。

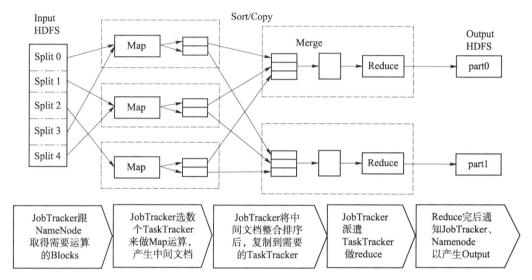

图 4.2   Hadoop MapReduce 的运作流程

完成统计城市气温任务的过程如下所述。

（1）首先，执行程序向 JobTracker 请求一个 Job id。该 id 将被用于对该项目的跟踪与管理。

（2）将运行作业所需要的资源文件复制到 HDFS 上，包括 MapReduce 程序打包的 JAR 文件、配置文件和客户端计算所得的输入划分信息。这些文件都存放在 JobTracker 专门为该作业创建的文件夹中。文件夹名为该作业的 Job id。JAR 文件默认会有 10 个副本（mapred. submit. replication 属性控制）。输入划分信息告诉了 JobTracker 应该为这个作业启动多少个 Map 任务等信息。

（3）JobTracker 接收到作业后，将其放在一个作业队列里，等待作业调度器对其进行调度。当作业调度器根据自己的调度算法调度到该作业时，会根据输入划分信息为每个划分创建一个 Map 任务，并将 Map 任务分配给 TaskTracker 去执行。此时，城市的气温信息分别被分配给了几个 Map 任务。

（4）根据计算的要求，Map 任务将分配到的城市气温数据按照设定的方式处理，最后写入本地磁盘中。如果 Map 任务在没来得及将数据传送给 Reduce 时就崩溃了（程序出错或机器崩溃），那么 JobTracker 只需要另选一台机器重新执行这个 Task 就可以了。

（5）Reduce 会读取 Map 的输出数据，合并 value，然后将它们输出到 HDFS 上。Reduce 的输出会占用很多的网络带宽，不过这与上传数据一样，是不可避免的。

（6）TaskTracker 每隔一段时间会给 JobTracker 发送一个心跳，告诉 JobTracker 它依然在运行，同时心跳中还携带着很多的信息，如当前 Map 任务完成的进度等。当 JobTracker 收到作业的最后一个任务完成信息时，便把该作业设置成"成功"。当 JobClient 查询状态时，它将得知任务已完成，便显示一条消息给用户。

接下来，详细介绍 MapReduce 任务的具体执行流程。

所谓标准形式的 MapReduce 任务，就是编写 MapReduce 的时候要符合以下形式。

①一个负责调用的主程序 Java 文件。

②一个 Map 的 Java 文件。

③一个 Reduce 的 Java 文件。

4.2.2　MapReduce 主程序

大家在初次接触编程语言时，看到的第一个示例程序可能都是"Hello World"。在 Hadoop 中也有一个类似于 Hello World 的程序，这就是 Word Count。本小节会结合这个程序具体讲解与 MapReduce 程序有关的所有类，这个程序的内容如下所述。

在正式执行 Map 函数前，需要对输入的新闻进行"分片"（就是将海量数据分成大概相等的"块"，Hadoop 的一个分片默认是 64MB），以便于多个 Map 任务同时工作，每一个 Map 任务处理一个"分片"。

```
import java.io.IOException;
import java.util.StringTokenizer;

import org.apache.hadoop.conf.Configuration;
import org.apache.hadoop.fs.Path;
import org.apache.hadoop.io.IntWritable;
import org.apache.hadoop.io.Text;
import org.apache.hadoop.mapreduce.Job;
import org.apache.hadoop.mapreduce.Mapper;
import org.apache.hadoop.mapreduce.Reducer;
import org.apache.hadoop.mapreduce.lib.input.FileInputFormat;
import org.apache.hadoop.mapreduce.lib.output.FileOutputFormat;

public class WordCount {

  public static class TokenizerMapper extends Mapper < Object, Text, Text,
IntWritable > {

    private final static IntWritable one = new IntWritable(1);
    private Text word = new Text();

    public void map(Object key, Text value, Context context
                    ) throws IOException, InterruptedException {
      StringTokenizer itr = new StringTokenizer(value.toString());
      while (itr.hasMoreTokens()) {
        word.set(itr.nextToken());
        context.write(word, one);
      }
    }
  }
```

```
    public static class IntSumReducer extends Reducer < Text, IntWritable, Text,
IntWritable > {
        private IntWritable result = new IntWritable();

        public void reduce(Text key, Iterable < IntWritable > values,
                           Context context
                           ) throws IOException, InterruptedException {
            int sum = 0;
            for (IntWritable val : values) {
                sum += val.get();
            }
            result.set(sum);
            context.write(key, result);
        }
    }

    public static void main(String[] args) throws Exception {
        Configuration conf = new Configuration();
        Job job = Job.getInstance(conf, "word count");
        job.setJarByClass(WordCount.class);
        job.setMapperClass(TokenizerMapper.class);
        job.setCombinerClass(IntSumReducer.class);
        job.setReducerClass(IntSumReducer.class);
        job.setOutputKeyClass(Text.class);
        job.setOutputValueClass(IntWritable.class);
        FileInputFormat.addInputPath(job, new Path(args[0]));
        FileOutputFormat.setOutputPath(job, new Path(args[1]));
        System.exit(job.waitForCompletion(true) ? 0 : 1);
    }
}
```

下面逐行解释代码。

```
import java.io.IOException
```

这一句是从 Java 的 io 包里导入 IOException。IOException，即输入输出异常类。所谓异常，就是 Exception，就是程序出错了，异常机制是 Java 的错误捕获机制。那么，IOException 就是处理输入输出错误时的异常，I 是 Input，O 是 Output。

```
import java.util.StringTokenizer
```

从 Java 的 util 包引入 StringTokenizer 类。StringTokenizer 将符合一定格式的字符串拆开。比如，"This is a cat" 是一个字符串，这 4 个单词是用空格符隔开的，那么 StringTokenizer 可以将它们拆成 4 个单词：This、is、a、cat。如果是用其他符号隔开的，也能处理，如 "14；229；37" 这个字符串，这 3 个数字是用分号隔开的，StringTokenizer 将它们拆成 14、229、37。只要指定了分隔符，StringTokenizer 就可以将字符串拆开。"拆开"的术语叫"解析"。

```
import org.apache.hadoop.conf.Configuration
```

运行 MapReduce 程序前都要初始化 Configuration，该类主要是读取 MapReduce 系统配置信息，这些信息包括 HDFS、MapReduce，也就是安装 Hadoop 时的配置文件，如 core – site. xml、hdfs – site. xml 和 mapred – site. xml 等文件里的信息。

```
import org.apache.hadoop.fs.Path
```

org. apache. hadoop. fs 包主要包括对文件系统的维护操作的抽象（文件的存储和管理）。Path 子包允许 FileSystem 通过一个 Path 对象打开一个数据流。

```
import org.apache.hadoop.io.IntWritable
```

从 Hadoop 的 io 包里引入 IntWritable 类和 Text 类。IntWritable 类表示的是一个整数，是一个以类表示的整数，是一个以类表示的可序列化的整数。

```
import org.apache.hadoop.io.Text
```

Text 类是存储字符串的可比较可序列化类。

是存储字符串的可比较可序列化类

在 MapReduce 中，由 Job 对象负责管理和运行一个计算任务，并通过 Job 的一些方法对任务的参数进行相关设置。

```
import org.apache.hadoop.mapreduce.Mapper
```

Mapper 类很重要，它将输入键值对 < key，value > 映射到输出键值对，也就是 MapReduce 里的 Map 过程。

```
import org.apache.hadoop.mapreduce.Reducer
```

创建 Reducer 类和 Reduce 函数，Reduce 函数是在 org. apache. hadoop. mapreduce. Reducer. class 类中以抽象方法定义的。Reducer 类是一个泛型类，带有 4 个参数（输入的键、输入的值、输出的键、输出的值）。在这里，输入的键和输入的值必须跟 Mapper 的输出的类型相匹配，输出的键是 Text（关键字），输出的值是 Intwritable（出现的次数）。

```
import org.apache.hadoop.mapreduce.lib.input.FileInputFormat
```

Hadoop Map/Reduce 框架为每一个 InputSplit 产生一个 Map 任务，而每个 InputSplit 是由该作业的 InputFormat 产生的。FileInputFormat 类的很重要的作用就是将文件进行切分 split，并将 split 进一步拆分成 key/value 对。

```
import org.apache.hadoop.mapreduce.lib.output.FileOutputFormat
```

FileOutputFormat 类的作用是将处理结果写入输出文件。

4.2.3　MapReduce 主程序运行详解

下面首先讲解 Job 的初始化过程。main 函数调用 Configuration 进行初始化，该类主要是读取 MapReduce 系统配置信息，这些信息包括 HDFS、MapReduce，也就是安装 Hadoop 时的配置文件，如 core – site. xml、hdfs – site. xml 和 mapred – site. xml 等文件里的信息。程序员在开发 MapReduce 时只在 Map 函数和 Reduce 函数里编写实际进行的业务逻辑，其他的工作都是交给 MapReduce 框架自己操作的，但是至少要告诉它如何进行操作，如 HDFS 在哪里、MapReduce 的 JobTracker 在哪里，这些信息就在 conf 包中的配置文件里。

代码的逻辑顺序如下所述。

第一行是在构建一个 Job，在 MapReduce 框架里一个 MapReduce 任务也叫 MapReduce 作业或 MapReduce 的 Job，而具体的 Map 和 Reduce 运算就是 Task。这里需要构建一个 Job，构建时有两个参数，一个是 conf，这个就不赘述了；另一个是这个 Job 的名称。

第二行是装载程序员编写好的计算程序，如程序类名是 WordCount。虽然编写 MapReduce 程序只需要实现 Map 函数和 Reduce 函数，但是实际开发要实现三个类。其中，第三个类是为了配置 MapReduce 如何运行 Map 和 Reduce 函数，准确地说就是构建一个 MapReduce 能执行的 Job，如 WordCount 类。

第三行和第五行是装载 Map 函数和 Reduce 函数实现类。这里多了个第四行，这个是装载 Combiner 类，这个后面讲 MapReduce 运行机制时会讲述。其实，本例去掉第四行也没有关系，但是使用了第四行理论上运行效率会更好。

接下来的代码：

```
Job job = new Job(conf, "word count");
job.setJarByClass(WordCount.class);
job.setMapperClass(TokenizerMapper.class);
job.setCombinerClass(IntSumReducer.class);
job.setReducerClass(IntSumReducer.class);
```

这个是定义输出的 key/value 的类型，也就是最终存储在 HDFS 上的结果文件的 key/value 的类型。

最后的代码是：

```
FileInputFormat.addInputPath(job, new Path(otherArgs[0]));
FileOutputFormat.setOutputPath(job, new Path(otherArgs[1]));
System.exit(job.waitForCompletion(true) ? 0 : 1);
```

第一行是构建输入的数据文件；第二行是构建输出的数据文件；最后一行是如果 Job 运行成功了，程序就会正常退出。FileInputFormat 和 FileOutputFormat 是很有用处的。

到此为止，MapReduce 里的 Word Count 程序讲解完毕，这个讲解是建立在新的 API 基础上的，具有一定的代表性。

4.2.4　MapReduce 数据流与控制流详解

JobTracker 负责控制及调度 MapReduce 的 Job，TaskTracker 负责运行 MapReduce 的 Job。当然，MapReduce 在运行时是分成 Map Task 和 Reduce Task 来处理的，而不是完整的 Job。简单的控制流大概是这样的：JobTracker 调度任务给 TaskTracker，TaskTracker 执行任务时，会返回进度报告。JobTracker 则会记录任务的进行状况，如果某个 TaskTracker 上的任务执行失败，那么 JobTracker 会把这个任务分配给另一台 TaskTracker，直到任务执行完成。Hadoop MapReduce 的控制流如图 4.3 所示。

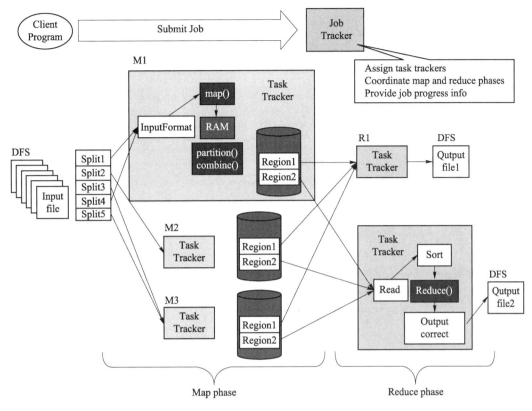

图 4.3 Hadoop MapReduce 的控制流

接下来详细地解释一下数据流。上例中有三个 Map 任务及两个 Reduce 任务。数据首先按照 TextInputFormat 形式被处理成五个 Input Split，然后输入到三个 Map 中。其中，Map M1 和 M3 分别分配了两个，而 M2 分配到一个数据 Split。Map 程序会读取 Input Split 指定的位置的数据，然后按照设定的方式处理此数据，最后写入本地磁盘中。注意，这里并不是写到 HDFS 上，这应该很好理解，因为 Map 的输出在 Job 完成后就可以删除了。因此，Map 的输出文件不需要存储到 HDFS 上，虽然存储到 HDFS 上会更安全。但是，由于网络传输会降低 MapReduce 任务的执行效率，因此 Map 的输出文件是写在本地磁盘上的。如果 Map 程序在没来得及将数据传送给 Reduce 时就崩溃了（程序出错或机器崩溃），那么 JobTracker 只需要另选一台机器重新执行这个 Task 就可以了。

Reduce 会读取 Map 的输出数据，合并 value，然后将它们输出到 HDFS 上。Reduce 的输出会占用很多的网络带宽，不过这与上传数据一样，是不可避免的。如果大家还是不能很好地理解数据流，下面有一个更具体的图（Word Count 执行时的数据流）可供参考，如图 4.4 所示。

MapReduce 的执行过程需要注意以下几点。

（1）对于 Map 和 Reduce 任务，TaskTracker 根据主机核的数量和内存的大小有固定数量的 Map 槽和 Reduce 槽。这里需要强调的是，Map 任务不是随随便便地分配给某个 Task-Tracker 的。这里有个概念，称为数据本地化（Data – Local），意思是将 Map 任务分配给含有该 Map 处理的数据块的 TaskTracker，同时将程序 JAR 包复制到该 TaskTracker 上来运行，这叫"运算移动，数据不移动"。而分配 Reduce 任务时并不考虑数据本地化。

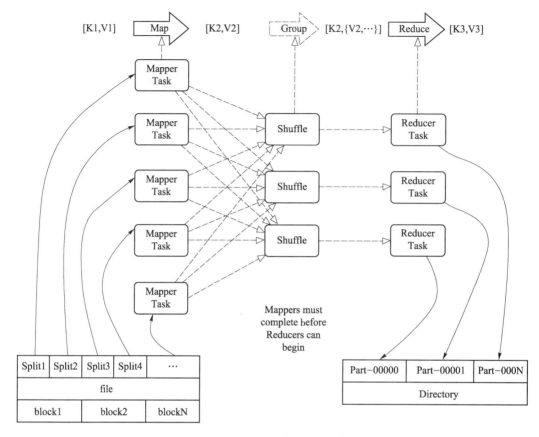

图 4.4　Word Count 执行时的数据流

（2）MapReduce 在执行过程中往往不止一个 Reduce Task，Reduce Task 的数量 i 是可以通过程序指定的，当存在多个 Reduce Task 时，每个 Reduce 会收集一个或多个 key 值。需要注意的是，当出现多个 Reduce Task 时，每个 Reduce Task 都会生成一个输出文件。

（3）没有 Reduce 任务的时候，系统会直接将 Map 的输出结果作为最终结果，同时 Map Task 的数量可以看作 Reduce Task 的数量，即有多少个 Map Task 就有多少个输出文件。

4.2.5　MapReduce 小结

那么 MapReduce 到底是如何运行的呢？

首先，程序员在客户端编写 MapReduce 程序，配置好 MapReduce 的作业，即 Job，接下来将 Job 发送到 JobTracker。JobTracker 收到请求后开始处理这个 Job，给这个 Job 任务分配一个新的 id 值，接下来进行检查操作。这个检查操作就是确定 Job 任务输出目录是否存在，如果不存在，那么 Job 就不能正常运行下去，JobTracker 会抛出错误给客户端。同时，还要检查输入目录是否存在，若不存在则抛出相应错误，若存在，JobTracker 则会根据输入计算输入分片（InputSplit），如果分片计算不顺利也会抛出错误。等配置作业、检查目录、分片执行成功后，JobTracker 就会配置 Job 需要的资源。资源配置完成后，JobTracker 就会初始化作业。初始化主要是将 Job 放入一个内部的队列，让配置好的作业调度器能调度到这个作业。初始化作业由作业调度器负责完成，作业调度器创建一个正在运行的 Job 对象（封装任务和记录信息），以便 JobTracker 跟踪 Job 的状态和进程。

初始化完毕后，作业调度器会根据输入分片信息为每个分片创建一个 Map 任务。这些 Map 任务将被分配到各个资源节点上。TaskTracker 负责循环发送心跳给 JobTracker，心跳间隔是 5 秒，程序员可以设置这个间隔时间。心跳就是 JobTracker 和 TaskTracker 沟通的信号，通过心跳，JobTracker 可以监控 TaskTracker 是否存活，也可以获取 TaskTracker 处理的状态和问题，同时 TaskTracker 也可以通过心跳里的返回值获取 JobTracker 给它的操作指令。在执行这些分配好的 Map 任务时，TaskTracker 也可以在本地监控自己的状态和进度，而 JobTracker 可以通过心跳机制监控 TaskTracker 的状态和进度，同时也能计算出整个 Job 的状态和进度。当最后一个完成指定任务的 TaskTracker 将操作成功的通知发送到 JobTracker 后，JobTracker 会把整个 Job 任务状态置为成功。当客户端查询 Job 运行状态时（注意：这个是异步操作），客户端就会收到 Job 完成的通知。如果 Job 中途失败，MapReduce 也会有相应机制进行处理。一般而言，如果不是程序本身有缺陷，MapReduce 错误处理机制都能保证提交的 Job 正常完成。

下面我从逻辑实体的角度讲解 MapReduce 运行机制，按照时间顺序分为输入分片（Input Split）、Map 阶段、Combiner 阶段、Shuffle 阶段和 Reduce 阶段。

1. 输入分片（Input Split）

在执行 Map 任务之前，首先要对输入文件进行输入分片的处理，每个 Map 任务针对一个输入分片。需要注意的是，输入分片并非是数据本身，而是记录了分片长度和数据位置的一个数组。输入分片和 HDFS 的块（Block）的关系非常密切，HDFS 的块的大小通常是 64MB，这个块的大小限制了输入分片的大小。如果输入三个文件，大小分别是 3MB、65MB 和 127MB，那么 MapReduce 会把 3MB 的文件分为一个输入分片，65MB 的文件则分为两个输入分片，127MB 的文件也分为两个输入分片。如果不在 Map 计算前进行输入分片调整（如合并小文件），那么就会有五个将要执行的 Map 任务，而且每个输入分片大小不均。这也是 MapReduce 优化需要关注的一个关键点。

2. Map 阶段

Map 阶段就是程序员为 Map 任务编写函数，而且一般 Map 操作都是本地化操作，也就是在数据存储节点上进行的操作，因此 Map 函数的效率相对好控制。

3. Combiner 阶段

每个 Map 任务都可能会产生大量的本地输出，Combiner 的作用就是对 Map 任务的输出先做一次合并，以减少在 Map 和 Reduce 节点之间的数据传输量，从而提高网络 IO 性能，是 MapReduce 的优化手段之一。Combiner 也是一个本地化的 Reduce 操作，主要是在 Map 计算出中间文件前做一个简单的合并重复 key 值的操作。例如，对文件里的单词频率进行统计，Map 计算时如果碰到某个单词就会记录为 1，但在输入文件里该单词可能会出现 n 多次，那么 Map 输出文件冗余就会很多。为了减少冗余，在 Reduce 计算前对相同的 key 做一个合并操作，那么文件会变小，这样就提高了网络的传输效率。Hadoop 的计算能力受网络资源的影响。数据传输的速度是分布式计算的瓶颈。但另一方面，Combiner 操作也是有风险的，操作不当会影响 Reduce 计算的最终输入。如果计算只是求总数、最大值、最小值，那么可以使用 Combiner。但是，使用 Combine 进行平均值计算，最终的 Reduce 计算结果就会出错。

4. Shuffle 阶段

MapReduce 需要确保每个 Reduce 的输入都按键排序。系统执行排序的过程，即将 Map 的输出作为 Reduce 的输入的过程，就是 Shuffle 阶段。一般 MapReduce 计算的都是海量数据，Map 输出时不可能把所有文件都放到内存进行操作，因此 Map 写入磁盘的过程十分复杂。Map 任务开始产生输出时，并不是简单地将它写到磁盘，而是会对结果进行排序，这会占用很大的内存，因此在进行输出时会在内存里开启一个环形内存缓冲区。这个缓冲区是专门用来输出的，默认大小是 100MB。缓冲区的大小可以通过修改配置文件里的缓冲区阈值（默认是 0.8，或 80%）来调整。同时，Map 还会为输出操作启动一个守护线程，如果缓冲区的内存达到了阈值的 80% 的时候，这个守护线程就会把内容写到磁盘上，这个过程叫 Spill。而剩余的 20% 内存可以继续写入要写进磁盘的数据，写入磁盘和写入内存的操作是互不干扰的。如果缓存区已经满了，那么 Map 就会阻止写入内存的操作，等待写入磁盘的操作完成后再继续执行写入内存操作。在写入磁盘前，系统首先根据数据最终要传送到的 Reduce 将数据划分成相应的分区。在每个分区中，通过后台按键进行内排序，若定义了 Combiner 函数，则会在排序后的输出上执行 Combiner 操作。运行 Combiner 的意义在于使 Map 输出更紧凑，将需要写入磁盘或传给 Reduce 的数据量减到最小。

Spill 操作保证一旦内存缓冲区达到溢出的阈值，就会新建一个溢出文件。因此，在 Map 任务写完其最后一个输出记录后，会有多个溢出文件，也就是说 Map 输出时，有几次 Spill 操作就会产生多少个溢出文件。在任务完成之前，溢出文件被合并成一个已分区且已排序的输出文件。系统文件可以配置一次能合并多少溢出文件，其默认值为 10。在这个过程中还会有一个 Partitioner 操作，与 Map 阶段的输入分片很相似，一个 Partitioner 对应一个 Reduce 作业，如果 MapReduce 操作只有一个 Reduce 操作，那么 Partitioner 就只有一个；如果有多个 Reduce 操作，那么对应的 Partitioner 就会有多个。因此，Partitioner 就是 Reduce 的输入分片。程序员可以通过编程控制这个过程，基于实际 key 和 value 的值，按照实际业务需求或更好的 Reduce 负载均衡的要求设计这个过程，可以提高 Reduce 操作的效率。由于每个 Map 任务的完成时间不可能一样，只要有一个任务完成，Reduce 任务就开始复制其输出，这就是 Reduce任务的复制阶段。Reduce 任务中的复制线程能够并行取得 Map 输出。这个复制过程和 Map 写入磁盘过程类似，也有阈值和内存大小，阈值一样可以在配置文件里进行配置，而内存大小与 Reduce 的 TaskTracker 的内存大小相同。进行复制操作时，Reduce 还会进行排序操作和合并文件操作，这些操作完成后就会进行 Reduce 计算了。

5. Reduce 阶段

Reduce 阶段和 Map 函数一样也是程序员编写的，最终结果是存储在 HDFS 上的。

4.3 Hive

在许多由大型社交网络构建的信息平台中，最大的一个组成部分是 Hive。Hive 是建立在 Hadoop 上的一个数据仓库架构，可以将结构化的数据文件映射为一个数据库表，并提供简单的 SQL 查询功能。精通 SQL 的分析师可以轻松地使用 Hive 编写 MapReduce 任务。Hive 也为数据仓库的管理提供了 ETL（抽取、转换和加载）工具。

Hive 构建在基于静态批处理的 Hadoop 之上，Hadoop 通常都有较高的延迟并且在作业提交和调度的时候需要大量的开销。因此，Hive 并不能在大规模数据集上实现低延迟快速查询。即使 Hive 处理的数据集只有几百 MB，在任务提交和处理过程中也会消耗时间，一般有分钟级的时间延迟。因此，Hive 并不适合那些需要低延迟的应用，如联机事务处理（OLTP）。虽然 Hive 不提供数据排序、查询缓存、在线事务处理、实时查询、记录更新等功能，但 Hive 能更好地处理非实时的大规模数据集（如网络日志）上的批量任务。Hive 查询操作的过程严格遵守 MapReduce 的作业执行模型，将用户的查询通过解释器转换为 MapReduce 任务，然后返回执行结果。

1. Hive 的特点

Hive 是一种底层封装了 Hadoop 的数据仓库处理工具，使用类 SQL 的 HiveQL 语言实现数据查询，所有 Hive 的数据都存储在 Hadoop 兼容的文件系统（如 Amazon S3、HDFS）中。Hive 在加载数据的过程中不会对数据进行任何修改，只是将数据移动到 HDFS 中 Hive 设定的目录下。因此，Hive 不支持对数据进行改写和添加，所有的数据都是在加载的时候确定的。Hive 的设计特点如下所述。

（1）支持索引，加快数据查询。

（2）不同的存储类型，如纯文本文件、HBase 中的文件。

（3）将元数据保存在关系数据库中，大大减少了在查询过程中执行语义检查的时间。

（4）可以直接使用存储在 Hadoop 文件系统中的数据。

（5）内置大量用户函数 UDF 来操作时间、字符串和其他的数据挖掘工具，支持用户扩展 UDF 函数来完成内置函数无法实现的操作。

（6）类 SQL 的查询方式，将 SQL 查询转换为 MapReduce 的 Job 在 Hadoop 集群上执行。

2. Hive SQL 语言介绍

Hive SQL 与关系型数据库的 SQL 略有不同，但其支持绝大多数的语句，如 DDL、DML，以及常见的聚合函数、连接查询、条件查询。

4.4　Pig

作为 Hadoop 项目的子项目之一，Pig 提供了一个支持大规模数据分析的平台，包括用于数据分析的高级程序语言及对数据分析程序进行评估的能力。Pig 程序突出的特点就是支持大量并发任务，能够对大规模数据集进行处理。MapReduce 的一个主要的缺点就是开发周期过长。开发人员需要编写 MapReduce 程序代码，然后对代码进行编译并打成 JAR 包，提交到本地的 JVM 或 Hadoop 的集群上，最后获取结果，这个过程非常耗时。Pig 在 MapReduce 模式下运行时，将访问一个 Hadoop 集群和 HDFS。Pig 能自动对集群资源进行分配和回收。Pig 的强大之处就是它只要几行 PigLatin 代码就能处理 TB 级别的数据。Pig 系统可以自动地对程序进行优化，从而大量节省用户编程的时间。

Pig 属于一种使用"标准输入"和"标准输出"的编程语言，可以用来编写 MapReduce 程序，并能在这个过程中省去代码的编译和打包的步骤。同时，Pig 也提供了更加丰富的数据结构，一般都是多值和嵌套的数据结构，如 tuple（元组）、bag（包）和 MapReduce 缺少的 map（映射）。Pig 还提供了许多内置操作符来支持数据操作，包括 MapReduce 中被忽视的 join、filter、ordering 等操作。

　　用户可以使用 UDF（User Defined Function，用户定义函数）来编写特定的函数，这些函数可用于 Pig 的嵌套数据模型，如载入、存储、过滤、分组、连接等都可以定制，因此可以在底层与 Pig 的操作进行集成。这大大地增强了 PigLatin 语言的功能，用户也可以方便地对其功能进行扩充和完善。Pig 为用户定义函数提供了大量支持，也可以作为操作符的一部分来使用。

　　但是，Pig 并不适合所有的"数据处理"任务。和 MapReduce 一样，它是为数据批处理而设计的，如果想执行的查询只涉及一个大型数据集的一小部分数据，Pig 的效果不是很好，因为它要扫描整个数据集或其中的很大一部分。

　　Pig 包括以下两部分。

　　（1）用于描述数据流的语言，称为 PigLatin。

　　（2）用于运行 Pig Latin 程序的执行环境：一是本地的单 JVM 执行环境；二是在 Hadoop 集群上的分布式执行环境。

　　PigLatin 程序是由一系列的"操作"（Operation）或"变换"（Transformation）组成的。每个操作将输入数据进行转换处理，然后产生输出结果。PigLatin 的操作通过对关系（relation）进行处理产生另外一组关系，PigLatin 的操作程序通常按照下面的流程来编写：从文件系统中读取数据；通过一系列转换语句对数据进行处理；把处理结果输出到文件系统中或屏幕上。用户可以把主要精力花在数据上，而不是花在具体的实现细节上。

　　接下来，用 Word Count 来解释一下。

```
grunt > a = load '/input/immortals.txt' as (line:chararray); //加载输入文件,
并按行分隔
grunt > words = foreach a generate flatten(tokenize(line)) as w; //将每行分割
成单词
grunt > g = group words by w; //按单词分组
grunt > wordcount = foreach g generate group,count(words); //单词记数
```

输出结果 dump wordcount：

```
(I,4)
(Of,1)
(am,1)
(be,3)
(do,2)
(in,1)
(it,1)
(of,1)
(to,1)
(we,3)
(But,1)
(all,1)
(are,2)
(bad,1)
(but,1)
(dog,1)
(not,1)
```

```
(say,1)
(the,4)
(way,1)
(They,1)
(best,1)
(have,1)
(what,1)
(will,2)
(your,1)
(fever,1)
(flame,1)
(guard,1)
(dreams,1)
(eternal,1)
(watcher,1)
(behavior,1)
```

4.5　HDFS

在现代的企业环境中，单机容量往往无法存储大量数据，需要进行跨机器存储。HDFS 是基于流数据模式访问和处理超大文件的，它可以运行于廉价的 Hadoop 分布式计算机系统上。HDFS 在最开始是作为 ApacheNutch 搜索引擎项目的基础架构而开发的，是 ApacheHadoopCore 项目的一部分。Hadoop 之所以适合存储大型数据（如 TB 和 PB 级别的数据），主要原因就是使用了 HDFS 作为数据存储系统。HDFS 提供统一的访问接口，使用户像访问一个普通文件系统一样使用分布式文件系统。HDFS 和现有的分布式文件系统有很多共同点，但也有一些明显区别。

总之，可以将 HDFS 的主要特点概括为以下几点。

1）处理超大文件

这里的超大文件通常是指数百 MB，甚至数百 TB 大小的文件。目前在实际应用中，HDFS 已经能用来存储、管理 PB（PeteBytes）级的数据了。

2）流式地访问数据

HDFS 的设计建立在更多地响应"一次写入、多次读取"任务的基础之上。这意味着一个数据集一旦由数据源生成，就会被复制、分发到不同的存储节点，然后响应各种各样的数据分析任务请求。在多数情况下，分析任务都会涉及数据集中的大部分数据，也就是说，对 HDFS 来说，请求读取整个数据集要比读取一条记录更加高效。

3）运行于廉价的商用机器集群上

Hadoop 设计对硬件需求比较低，只需运行在廉价的商用硬件集群上，而无须昂贵的高可用性机器。廉价的商用机也就意味着大型集群中出现节点故障情况的概率非常高。这就要求在设计 HDFS 时要充分考虑数据的可靠性、安全性及高可用性。

与许多数据解决方案类似，HDFS 比较强大的地方同时也是它的弱点。HDFS 在处理一些特定问题时不但没有优势，而且有一定的局限性，主要表现在以下几方面。

1）不适合低延迟数据访问

HDFS 不适合处理一些用户要求时间比较短的低延迟应用请求。HDFS 是处理大型数据集分析任务的，主要是为达到高的数据吞吐量而设计的，这就要求以高延迟作为代价。目前有一些补充的方案，如使用 HBase，通过上层数据管理项目来尽可能地弥补这个不足。

2）无法高效存储大量的小文件

在 Hadoop 中需要用 NameNode（名称节点）来管理文件系统的元数据，以响应客户端请求返回文件位置等，因此文件数量的限制要由 NameNode 来决定。例如，每个文件、索引目录及块大约占 100 字节，如果有 100 万个文件，每个文件占一个块，那么至少要消耗 200MB 内存，这似乎还可以接受。但如果有更多文件，那么 NameNode 的工作压力更大，检索处理元数据的时间就不可接受了。

3）不支持多用户写入及任意修改文件

在 HDFS 的一个文件中只有一个写入者，而且写操作只能在文件末尾完成，即只能执行追加操作。目前 HDFS 还不支持多个用户对同一文件的写操作，以及在文件任意位置进行修改。

当然，以上几点都是当前的问题，相信随着研究者的努力，HDFS 会更加成熟，可满足更多的应用需要。

4.5.1 HDFS 的相关概念

下面介绍几个 HDFS 的相关概念。

1. 块（Block）

在任何文件系统中，读取和写入都是针对一个块进行的，也就是说，文件系统每次只能操作磁盘块大小的整数倍数据。例如，Windows 下的 NTFS 的最大的块的大小为 4KB。而 HDFS 中的块是一个抽象的概念，比操作系统中所说的块要大得多。在 Hadoop 1.x 版本中默认块的大小为 64MB，而 Hadoop 2.x 版本将默认块的大小提高到了 128MB。在配置 Hadoop 系统时，根据默认块的大小，HDFS 分布式文件系统中的文件被分成块进行存储，它是文件存储处理的逻辑单元。

作为一个分布式文件系统，HDFS 旨在更好地处理大数据。使用抽象块存储大数据有很多优点。一个优点是它可以存储任意大的文件，而不受网络中任何单个机器磁盘大小的限制。例如，一台机器存储 100TB 的数据是比较困难的，而通过逻辑块的设计，HDFS 可以把这个大文件分成很多块，存储在集群中的多台机器上。另一个优点是使用抽象块作为操作单元可以简化存储子系统。简化的存储子系统对于故障频繁且类型广泛的分布式文件系统尤为重要。在 HDFS 中，块的大小是固定的，这就简化了存储系统的管理，尤其是元数据信息可以与文件块内容分开存储。不仅如此，文件块更有利于分布式文件系统提高容错性能。为了处理机器节点故障导致的数据不可用问题，HDFS 将文件块副本的默认数量设为 3 份，并且将它们分别存储在集群中的不同机器节点上。当一个文件块损坏时，系统通过 NameNode 获取元数据信息，读取另一台机器上的副本并进行存储。用户无须深究这个过程。当然，这里的文件块副本冗余量可以通过文件进行配置。例如，在某些应用中，可以为操作频率较高的文件块设置更高数量的副本，以提高集群的效率。

2. NameNode 和 DataNode

HDFS 体系结构中有两类节点：一类是 NameNode；另一类是 DataNode。

这两类节点分别承担 Master 和 Worker 的任务。NameNode 就是 Master 管理集群中的执行调度，DataNode 就是 Worker 具体任务的执行节点。NameNode 管理文件系统的命名空间，维护整个文件系统的文件目录树及这些文件的索引目录。这些信息以两种形式存储在本地文件系统中，一种是命名空间镜像（Namespace Image）；另一种是编辑日志（Edit Log）。从 NameNode 中可以获得每个文件的每个块所在的 DataNode。有一点需要注意的是，这些信息不是永久保存的，NameNode 会在每次启动系统时动态地重建这些信息。当运行任务时，客户端通过 NameNode 获取元数据信息，和 DataNode 进行交互以访问整个文件系统。系统会提供一个类似于 POSIX 的文件接口，这样用户在编程时无须考虑 NameNode 和 DataNode 的具体功能。

DataNode 是文件系统 Worker 中的节点，用来执行具体的任务：存储文件块，以及被客户端和 NameNode 调用。同时，它会通过心跳（Heartbeat）定时向 NameNode 发送所存储的文件块信息。

Hadoop 读取 HDFS 数据的流程如图 4.5 所示。

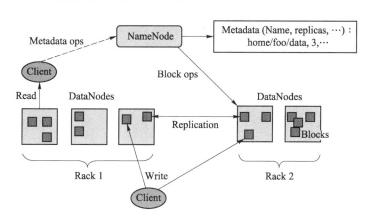

图 4.5　Hadoop 读取 HDFS 数据的流程

（1）客户端要访问 HDFS 中的一个文件。

（2）首先从 NameNode 获得组成这个文件的数据块位置列表。

（3）根据列表知道存储数据块的 DataNode。

（4）访问 DataNode 获取数据。

（5）NameNode 并不参与数据实际传输。

4.5.2　HDFS 的基本操作

分析师可以通过命令行接口来和 HDFS 进行交互。当然，命令行接口只是 HDFS 的访问接口之一，它的特点是更加简单直观、便于使用，可以进行一些基本操作。

下面具体介绍如何通过命令行访问 HDFS 文件系统。本节主要讨论一些基本的文件操作，如读文件、创建文件存储路径、转移文件、删除文件、列出文件列表等。在终端中可以通过输入 hadoop fs – help 获得 HDFS 操作的详细帮助信息。

命令行方式如表 4.30 所示。

表 4.30　命令行方式

hadoop fs – put ＜local path＞ ＜hdfs path＞ //将本地文件放入 HDFS 中
hadoop fs – ls ＜hdfs path＞ //显示文件目录
hadoop fs – get ＜hdfs path＞ ＜local path＞ //将 HDFS 中的数据拷贝到本地
hadoop fs – rmr ＜file＞ //删除文件，如果开启回收站了会到回收站里面
hadoop fs – cat ＜file path＞ //查看文件内容
hadoop dfsadmin – report //查看 HDFS 目前状态

4.5.3　HDFS 常用的 Java API 介绍

如果想从 Hadoop 中读取数据，最简单的办法就是使用 java.net.URL 对象打开一个数据流，并从中读取数据，一般的调用格式如下：

```
InputStream in = null;
try {
in = new URL("hdfs://NameNodeIP/path").openstream();
// process in }
finally {
IOUtils.closeStream(in);
}
```

这里要进行的处理是，通过 FsUrlStreamHandlerFactory 实例来调用在 URL 中的 setURL-Stream – HandlerFactoiy 方法。这种方法在一个 Java 虚拟机中只能调用一次，因此放在一个静态方法中执行。这意味着如果程序的其他部分也设置了一个 URLStreamHandlerFactory，那么会导致无法再从 Hadoop 中读取数据。

读取文件系统中路径为 hdfs：//NameNodeIP/user/admin/In/hello.txt 的文件 hello.txt，代码如下所示。这里假设 hello.txt 的文件内容为 "Hello Hadoop!"。

```
import java.io. * ;
import java.net.URL;
import org.apache.hadoop.fs.FsUrlStreamHandlerFactory;;
import org.apache.hadoop.fs.Path;
import org.apache.hadoop.filecache.DistributedCache;
import org.apache.hadoop.conf. * ;
import org.apache.hadoop.io. * ;


public class URLCat {
static {
```

```
URL.setURLStreamHandlerFactory(new FsUrlStreamHandlerFactory());
}

public static void main(String[] args) throws Exception {
InputStream in = null;?
try {
in = new URL(args[0]).openStream();
IOUtils.copyBytes(in, System.out, 4096, false)
} finally {
IOUtils.cloaestream(in);
}
}
}
```

如果在应用中出现不能使用 URLStreamHandlerFactory 的情况，这时就需要使用 FileSystem 的 API 打开一个文件的输入流。

文件在 Hadoop 文件系统中被视为一个 Hadoop Path 对象。我们可以把一个路径视为 Hadoop 的文件系统 URI，如 hdfs：//localhost/user/admin/In/hello.txt。

FileSystemAPI 是一个高层抽象的文件系统 API，所以首先要找到这里的文件系统实例 HDFS。取得 FileSystem 实例有两个方法。

```
public static FileSystem get(Configuration conf) throws IOException public
static FileSystem get(URI uri, Configuration conf) throws IOException
```

Configuration 对象封装了一个客户端或服务器的配置，这是用路径读取的配置文件设置的，一般为 conf/core – site.xml。第一个方法返回的是默认文件系统，如果没有设置，则为默认的本地文件系统。第二个方法使用指定的 URI 方案决定文件系统的权限，如果指定的 URI 中没有指定方案，则返回默认的文件系统。

有了 FileSystem 实例后，可通过 open( ) 方法得到一个文件的输入流，代码如下：

```
public FSDatalnputStream open(Path f) throws IOException
public abstract FSDatalnputStream open(Path f, int bufferSize) throws IOException
```

第一个方法直接使用默认的 4KB 的缓冲区，代码如下：

```
public class FileSystemCat {
public static void main(String[] args) throws Exception {
String uri = args[0];
Configuration conf = new Configuration();
FileSystem fs = FileSystem.get(URI.create(uri), conf);?
InputStream in = null;
try {
in = fs.open(new Path(uri));
```

```
IOUtils. copyBytes (in,System. out, 4096, false);
} finally {
IOUtils. closeStream (in);
}
}
}
```

然后设置程序运行参数为 hdfs：//localhost/user/admin/In/hello_txt，运行程序即可看到 hello. txt 中的文本内容"Hello Hadoop！"。

下面对上述代码中的程序进行扩展，重点关注 FSDatalnputStream。FileSystem 中的 open( )方法实际上返回的是一个 FSDatalnputStream，而不是标准的 java. io 类。这个类是 java. io. DatalnputStream 的一个子类，支持随机访问，并可以从流的任意位置读取，代码如下：

```
public FSDatalnputStream open (Path f) throws IOException
public abstract FSDatalnputStream open (Path f, int bufferSize) throws IOEx-
ception
```

Seekable 接口允许在文件中定位并提供一个查询方法，用于查询当前位置相对于文件开始处的偏移量［getPos( )］，代码如下：

```
public interface Seekable {
void seek (long pos) throws IOException;
long getPos ()throws IOException;
boolean seekToNewSource (long targetPos) throws IOException;
}
```

其中，调用 seek( )来定位大于文件长度的位置会导致 IOException 异常。开发人员并不常用 seekToNewSource( )方法，此方法倾向于切换到数据的另一个副本，并在新的副本中找寻 targetPos 指定的位置。HDFS 就采用这样的方法在数据节点出现故障时为客户端提供可靠的数据流访问，如下列代码所示。

```
import java. io. * ;
import java. net. URI;
import java. net. URL;
import java. util. * ;
import org. apache. hadoop. fs. FSDatalnputStream;
import org. apache. hadoop. fs. FsUrlStreamHandlerFactory;
import org. apache. hadoop. fs. Path;
import org. apache. hadoop. fs. FileSystem;
import org. apache. hadoop. filecache. DistributedCache;
import org. apache. hadoopoconf. * ;
import org. apache. hadoopoio. * ;
import org. apache. hadoopomapredo* ;
import org. apache. hadoop. util. * ;
```

```
public class DoubleCat {
public static void main(String[] args) throws Exception {
String uri = args[0];
Configuration conf = new Configuration();
FileSystem fs = FileSystem.get(URI.create(uri), conf);
FSDatalnputStream in = null;
try {
in = fs.open(new Path(uri));
IOUtils.copyBytes(in, System.out, 4096, false);
in.seek(3); // go back to pos 3 of the file
IOUtils.copyBytes(in. System.out, 4096, false);
} finally {
IOUtils.closeStream(in);
}
}
}
```

然后设置程序的运行参数为 hdfs：//localhost/user/admin/In/hello.txt，运行程序即可看到 hello.txt 中的文本内容 "Hello Hadoop！"。

同时，FSDatalnputStream 也实现了 PositionedReadable 接口，从一个指定位置读取一部分数据。这里不再详细介绍，大家可以参考以下源代码。

```
public interface PositionedReadable {
public int read(long position, byte[] buffer, int offset, int length) throws
IOException;
public void readFully(long position, byte[] buffer, int offset, int length)
throws IOException;
public void readFully(long position, byte[] buffer) throws IOException;
}
```

需要注意的是，seek( ) 是一个高开销的操作，需要慎重。通常我们是依靠流数据 MapReduce 构建应用访问模式的，而不是大量地执行 seek( ) 操作。

数据可视化

5.1 数据可视化概念

5.1.1 数据可视化的定义与原则

数据可视化可以理解为对抽象数据使用计算机支持的、交互的、可视化的表示形式以增强认知能力。数据可视化侧重于通过可视化图形呈现数据中隐含的信息和规律。可视分析（Visual Analytics）是科学/信息可视化、人机交互、认知科学、数据挖掘、信息论、决策理论等研究领域地交叉融合所产生的技术方向，通过交互式可视化界面来辅助用户对大规模复杂数据集进行分析。可视分析的运行过程可看作数据－知识－数据的循环过程，中间经过两条主线：可视化技术和自动化分析模型。从数据中洞悉知识的过程主要依赖两条主线的互动与协作。可视分析概念提出时所拟定的目标之一是对大规模、动态、模糊或常常不一致的数据集进行分析，可视分析的重点与大数据分析的需求是一致的。近年来，可视分析的研究很大程度上围绕着大数据的热点领域，如互联网、社会网络、城市交通、商业智能、气象变化、安全反恐、经济与金融等。大数据可视分析是指在大数据自动分析挖掘方法的同时，利用支持信息可视化的用户界面，以及支持分析过程的人机交互方式与技术，有效融合计算机的计算能力和人的认知能力，以获得对于业务的洞察力（Insight）。

数据可视化可以理解为编码（Encoding）和解码（Decoding）两个映射过程：①编码是将数据映射为可视化图形的视觉元素，如形状、位置、颜色、文字、符号等；②解码则是对视觉元素进行解析，包括感知和认知两部分。

一个好的可视化编码需同时具备两个特征：效率和准确性。效率是指能够瞬间感知到大量信息；而准确性是指可视化数据正确传达了信息。

为了能够清楚、明白地表达数据里包含的信息，爱德华·图夫特提出了10条数据可视化的设计原则（www.tufte.com）。

原则1：显示比较、对比、差异。

原则2：显示因果关系、机制、系统性结构、原因、解释。

原则3：一次显示多个数据（多于两个变量）。

原则4：无缝整合解释用词、数字、图像和图表。

原则5：对设计的过程和必要的细节做好记录备查。

原则6：前后内容的逻辑连贯性最重要。

原则7：在同一页上显示所有比较。

原则 8：多个片面的数据放在同一页面以一次获得全面信息。

原则 9：使用一系列相同比例轴的类似图形或图表，易于比较。

原则 10：使用成熟的设计模板。

5.1.2　数据可视化的设计思路

怎样才能使新闻、报告或分析性文章更有效地表达内含的信息呢？有效的数据可视化设计应该具有以下特点。

（1）讲述关于业务的故事，但用的是数据。

（2）与受众（业务主管，甚至是 CEO）的兴趣点息息相关，并且回答了"为什么愿意读下去？"这一问题。

（3）用切题的标题或优美的图片迅速表达受众感兴趣的信息，快速吸引其注意力。

（4）易于理解、具有趣味性。

（5）鼓励其他业务部门以恰当的方式使用该统计数据，为其所传播的信息增加影响力。

1. 目标受众定位

数据可视化设计必须做出的第一个重要决定是要锁定受众："你是为谁设计"。

简单地说，受众就是掌握方向盘的人。受众想要什么，就应当给他们什么。可视化设计必须听从他们的意见，发现并选择恰当的叙述、语言、视觉和图形工具，以吸引他们的注意。现在由于互联网的存在，受众的定位更加复杂，包括公众、数据用户、银行家、金融分析师、大学教授、学生等，其中每类用户都有其特定的数据需求。

专业的数据可视化设计师持续（通常是实时）监控哪些故事最受受众关注，然后使用各种工具针对他们手中的数据源创造出更为丰富的内容，以鼓励与每位受众进行更多互动。

任何情况下，在投入宝贵的资源开展任何形式的传播（新的或已经建立的）之前，首要的是确定受众或利益相关者是谁，他们想从数据可视化项目里得到什么，以及他们希望如何来获取。

如果是同时针对几类受众，那么必须选择最合适的方法将信息传递给他们每一位，即通过合适的渠道来进行信息传递，并且使用合适的传递技巧。不过，往往由于时间和资源的不足，无法将信息实时地传递给所有受众。这里有两个选择：一是可以进行优先排序；二是如果想实现受众面最大，则应设法找到不同群体需求最清晰的共同点。

2. 叙事与讲故事

数据可视化设计的任务是："发现故事"。

要想数据对于一般受众具有意义，那么找到数字所蕴含的意义就非常重要。统计界和科学界人士对"故事"一词往往比较警惕，因为这个词本身带有虚构或修饰的色彩，可能会导致数据的误读。如果数据分析人员不能认真谨慎地对待数据，这种观点可能还真有一定道理。

不过换一种做法，也就是完全不使用故事，情况可能会更糟。人们通常会因为自己无法理解数据而不信任统计数据，感觉它们是在误导自己。出现这种情况，是因为我们作为生产数据的一方，没有让人们感觉到数据与他们有关系，也没能用人们能理解的方式去解读。数据报表如果没有故事线，就变成了纯粹的数字描述。

统计故事必须以对数据和研究现象的足够了解为基础，否则只是有趣，但其实都是错误的。在撰写统计故事时，还必须要谨记统计的基本原则：公正和专业。有些学员可能在没有实际工作经验时还无法理解"公正和专业"代表的意义，但只要还从事这个行业，随着经验的积累，就能充分理解了。

3. 故事的结构

使数据叙述的故事结构化，以便故事的每一部分都能发挥自身作用，同时还能辅助支撑要讲述的整个故事。与新闻稿的写作一样，多个子标题（数据话题）是强化整体故事结构的有效工具，可以将整体故事分解成可管理和有意义的小部分，各个部分之间有一定的内在联系。例如，零售库存水平略有缓和；消费信心指数持续上升。这两种数据信息放在一起，能够很好地帮助受众理解目前的零售市场状况和可能持续的时间等隐含的洞察。

随着数字化转型的深化，企业开始使用更多的数据源，从获取数据到洞察业务也变得日益迫切。过去使用数据仓库制作定期报告是一种缓慢而渐进的方式，未来需要更灵活多变的、交互式的、业务驱动的可视化数据分析，以适当和富有洞察力的方式动态地提供正确的数据服务。

讲故事是数据分析与数据可视化的基石，也是理解数据传达业务信息的最佳方法。随着可供分析的数据的增加，企业需要更好的方法来理解其中的含义。讲述数据故事需要预先做好计划，确定分析的目标和采用正确的交互式视觉元素。好的可视化设计可以快速指导人们得出结论，或者说服他们采取行动，或者引导他们提出问题。以结果为导向的数据可视化能够提升企业的竞争优势。

鉴于数据可视化的快速发展，传统的商业智能（BI）工具正在努力跟上新的需求。像 Qlik 和 Tableau 这样的具有颠覆性特点的公司不仅提供有吸引力的可视化工具，还推出了 Qlik Sense 和 Tableau Story Points 等适合讲故事的软件包。Qlik 甚至允许扩展使用许多新闻机构经常使用的基于 Web 的开源框架。随着这些可视化软件包和开源工具的成熟，作为理解数据的好方法，人们越来越重视利用可视化技术交互式地讲故事。

为什么通过数据可视化讲故事如此有效？原因是人脑具有识别视觉模式的独特能力。因为通过数据可视化讲故事加速了对复杂营运情况的了解，对于公司在不断变化的环境中努力做出科学决策并快速实施行动尤其重要。相比其他类型的信息，人类大脑更容易记住和理解故事。近年来的研究已经表明，当人们谈论事实时，只有大脑的两个区域被激活：语言处理区域和理解区域。然而，当人们听到故事时，大脑的多个区域被激活，这能帮助人们更好地消化、理解和记住数据的相关性。因此，利用故事框架和可视化来描述数据背后的意义更易于理解和令人难忘。

美国联邦紧急事务管理局（FEMA）在过去的 35 年对全国范围内的灾难进行了监控和管理，积累了大量与这些重大事件有关的数据集，但这些数据集通常存放在电子表格中，并且难以理解。通过将数据可视化，生成灾难分布图，并以最直观的地理地图方式呈现，用户可以方便地查询自己所在区域的灾难分布情况。通过将信息在区域、时间和灾害类别上粒度化，在交互式地查询过程中可以将数据的关联性呈现给受众。更重要的是，它提供了一种数据分析工具，能够形成令人非常难忘并引起好奇心的故事叙述，如"除怀俄明州外，热带风暴如何袭击整个美国""哪个县的灾害最严重"。通过数据开发故事和精心设计的可视化能够帮助受众更好地理解数据并做出更准确、更快速的决策。

制作能讲故事的数据可视化项目，需要遵循以下五个基本步骤。

（1）定义受众——了解谁将使用数据可视化。通过了解受众的背景、目标和需求，分析师可以制定相应的语言、阐述和演示风格。准确定义受众特征后，分析师能根据不同级别受众的不同需求和特征来为可视化作品添加更丰富的数据粒度。这有助于为数据可视化项目提供设计决策的依据，并建立起评判可视化设计好坏的参考基准。

（2）形成洞察——以可视化作品的受众为中心。分析师应该选择与受众的需求直接一致的最终呈现方式，并以该最终呈现方式为目标，提供支持能够描述该故事并且有针对性的数据图表。这个步骤非常有用，能直接影响设计思路，还能帮助分析师有条不紊地查找和优化数据，以及找到可能有助于解释某些专业知识的数据表达形式。

（3）考虑场景——关注数据的分享方式和地点。例如，数据是通过移动设备还是基于网络的演示或在现场受众面前进行展示的？数据可视化是由多个人协作使用还是只供单个用户使用？这都需要分析师去做决策。再如，用于向现场 1000 人进行演示的数据可视化与少数人通过网络设备观看的数据可视化不同。此外，考虑数据可视化使用的体验，预计阅读数据图表的上下文顺序能够将故事结构规划得更清晰、数据交互更顺手、结论具备更多可操作性等，这些设计决策将影响数据内容的组织和呈现的方式。

（4）选择讲故事的元素——选择适当的可视化类别或风格以传达信息。在某些情况下，数据更多地被认为是应用于探索性或解释性的工作。探索性数据可视化通常作为初始分析过程的一部分，以便通过数据获得业务的洞察力；而解释性数据可视化通常用于提供在数据分析阶段发现的洞察、模式或趋势。有时可以混合这两个类别的数据来实现特别有效的故事叙述。另一种理解方式是将数据当作客观现实或具备说服力的数字。客观型的数据可视化以一种独特的格式传达设计者的业务见解；而具备说服力的数据可视化设计致力于使用数据支持一些重要的观点，并引导受众得出具体结论。借用某些文学叙事技巧在指导视觉叙事方面尤其有用。例如，将两个数据集放在一起，可以帮助受众更容易地对利用数据可视化传达的内容进行比较，从而帮助理解。同样，在数据可视化中注入戏剧性或"视觉"反讽也可以帮助受众区分数据最初看起来的样子与最终真相之间的关系。还有许多其他可视化类别和样式也可以作为创作故事叙述的元素，就像在写作过程中将许多故事情节结构可能用到的各种叙述元素进行有效的组合一样，而选择哪种组合方式则取决于对受众的理解并知道对他们最有效的方法。

（5）组织和实践——为了将所有内容整合到一个精心组织的故事中，公司必须根据受众、洞察、背景和元素决定哪种类型的故事情节结构最适合可视化要达到的目标。构建故事的方式包括描述一个过程、讲述一个特别的事件、先描述全局然后进行细化分析等，为激发受众深度探索创造机会，或者可以创作出一个从当前状态转向未来状态的愿景。分析师还可以使用各种线下工具来帮助组织故事，如使用脚本或故事板。用户体验历程图是另一种有用的工具，可用于规划受众在观看数据可视化之前或之后的各个接触点和产生交互的刺激点。作为最后一步，分析师应该在过程中收集反馈，向测试受众呈现故事和数据可视化，并根据需要进行迭代优化。

5.2 数据可视化元素

5.2.1 表格

无论是商业报表、新闻稿，还是分析性文章或研究论文，甚至是数据可视化设计项目，好的表格都是其重要的组成部分。使用表格有助于最大限度地减少文字中的数据使用量，而且还无须讨论对故事情节不是很重要的非关键变量。

Miller（2004）在她写的一本书中，就如何设计出好的表格给出了指导性意见。

（1）让读者可以轻松快速地找到并理解表格中的数据。

（2）不要将注意力放在表格的结构上，应该以直接和自然的方式设计表格的布局和标签，将注意力放在表格想传达的意思上面。

要描述表格中包含的数据，需要有以下五个支持元素。

（1）表格标题应当针对数据给出清晰而准确的描述。标题应当回答三个问题，即"何事""何地"和"何时"。标题应简明扼要，避免使用动词。

（2）列标题，位于表格上部，用于标识表格中每一列的数据和提供相关的元数据（例如，计量单位、时间段或地理区域）。

（3）行标题，位于表格第一列，用于标识表格中每一行的数据。

（4）脚注，位于表格底部，提供所需的任何补充信息（如定义），以正确理解和使用数据。

（5）如果有必要，标注数据来源，位于表格底部，用于提供数据来源，即生产数据的机构和数据采集方法（如人口普查或劳动力调查）。

数据表格设计如图 5.1 所示。为确保表格易于理解，还应考虑以下几条原则。

（1）避免不必要的文字。

（2）显示数据时，要么按时间序列中的时间顺序，要么使用标准分类。针对较长的时间序列数据，有时使用逆向的时间排列更为合适（即先从最近的时间段开始，依次倒排），如月度失业情况。

（3）使用最少的小数位。

（4）使用千位分隔符。使用空格代替符号可以避免不同语种间翻译时可能出现的问题。

（5）对齐小数点（或在没有小数位的情况下向右对齐），以便能一目了然地看出数值的相对大小。不要让数据居中，除非它们具有相同的量级。

（6）不要使任何数据单元为空。缺失值应标识为"无法获得"或"不适用"。由于这两种情况都适合用英文缩写"NA"代替，因此需要对其具体含义加以明确。

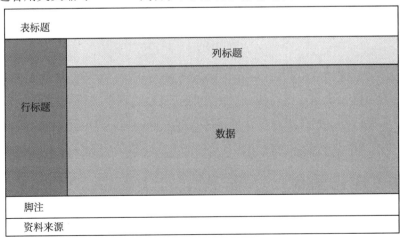

图 5.1 数据表格设计

5.2.2　柱状图

柱状图位居最常见的数据可视化方式之列。柱状图可以快速比较数据，高低点可以很清楚地看到。如果可以将数据划分为不同的类别，那么这时候柱状图尤为有效，便于快速分辨出数据所展现的趋势。

柱状图适用于跨类别的数据的比较。例如，不同类型客户的数量、按照店铺所在城市划分的销售数据、按照年纪纪划分的学生数据等。

在设计柱状图时，可参考以下技巧。

（1）在仪表盘上设置多个柱状图，阅图者无须翻阅大量的电子表格或者 PPT，即可根据图的相关信息快速得到答案。

（2）不同的条形渲染不同的颜色，便于更好地区分。用柱状图表示销售数据能够提供丰富的信息，而且使用具有区分度的色彩可以立刻带来洞见。

（3）使用堆积条形或并排条形，将关联的数据按照不同的维度同时显示，一次就可以表达多个维度的信息。

（4）将柱状图与地图相结合。某些软件可以设置筛选按钮，根据筛选的内容在地图上可以显示不同的柱状图。

（5）把条形放在轴的两侧，可以增加正负的概念和发现隐藏的趋势。

柱状图的柱子可以是垂直或水平方向的，当为水平方向时，文字更容易读认，如图 5.2 所示。在柱状图中，当数值按照由小到大依次排列时，更容易对不同的数值进行比较，而不应杂乱无章地显示。

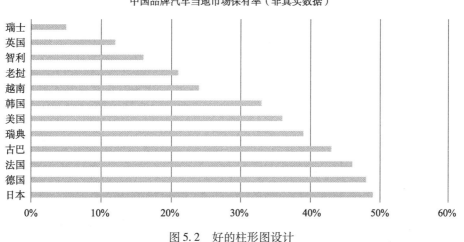

图 5.2　好的柱形图设计

柱状图中柱子的宽度应当远大于它们之间的间隔，间隔不应超过柱宽的 40%。

5.2.3　折线图

和条形图和饼图一样，折线图也是最常用的一种图表类型。折线图可连接各个单独的数值数据点，简单直接地可视化呈现时间序列数值，其主要用途是显示一段时间内的数值趋势。

折线图适用于探查数据中的值随着某一维度变化的趋势。例如，某段时间内的销售额变化、一个月内顾客的消费情况、逐季房租上涨情况等。

好的折线图设计如图 5.3 所示。在设计折线图时，可参考以下技巧。

（1）将折线图与条形图相结合。将基金日销售量的条形图和相应基金价格的折线图相结合，能够提供可视化列表，便于阅图者观看。

（2）将折线的下半部分添加阴影。如果图中存在多条折线，那么根据折线的各自走势在折线的下部涂上阴影可以构成分区图，便于阅图者了解折线各部分的相对占比。

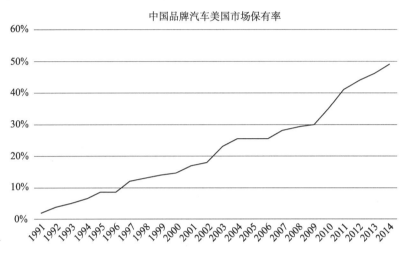

中国品牌汽车美国市场保有率

图 5.3　好的折线图设计

折线图特别适用于对数据的时间趋势情况进行可视化展示。我们可以通过调整图表参数来更好地传达信息，但是注意不要扭曲信息。

5.2.4　饼图

饼图是用来显示信息的相对比率（或百分率）的，但饼图往往遭到无节制地滥用，是误用最多的图表类型。事实上，以比例展示数据的统计图形实际上是很糟糕的可视化方式，因此可视化设计中并不推荐使用饼图。如果要比较数据，条形图或堆积条形图应该是首选。要求受众把扇形边转换成相关数据或在饼图间相互比较，会将使得数据关键意义错失，看图非常费力。

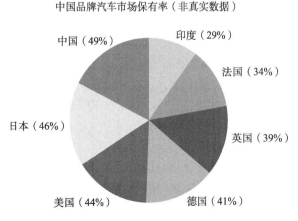

中国品牌汽车市场保有率（非真实数据）

图 5.4　好的饼图设计

饼图适用于显示比率。例如，不同部门的人数占比、学校里的建筑用途占比、零食的价格区间等。

好的饼图设计如图 5.4 所示。在设计饼图时，可参考以下技巧。

（1）把扇形边限制到六个。极端情况下，扇形边可以视扇形角度的区分度增加一到两个。一旦扇形个数过多，需要花费大量的时间去解释各部分所代表的含义。

（2）饼图和地图结合。饼图是显示数据中地理位置信息的比较有趣的一种方法。如果选择此方法，那么扇形的数量要更少、更容易理解。

5.2.5　地图

地图毫无疑问是展示地理信息数据的最直观的工具，尤其是当地图和统计数据相结合时，其功效会进一步加强。John Snow 的地图中不仅标示出了霍乱发生的地点，而且每个地点的死亡人数也用点的数目标示了出来。历史上还有不少类似的使用地图的例子，而在今天，地理信息系统（GIS）已经成为研究空间和地理数据的热门工具，地图的应用也是屡见不鲜。

需要显示地图编码的数据皆可用地图进行展示。例如，按城市划分的销售数量、按国家划分的飞机飞行图、按地理位置划分的恐怖事件、自定义经营区域等。

在设计地图时，可以参考以下技巧。

（1）把地图作为其他类型图表、图形和表的筛选条件。将地图与其他数据的图标结合起来，并将地图作为筛选条件，以便对数据进行坚实的考察与讨论。

（2）地图上可以嵌套一层气泡图。气泡图代表数据的集中程度和数量多少，以便阅图者快速理解相对数据。放一层气泡图在地图上，可以快速分辨不同数据点的地理相关性。

5.2.6　散点图

散点图通常用来展示两个变量之间的关系，这种关系可能是线性或非线性的。散点图中每一个点的横纵坐标都分别对应两个变量各自的观测值，因此散点所反映出来的趋势也就是两个变量之间的关系。散点图是大概了解趋势、集中度、极端数值的有效方式，可指导受众应该把考察工作着重在哪一方面。

散点图适用于考察不同变量之间的关系。例如，男女在不同阶段开始叛逆期的可能性的比较情况、年轻人和年龄较大的人对智能产品的接受程度等。好的散点图设计如图 5.5 所示。在设计散点图时，可参考以下技巧。

（1）添加趋势线/最佳拟合线。添加趋势线可以使阅图者更容易看出数据之间的关系。

（2）加入筛选条件。通过给散点图添加筛选条件，可快速搜索不同细节与画布，从而发现数据中的模式。

（3）使用信息丰富的标记类型。通过这种技巧，阅图者可以更加直观地区分数据的类别。

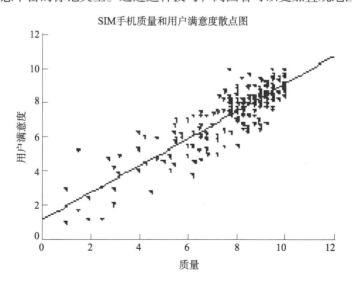

图 5.5　好的散点图设计

5.2.7 其他常见图

图还有许多种,下面列举几种常见的图。

(1)甘特图。

(2)气泡图。

(3)直方图。

(4)热点图。

(5)树形图。

(6)箱型图。

(7)条件密度图。

有兴趣的同学可以继续了解这些图形的使用场景。

5.3 数据可视化设计原则

企业使用数据可视化通常有两种方式:①作为辅助分析的工具;②作为沟通讲故事的工具。

在分析任务中,分析师将可视化当作分析工作的探索工具。在分析过程中,分析师通常需要尝试许多不同的方法并提出许多不同的分析问题,记住数据细节不是分析师优先的事项。由于可视化工具通常会提供书签或其他方式帮助分析师记录关键洞察,因此分析师只需要记住关键洞察就可以了。分析的目的几乎总是为了获得洞察力,可视化技术也极度简化了分析的过程,帮助分析师更快、更好地进入更有价值的分析工作中。

除纯粹的探索性分析外,还有一种设计可视化的方式,通常称为混合的引导分析。这种方式可以通过数据分析来指导,将用户指向数据中可能感兴趣的特征,或者通过预先设定好的数据可视化的使用流程与动作将用户引导到相关的结论。这种经过精心布置的分析类型的一个典型例子是根据一定的标准选择智能手机或相机等消费产品,通过一系列步骤引导用户选择感兴趣的标准,同时也允许用户探索其他可能的选项。

当可视化设计人员为业务经营专家或决策者设计可视化作品时,通常会在可视化中提供能引发最终用户思考和继续发掘与分析的线索。例如,针对气候模型的相似性创建的可视化,可以提供关于哪些气候现象相似和哪些气候现象不相似的初始模型概述,可以刺激科学家去发掘更多相关的信息,以进一步深入研究这些气候模型相似或不相似的原因。除洞察力外,以分析为目的可视化作品还可以激励使用者做出正确的决策。

以演示为目的的可视化作品的目标与以分析为目的的可视化作品非常不同,因此需要不同的技巧和策略。以演示为目的的可视化主要是为了传达一组信息,让用户记住它们的关键点。演示文稿需要以令人难忘的方式向用户提供信息,使用大量类似的图表不太可能被用户记住,因此需要对可视化的样式和格式进行精心选择,甚至可能包含煽动性用语,还可能包括装饰性的图像等,以帮助创建上下文。除向行业专家提供信息外,以演示为目的的可视化也可以在公众中传播社会或政治意识。典型的案例是记者为公众和政策制定者设计可视化。

为了保证可视化作品的质量,在设计中需要遵循以下五个设计原则。

（1）自上向下。

（2）数据变化。

（3）可引发业务部门提出问题。

（4）一致性。

（5）美观易懂。

1. 自上向下

自上向下是数据分析领域较为常见的原则，该原则要求把一个可视化需要回答的最大和最终的业务问题当成树干，然后开始考虑这个最大和最终的业务问题和哪些相关的其他业务细节问题或子任务有关。通常，这样的分析层次会有两层以上，每一层的业务细节问题都必须与上一级的直接相关。比如，销售额的变化与顾客数量和顾客的客单价直接相关，因此顾客数量和顾客的客单价就可以作为分析销售额变化的下一个层次。而顾客的年龄、收入、喜好等画像指标与顾客直接相关，只能作为分析顾客的下一个层次，不能作为销售额变化的下一个层次。在可视化设计过程中，分析师需要厘清自己的思路，不进行重复和无关的思考，保证最终用户在使用可视化产品时能顺着预先设定好的分析层次和思路获得有效的洞察。

2. 数据变化

数据可视化最常见的用途可能就是展现数值是如何随时间推移而变化的。比如，1960年以来中国人口如何增长；2008年经济危机以来失业率的居高不下等。当然，数据可视化对随时间推移产生的变化也可以通过其他图表形式来展示。华尔街日报发布的一个图表展示了100位企业家获取5000万美元的收益所需要的时间。100位企业家均被描绘成飞机，他们相互之间的对比关系通过飞机起飞轨迹来表示，他们或快、或慢、或沉重。

"U. S. Gun Deaths"（https：//guns. periscopic. com）是将过去系列文章中出现过的美国因枪支而死亡的人进行统计并可视化的网站。如图 5.6 所示，该可视化作品采用动画的方式将死亡年龄和预测年龄放在一起进行比较。每一条数据线的灰色代表一个人原来可以活到多少岁，但因为枪支却提前死亡了，死之前用橘色表现。一开始只是一两条数据线来让用户说明数据线的含义，然后突然加快速度，若干数据线一起出现，每条数据线的颜色汇集在一起，从而直观地表现出因为枪支死亡的是中青年。可以想象，如果只是简单地用一些折线图来表现，对观看者的触动就没有现在这么大，也达不到提醒人们对枪支管理进行反思的目的。

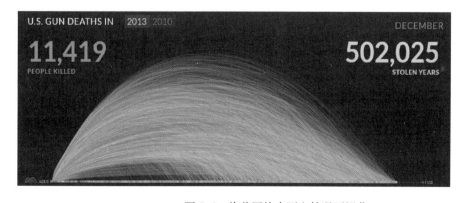

（扫码看彩图）

图 5.6　将美国枪击死亡情况可视化

葡萄牙研究人员佩德罗·克鲁兹（Pedro M. Cruz）使用动画环形图戏剧性地展示自 19 世纪初以来西欧帝国的衰落。就人口而言，代表英国、法国、西班牙和葡萄牙的不同规模的气泡在海外殖民地纷纷独立的情况下而相继爆裂开来。爆裂开来的气泡从墨西哥、巴西、澳大利亚、印度等地涌出。通过动画可以清晰地看到，20 世纪 60 年代初出现的大量非洲殖民地的独立几乎耗尽了代表法国的气泡。

而数据的变化本身对用户来讲也是非常重要的。如果数据可视化的设计缺乏了数据的变化，想象一下，当用户在看到这个作品的时候，在以后很长的时间内都不会看到任何数据的变化，那么用户在很长的一段时间内都没有必要再回来看或观察这个数据可视化作品。因此，数据可视化作品的使用价值就会大大地打折扣。分析师在设计数据可视化作品的时候需要了解最终用户的使用习惯，也就是说最终用户对数据变化频率的要求对于设计可视化图表来表达数据的变化是至关重要的。例如，当最终用户希望看到每周变化的时候，就需要有每周变化的数据通过数据可视化表达出来。假设受源数据的局限，在数据可视化设计当中无法引入快速变化的数据，那么至少要利用上述通过时间变化或通过动画的形式来表达数据的变化，这样才能够最大限度地吸引最终用户的注意力。

3. 可引发业务部门提出问题

任何可视化的作品都有一定的目的性。在商业企业当中有很多的营运部门，设计可视化作品的时候需要回答营运部门各自关心的问题，这些问题可能是关于销售的、营销的、广告效率的，或者是用户的经营效率的问题。为了回答经营部门提出的这些问题，就需要在可视化作品中采用恰当的元素，强调数据分析的层次性和逻辑性。这个层次性和逻辑性主要是为了一步步地将营运部门用户带入一个能够引发其好奇心并使其不断探究问题的过程。

简单来讲，通过数据分析来探究业务问题的过程可以归纳为"3W"：

（1）What——发生了什么；

（2）Why——为什么发生；

（3）So What——到底应该怎么干。

"发生了什么"就是帮助业务部门了解现在的业务经营情况，通过强烈的对比或数据的变化来表达目前经营状况的一个现状。需要注意的是，因为需要抓住用户的注意力，所以在可视化表达的呈现方面需要更多地关注数据引发的冲突是否能够让业务部门感觉到它的业务出现了问题，或者还有可以优化的空间。

"为什么发生"是为了回答业务部门提出的问题，告诉业务部门现在的这个经营状况可能是由什么样的原因造成的。通常在可视化的设计当中，紧跟着能激发业务部门提出问题的可视化图表之后的应该是围绕这个问题的下一相关层次数据的展现。

例如，如果需要表达由于客户数量的下降或客户的流失导致了销售的变化，可以在设计上将销售额和客户数量这两个随着时间变化的曲线并列在一起，来引发业务部门探究问题的欲望。这样的可视化表达方式不仅能够让业务部门提出问题，同时也能够回答一部分"为什么发生"。

"到底应该怎么干"是业务部门使用可视化产品的最终目的。通常，由于可视化能提供的分析手段不如手动分析那么丰富，它帮助业务部门了解接下来如何干还比较困难。但还是有一些比较好的可视化作品能够做到，能帮助业务部门了解如何进行下一阶段的优化和改进。例如，Uber 的城市运营团队需要了解一个当前供求分布的及时信息，并获取聚合数据来理解每个城市的市场以便于合理策划市场营销活动。用数据可视化讲述 Uber 的故事的方法有很多种，如可以探索 UberPool 是如何让城市交通变得更高效的。通过数据可视化可以显示每个没有使用 UberPool 的街区的车流量情况，这表明了 UberPool 可以通过减少车流量让城市变得更加智能化。

4. 一致性

人类的大脑很擅长比较长度的不同，但前提是物体有一个共同的参照系。如图 5.7 所示，目的是比较条形图中的各个柱体的长度。尽管两幅图中都有垂直于柱体的标签和刻度线，右图通过将所有柱体从同一参照点开始，简化了我们大脑处理这个问题的流程。一致对齐原则使我们的大脑可以专注于长度而不需要受到不同起始点的困扰。

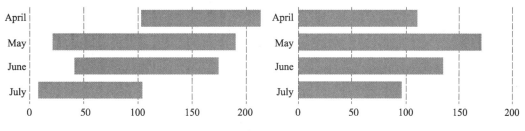

图 5.7　参照系的一致性

有时会在同一张图表里展示两组数据，如双折线图或双条形图，只要坚持一致性原则就都是可以的。例如，使用条形图比较中国消费者在美国和欧洲购买不同品牌奢侈品的花费区别。这张图要比较的不仅仅是代表各个品牌的柱状的长度，还有另一个因素需要考虑进来，即双纵轴的单位。如果双侧分别显示的是美元和欧元单位，要想准确地比较两者的区别，就需要将美国消费与欧洲消费情况的汇率进行转换，即换算成一致的单位，这就是数据单位的一致性。

另外一种数据单位的一致性是指在不同的图表之间使用数据的单位也是需要一致的。例如，当一个可视化作品使用一个以月为单位的销售额的折线图时，那么在设计其他的图表时也需要以月为单位来计算数值。因为可视化设计是为了解答业务部门的问题的，如果业务部门提出的问题是跟月度相关的，那么接下来很多其他下一层次的指标的分析和表达都需要以月度为单位。这样的一致性主要是为了避免用户在阅读过程中出现烦琐的单位转换，从而降低可视化的理解效率。

5. 美观易懂

可视化应该要给人浑然一体的感觉，既能传递信息，又能吸引人。就像建筑，有的建筑师可能仅专注于结构，而不是审美；也有的只注重审美，而忽视结构。仅有少数的伟大建筑师能够真正创造出兼具结构与美感的建筑。可视化也有美丑之分，不美观的数据图无法吸引用户的注意力；美观的数据图则可能会进一步引起用户的兴趣，提供良好的阅读体验。有一些信息容易被用户遗漏或遗忘，但通过美好的创意和设计，可视化能够给用户更强的视觉刺激，从而帮助信息的提取。

除美观性外，易懂性是可视化设计中另一个需要关注的方面。为了满足用户易懂的要求，需要考虑以下几个因素。

（1）实用性（Usefulness）——衡量实用性的主要参照是用户的需求，看看这是不是人们想要知道的、与他们切身相关的信息。

（2）完整性（Completeness）——有效的数字可视化应该要纳入所有能帮助用户理解业务的信息。有三点要把握好：一是给出对的信息；二是信息的量切勿过多或过少；三是要给出数据的背景，方便用户了解这些数据的用处和来龙去脉。

（3）可理解性（Perceptibility）——要让可视化易于理解和消化。接受度高的可视化能使用合理的表格或图形元素，辅以符合阅读习惯的逻辑呈现，使数据清晰明了。例如，让用户通过形状大小或颜色深浅来量化比较数值的差别，都不如位置远近或长度更一目了然。

（4）真实性（Truthfulness）——可视化的真实性考量的是信息的准确度和是否有据可依。如果信息是能让人信服的、精确的，那么它的准确度就达标了。例如，在一个柱状图里，A 的数值是 B 的两倍，但是 A 对应的柱形条的长度却并不是 B 的两倍，这个可视化便不可信。而用国民收入的平均值来衡量幸福感，也没有依据。

（5）直观性（Intuitiveness）——通常，某种图表如果是司空见惯的，用户就更容易快速理解其数据图表所表达的意义。但直观性因人而异，对于分析师来说，读数据轮廓图只是小菜一碟，但对于一般人却不够直观。

（6）用户参与度（Engagement）——用户的参与是对可视化质量的一种表现。能够让用户大量使用可视化分析的设计一定是充分满足了用户的要求。

（7）可记忆（Memorablility）——可视化的目的是让用户拿走一些东西。因此，至少有一些事实需要足够令人难忘才能让用户"坚持"使用可视化。分析师需要了解什么才能让用户"坚持"？是特殊的指标、趋势、总体指标，还是使用了不寻常的视觉设计？

5.4 DataV 设计

相比于传统图表与数据仪表盘，如今的数据可视化致力于用更生动、友好的形式，即时呈现隐藏在瞬息万变且庞杂数据背后的业务洞察。在零售、物流、电力、水利、环保、交通等领域，通过交互式实时数据可视化视屏墙来帮助业务人员发现、诊断业务问题，越来越成为大数据解决方案中不可或缺的一环。DataV 旨让更多的人看到数据可视化的魅力，帮助非专业的工程师通过图形化的界面轻松搭建专业水准的可视化应用。

1. 功能介绍

DataV 有如下几种功能。

（1）提供多种可视化场景模板。提供运营动态直播、数据综合展示、设备监控预警等多种场景模板，稍加修改就能够直接服务于多种可视化需求。

（2）拖拽式界面布局。通过拖拽即可实现灵活的可视化布局，在模板的基础上任何人都能够发挥创意，实现多种可视化应用。

（3）动态地理绘制。以 WebGL 技术作为支撑，能够绘制海量数据下的地理轨迹、飞线、热力、区块、三维地图/地球，支持多层叠加。

（4）应用在线分享。创建的可视化应用能够发布分享，没有购买本产品的用户也可以访问应用，并能够通过 URL 参数控制数据变量，让不同的用户看到不同的数据页面。

2. 典型架构

1）数据综合呈现

数据综合呈现如图 5.8 所示。

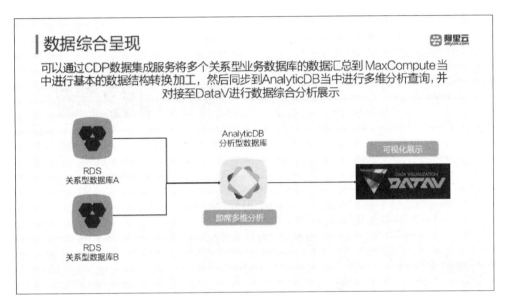

图 5.8　数据综合呈现

2）实时数据运营

实时数据运营如图 5.9 所示。

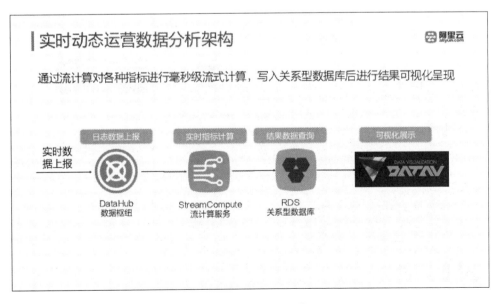

图 5.9　实时数据运营

3）设备异常检测

设备异常检测如图 5.10 所示。

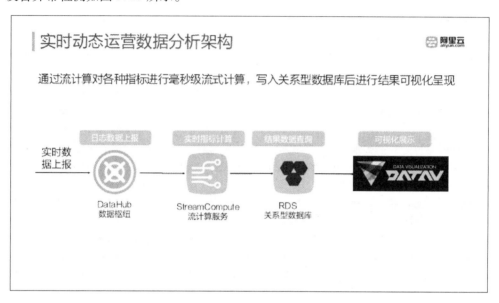

图 5.10　设备异常检测

4）系统日志检测

系统日志检测如图 5.11 所示。

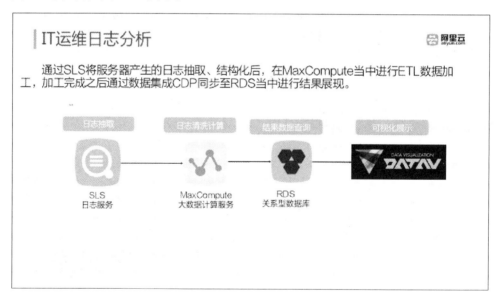

图 5.11　系统日志检测

5.5　BI 报表设计

QuickBI 提供海量数据实时在线分析，拖拽式操作和丰富的可视化效果可以帮助用户轻松自如地完成数据分析、业务数据探查等操作。它不只是业务人员"看"数据的工具，更是数据化运营的助推器。

QuickBI 有如下几种功能。

（1）丰富的数据可视化效果。系统内置柱状图、线图、饼图、雷达图、散点图等 20 多种可视化图表，满足不同场景的数据展现需求，同时自动识别数据特征，智能推荐合适的可视化方案。

（2）海量数据实时分析。平台支持 RDS、MaxCompute（原 ODPS）、AnalyticDB 等多种云数据源，支持海量数据的在线分析，无须提前进行大量的数据预处理，大大提高分析效率。

（3）多维数据分析。基于 Web 页面的工作环境、拖拽式的类似于 Excel 的操作方式、一键导入、实时分析等，可以灵活切换数据分析的视角，无须重新建模。

（4）智能加速引擎。独有的一键查询加速功能，亿级数据秒级响应，一键操作，流畅地进行海量数据分析。

（5）灵活的报表集成方案。可以将阿里云 QuickBI 制作的报表嵌入到自有系统里，直接在自有系统访问报表，并实现免登录。

（6）严密的权限管控。基于阿里云账户体系的权限管控方案，多层次校验，确保云上数据安全。

数据项目质量控制

6.1 数据质量控制理论

对与数据质量有关的问题的调查研究可以追溯到 20 世纪 60 年代后期，Fellegi 和 Sunter 提出了一个处理重复数据的数学理论模型。早期数据质量的理论体系还未被广泛接受。直到 1990 年，越来越多的数据被存储在数据库和数据仓库系统中，数据的质量才被纳入计算机科学考虑的范畴。越来越多的人意识到，糟糕的数据质量是导致大数据项目失败的主要原因之一。虽然理论界和工业界对数据质量有多种定义，但数据质量仍然没有一个统一的正式定义。从大量的文献中可以发现，数据质量可以定义为"适用性"，即数据满足用户需求的能力。这个定义的性质意味着数据质量的概念是相对的。

"从根本上讲，数据是存储在计算机系统中用来反映现实世界的抽象对象；从用户角度讲，数据质量的问题取决于用户是否能在实际中有效地使用计算机系统中的数据。"

关于以上这段话，有两个隐含的含义。

（1）如果一个数据集可用并且质量已经尽可能好了，那么除使用该数据集外，不应该再做其他选择。

（2）同样的数据集，在一种使用场景下被认为是质量良好的，但可能在另一种使用场景下其质量完全无法满足要求。

一个典型的例子，某公司在数据库里存储的财务数据以元为单位就已经可以满足绝大多数使用场景的需求，而审计师要求财务数据必须以分为单位以保持数据的精确度。也就是说，现实中的企业必须根据业务需求或业务规则来确定数据是否具有良好的质量。

6.1.1 数据质量的五个维度

一般来说，数据质量可以用称为数据质量维度的一组特性或质量属性来测量或评估。常用的数据质量维度包括一致性、唯一性、准确性、完整性和时效性。

表 6.1 数据质量的五个维度

数据一致性	表示现实世界实体的数据是有效且完整的，它的目标是检测出数据中存在的不一致或冲突
数据唯一性	在数据库表中，每一个元组代表一个唯一的事件，不能重复，无论数据看上去是否有所不同
数据准确性	数据库中的值和它所表示的实体实际值的接近程度
数据完整性	与业务相关的数据全都采集到了吗？是否缺失元组的某些属性值，或者是直接缺失某些元组
数据时效性	数据及时更新了吗？哪些是当前的值，哪些是过期的值

1. 数据一致性（Data Consistency）

数据一致性的定义为：如果数据满足数据集合中的所有约束条件，则认为数据集与数据模型约束条件集一致。

为满足特定需要，数据部门可以独立地设计和维护一个数据库。不同数据库中相同实体 e 的相同属性 a 的值 v 可以以不同格式呈现并以不同单位测量，这在实际的数据库实践中是可能发生的。但是，当这些数据库被集成在一起时，就会出现不一致的问题。

2. 数据唯一性（Data Deduplication）

保证数据唯一性的目标是找出那些表面上看上去不太一样，但实际上是指现实世界同一个实体的元组，可以在单个关系表中，也可能跨关系表。如表 6.2 所示，元组 4、5、6 看上去可能是同一个人，但在另一个关系表中，如果吴圆圆和李圆圆有相同的 E-mail 地址，那么这种可能性就会很大。保证数据唯一性很有意义：在数据清洗（Data Cleansing）过程中需要去除重复记录；在数据集成中，分析师需要判断来自不同数据源的相同元组，从而对隶属于它们的信息进行融合；在主数据管理（Master Data Management）中，它帮助分析师找到输入元组对应的主数据。

表 6.2 顾客信息记录表

id	名	姓	城 id	省 id	电话	地址	城市	邮编	收入	婚姻
1	小二	阮	44	131	null	江城路	杭州	310014	60K	单身
2	小五	袁	44	131	12345677	建国路	杭州	310014	96K	结婚
3	小七	张	1	908	79988899	之江路	杭州	310001	90K	结婚
4	圆圆	吴	1	908	79988899	之江路	南京	310001	50K	单身
5	圆圆	李	1	908	79988899	之江路	南京	310001	50K	结婚
6	圆圆	李	4	131	78654321	江城路	大连	280012	80K	结婚

3. 数据准确性（Data Accuracy）

假设数据被定义为三元组 < E，A，V >，其中 E 的取值 e 表示实体，A 的取值 a 表示实体的属性，V 的取值 v 是属性 a 的域中的一个取值。假设实体 e 的属性 a 的正确的值是 v'，则数据准确性代表的意义为：数据获取时得到的取值 v 与 v' 之间接近程度越高，数据的准确性越高。

数据的准确性问题可以分为两种情况：（1）语法准确性问题——数据本身的数值错误；（2）语义准确性问题——数据代表的意义错误。

如果数据的值 v 与正确的值 v' 相同，则该数据被认为是准确的或正确的。如表 6.3 所示，学生 002 的属性"Name"的值 v 是"Elizbeth Fraser"，而不是正确的值 v' "Elizabeth Fraser"，这种情况下，这个数据记录是不准确的，从而导致数据的准确性问题。"Elizbeth Fraser"的拼写错误属于语法准确性问题。

表 6.3 学生记录表

No.	Name	Sex	Supervisor	R. D	G. D
001	Mark Levison	M	John Smith	2000 – 10 – 1	2003 – 9 – 1
002	Elizbeth Fraser	F	H. Winston	2001 – 10 – 5	NULL
003	Jack Daniel	F	Alex Smith	2002 – 3 – 4	2006 – 9 – 1
004	Catherine Yang	F	Thomas Lee	2005 – 4 – 2	2009 – 9 – 21

语义准确性问题是指数据值 v 本身在语法上正确，但是代表了与 v' 不同的含义的情况。例如，表 6.3 中的学生 003，如果在 "Supervisor" 字段中输入学生姓名 "Jack Daniel"，在 "Name" 字段中输入 "Alex Smith"，那么数据的关系反了，则导致了语义准确性问题。在这个例子中，数据在语法上是准确的。

4. 数据完整性（Data Completeness）

数据完整性是指数据集合对现实世界中实体的所有属性进行描述的完整程度。完整程度可以基于三个层次来测量：元组完整性、属性完整性、关系完整性。元组完整性描述的是数据记录的可用值占元组属性总数的百分比。例如，在表 6.3 中，学生 001、003 和 004 的记录都包含每个属性的值，这些记录的元组完整性是 $6/6 = 1$。而学生 002 的记录元组完整性是 $5/6 = 83.33\%$，因为学生 002 的毕业日期（G. D）缺失。

属性完整性描述的是数据列中非缺失值占此列中的记录总数的百分比。例如，在表 6.3 中，毕业日期（G. D）完整性为 $3/4 = 75\%$。

关系完整性描述的是整个表中所有非缺失值占此数据表中数据总数的百分比。例如，在表 6.3 中，数据的关系完整性为 $23/24 = 95.83\%$。

5. 数据时效性（Data Currency）

数据库中的某些数据始终是静态的，不会因为时间的改变而变化。例如，通常一个人的生日、出生国家、肤色在这个人的整个生命中不会改变。相比之下，其他数据，如年龄、地址、人的体重可能随着时间的推移而改变。数据时效性就是为了评估与时间相关的数据的质量问题。如果数据在时间 t 是正确的，则该数据被认为在时间 t 是最新的。如果数据在时间 t 不正确，但在 $t-1$ 时刻是正确的，则该数据在时间 t 是过时的。

例如，假设史密斯先生直到 2008 年年底都一直住在北京。在 2009 年，他因为工作关系搬到上海。这时史密斯先生的居住地址也应该更改，即当他在 2009 年搬到上海时，史密斯先生的居住地址在数据库的数据取值应该更改为他在上海的地址。通常，在大多数的数据库或数据仓库项目中的数据的时效性问题是非常严重的。

6.1.2 脏数据类型

上一节介绍了数据质量的五个维度。在这五个维度下，脏数据的表现形式多种多样。和数据质量一样，业界并没有统一脏数据的分类标准。关于脏数据的分类，以及对影响数据质量和导致脏数据的分类的识别问题（脏数据类型），有很多研究人员对其进行了深入研究。

有些研究集中在脏数据对业务的影响，而有些研究集中在脏数据本身的类型。数据清理是一个劳动密集、耗时且昂贵的过程。在实践中，当考虑企业的需要的时候，根据理论上的脏数据分类标准来清洗所有脏数据类型是不现实也不符合成本效益原则的。例如，一个企业可能只清洗特定的脏数据类型来满足一些特定的需求。在实际操作中，问题就变成了企业如何根据它们不同的业务需求来选择数据处理的方式。比较合适的方式是，将一些处理规则和脏数据的类型结合起来，给数据分析人员提供指导，才能真正帮助他们在实际中做好数据处理工作。

1. 数据质量规则

大多数数据质量问题不是简单地违反了数据库的完整性约束，而是由于数据在采集或后期处理过程中没有很好地反映复杂的业务事实。违反数据质量规则往往会使数据质量变差。

数据质量规则是根据一个企业的业务逻辑制定的，因此反映了该企业的业务现实。数据质量规则反映了企业是如何准确记录业务流程、监管、管理，以及企业遵守法律和其他法规等日常事务的。通常，企业的业务专家定义和拥有数据质量规则的管理权，IT 专业人员往往只是负责实现。这些数据质量规则独立于任何 IT 技术，也不受所谓的数据流控制程序的限制。

这里有一个误区，人们常常觉得数据质量规则是嵌入式系统中的代码，因此应该由 IT 部门定义。随着业务的发展，企业需要在不同的地区开展业务以适应不断变化的业务环境，以及增加与业务相关单位的互动，其业务流程就会变得愈加复杂。在没有确定数据质量规则的情况下，企业想要高效地管理业务流程是十分困难的。随着商业的实践行为或企业战略的频繁变化，数据的应用程序很难快速做出反应以适应这些变化。深藏在信息系统里的规则既不灵活也不容易被修改，因此，在这样的环境下，常规的数据质量规则无法给企业提供完全的控制能力。

理解了企业业务的发展会对数据质量规则产生影响的现实，企业可以将数据质量规则看作业务预期的反映，而数据质量的提高是为了和业务预期保持一致。将基于数据质量规则的控制流程集成到业务流程里，企业的管理者可以衡量目前的数据质量是否很好地满足了自己业务发展的需求。因此对企业来讲，数据质量规则在提高数据质量方面发挥着重要的作用。

在这个理论体系里，根据数据质量规则，脏数据被定义为打破任何预定义的数据质量规则的有缺陷的数据。基于数据质量规则的描述，数据可以被判定是否为脏数据。在判断一个数据值是否为一个合格的数据时，结合数据质量规则中定义的数据范围或逻辑就可以很快找到脏数据，进而采取措施来提高数据的质量。

根据数据质量规则来指导清理脏数据的方法有助于将数据处理从业务逻辑分离出来，同时提供了一种在不同的业务环境中能应对不同需求的解决方案。另外，该方法能帮助企业根据自己的业务优先级来处理最重要的数据质量问题，而不是将所有的数据质量问题放在一起处理。这有助于企业降低数据清理任务所带来的昂贵成本。

在这个数据质量体系结构里，我们提出了一个关于数据质量规则的理论体系，并在后面的小节里进行详细的讲述。数据质量规则表如表 6.4 所示。

表 6.4 数据质量规则表

规则目录	数据质量规则
业务规则	唯一关系规则
	多角关系规则
	实体可选性规则

续表

规则目录	数据质量规则
业务属性规则	数据继承规则
	数据域规则
数据依赖规则	实体关系规则
	属性依赖规则
数据有效性规则	数据完整性规则
	数据正确性规则
	数据准确性规则
	数据精度规则
	数据独特性规则
	数据一致性规则

2. 脏数据类型

根据表 6.4 中的四个不同的规则类别获得四组脏数据类型，对每组脏数据类型的详细介绍如下。

1）业务规则相关的脏数据类型

业务规则定义了满足业务实际的三个主题的数据质量规则，即唯一关系规则、多角关系规则和实体可选性规则。其中，对脏数据类型的解释如下。

（1）多角关系问题：多角关系是指关系的度，即一个业务实体可以与另一个业务实体产生关系的次数。例如，Employee 表里员工的总数量并不等于所有 Department 里的员工总数量之和。

（2）递归关系问题：有时候，两个实体之间的关系可能不是简单的单向关系。例如，在一个大学中，一个人可能负责管理其他人员，而被管理的人员也可能同时管理另外的人员。这些信息被记录在表 People（ID，Name，Supervise）中。假设在表中有个名为 Jack 的人管理 Rose，同时 Rose 也管理 Jack，这种递归关系就可能是质量问题。

（3）选项关系问题：选项关系约定了两个业务实体一起出现的最小次数。例如，网上零售商，当客户下单的时候，该客户购买的商品和快递的地址必须同时在 Delivery 表里出现，如果在数据表里出现地址缺失则属于质量问题。

（4）数据元组存在但在相关表里没有引用：例如，一个关系在数据表里有记录，并有一个主键，但该主键在其他相关表里却不存在。

2）业务属性规则相关的脏数据类型

业务属性规则约定了数据继承规则和数据域规则。

（1）数据集合问题：枚举数据类型的值应在容许的范围之中。例如，假设"城市"属性的允许数据值为（伦敦、爱丁堡、曼彻斯特、伯明翰），那么"纽约"就是不允许的。

（2）数值范围问题：假设客户的年龄在数据库中被定义为"1 < = 年龄 < 130"，那就不允许在表中输入一个值为"0"或"135"的数据。

（3）数据值约束问题：当一些约束用来规定数据值时，则数据值应符合这些约束。约束可以用来调节一段数据或多个数据值，如一个医学实验需要参与人的年龄低于 30 岁（包括 30 岁），那么"年龄"属性的约束就是" < = 30 岁"。如果发现数据中的年龄值为

"35"，那么就有质量问题。

（4）使用错误的数据类型：当一个属性的值，如"名称"应该是一个字符串数据类型时，就不能给它赋值为数值类型。

（5）违反语法：当属性的数据值不符合预先定义的模式或格式时，就是违反了语法。例如，当"日期"属性的格式定义为"DD／MM／YYYY"时，则值"2010－03－05"就是错误的。正确的值应该是"05/03/2010"。

3）数据依赖规则相关的脏数据类型

数据依赖规则适用于两个或两个以上的业务实体或业务属性之间的数据关系。以下是这一组的脏数据类型。

（1）违反数据关系的约束：例如，被分配到某个项目的一名员工是不允许参加培训项目的，即这个员工的数据不应该出现在培训数据表中。

（2）自相矛盾的数据：一个属性的某个值会对另一个属性的值产生决定性影响。例如，假设一笔贷款已经放贷并标记上"贷出"时，那么贷款金额的值就必须大于零。

（3）相关属性间的数据错误：这个问题发生在一个属性的值被同一业务实体或不同但相关的业务实体中的一个或多个属性的值限制的情况下，如一个部门年度费用的值受到部门不同费用的总和的限制。

4）数据有效性规则相关的脏数据类型

数据的有效性规则管控着数据值的质量，脏数据类型如下。

（1）缺失元组：实体完整性要求对业务实体的所有实例有完整的保存，即所有记录都存在表中。

（2）缺失值：要求业务实体的所有属性包含所有允许的值。在这里，null 值与缺失值是不同的。当一个数据集的属性有一个"允许空值"的约束时，null 值表示"未知的或不存在的值"，而一个缺失值只是表明一个属性的值未存在。

（3）无意义的数据值：属性的数据值必须是正确的并能反映属性的意义。当数据值超出了属性的范围，这个值就是一个毫无意义的数据值。例如，"地址"属性的值被定义为一组字符类型，反映出一个人在现实世界中的地址。如果数据值"£％S134 美元"被插入表中，那么它就是没有任何意义的无效地址数据。

（4）无关的数据输入：例如，在一个名称字段中同时添加了地址和姓名。

（5）数据元素缺失：例如，一部分邮政编码缺少"邮政编码"属性，即"5DT"是"EH10 5DT"的缺失数据元素。

（6）数据输入错误：例如，当学生的真实年龄是"27"时，就不应该输入"26"。

（7）输入错误字段：例如，一个人的名字被输入到其地址字段中。

（8）违反唯一性：例如，假设表 Employee（emp-no.，name，emp_nin，dob）的主键为 emp_no。虽然员工表中 emp_no 的值的唯一性得到了保证，但这并不意味着每个员工的数据是唯一的。例如，一个人可能有两个记录，两个截然不同的 emp_no，但身份证号码的值相同。

（9）错误指向：指一个属性的值是错误的，尤其当这个值是 id 时，会被错误引用从而导致违反数据依赖性原则。

（10）过时的值：要求数据值必须符合现实世界中当时的状态。如果不符合，那么它的值是一个过时的值，因为它并不代表其在现实世界中的真实状态。

（11）不精确：通常要求业务属性的所有数据值必须尽可能与业务需求的实际数据一样精确。假设一个财务状况的审计分析要求数据值的精度是分，如果该值是基于单位元，那么数据就是不精确的。

（12）模糊的数据：数据实例使用缩写，有时可能会出现不符合属性意义或模棱两可的含义。例如，当一个缩写词"MS"是用来代表一个公司的名字时，很难判断它所代表的是"摩根士丹利（Morgan Stanley）"（全球金融服务公司）还是"微软"（全球软件公司），最糟糕的是这两个公司已经记录在同一数据源中。

（13）拼写错误：例如，"John Smith"的输入值为"Jonh Smyth"。

（14）重复记录：通常数据库要求每个业务实体必须有唯一实例。发生重复记录的情况是，当一个人的名字和地址从不同的渠道收集时，那就有可能在数据库里发生重复。

（15）数据记录不一致：不一致的数据在单/多数据表中都存在。例如，在不同的数据表中，数据值本应相同的人的地址记录可能有所不同。假设这个人只有一个有效地址，那么这些记录就属于不一致记录。

（16）相同数据的不同表示：除了记录不一致，整合数据源的时候也可能出现数据冲突。通常，不同数据源的开发和维护是独立于具体的服务需求的。当整合这些数据源的时候，由于对相同数据有不同的表示，问题就出现了。具体而言，这些差异可能是由于缩写、特殊字符、子序列、测量装置、编码个数、聚合水平和别名而造成的。

本小节介绍了基于规则的脏数据分类方法。这种分类方法包括了 28 种不同的脏数据类型。将脏数据类型和数据质量规则相结合有很多好处。比如，它为不同业务环境中的不同要求提供了便捷的解决方案。这使得业务逻辑和实现逻辑相分离。这种方式可以让数据分析人员聚焦在数据质量规则上，而不受业务变化或数据清洗技术的影响。

6.2 评估数据的质量及其对项目的影响

在数据分析项目的实施过程中，数据的质量会对项目的质量起到决定性的影响，因此需要认真对待。但根据数据质量的通用定义，数据质量的问题从根本上讲，是存储在计算机系统中用来反映现实世界的抽象对象的；换句话说，用户如何在实际中使用计算机系统中的数据决定了数据质量的问题。

分析项目的目的和手段非常不同，传统的数据质量标准只能对数据分析过程中的质量控制起到参考作用，并不能直接指导分析师完成项目。在数据库里，一个完美的数据对分析师来讲，可能由于它没有反映分析场景需要的现实世界，那么该数据还是有质量问题的，但这只不过是在项目范畴下的质量问题罢了。因此，有必要详细讨论在数据分析项目下，数据质量是如何被评估的。

6.2.1 数据如何创造价值——DIK

企业或机构组织在采集数据时，通常是为了管理业务，或者是因为监管部门的要求。在收集数据的过程中，需要建立数据库系统。虽然 IT 系统的成本逐年下降，但考虑到数据的爆炸式增长导致数据存储的量和复杂程度也在提高，所以数据管理的成本并不低。随着对数据的使用要求越来越高，对系统的要求也越来越高，成本自然也在上升。许多企业可能对使用数据的收益有所怀疑。这就有必要对数据的知识处理的本质有所了解。

DIK（基于数据的知识处理流程）由三个阶段组成：数据收集阶段（DATA）、信息提取阶段（INFORMATION）、知识获取阶段（KNOWLEDGE）。

业界有一个共识，这样的知识处理流程不是单向的，而是一个循环的过程，如图 6.1 所示。

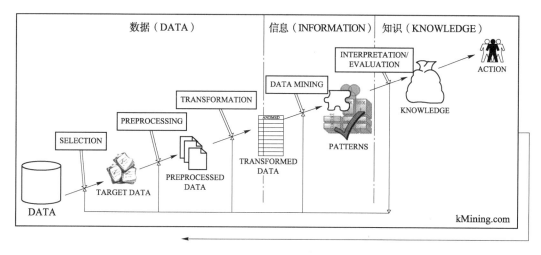

图 6.1　DIK

在数据收集阶段，对业务有用的数据被有目的地收集起来。大部分数据收集的工作由机器系统自动完成，如网络的数据。虽然收集的过程还是由数据工程师来设计，但一旦设备系统开始运转，数据就开始源源不断地输入数据库系统。在这个阶段，许多数据处理工作集中在数据库，或者 Hadoop、云存储的设计运维上，当然在数据仓库等传统工作中也普遍地存在。数据在这个阶段还没被利用，因此并未产生价值，不仅没有产生价值，它还是给企业带来了经营成本的上升。

在信息提取阶段，数据被机构组织用于业务的需要，有如下几个例子。

（1）电子商务运营的需要。

（2）制造业 ERP。

（3）B2C 企业的客户管理系统（CRM）。

（4）用于分析的数据可视化。

（5）金融企业的风险控制。

（6）营销分析优化。

许多人对信息提取阶段有着不同的看法，认为数据只要开始分析就有了价值，其实这是个值得争论的课题。在许多情况下，当数据被分析师提取出相关信息或直接应用于营运时，与企业提升知识（运营）是没有直接关系的。典型的例子是，两位不同风格的投资人，在看到同样的报表时，一位投资人可能觉得是值得投资的项目，而另一位投资人却觉得不值得投资。当然总有一位是对的，而另一位的决策就不是那么正确。

因此，在知识获取阶段，通常一个决策者在看到经营的信息后会采取相应的行动，该行动往往会产生新的数据，在对该行动的结果做出分析后，会得到如下的知识流程：根据数据提取信息，做出相应的决策并采取行动，理解行动带来的效益，知识将被用于下一次优化。这个过程是循环往复、不断提高的。

由此可见，知识处理的价值将在这个循环中得以提高。理解这个过程有助于理解如何在数据分析项目中判断数据质量对项目的影响。请大家牢记，绝大多数的数据分析项目都是为了满足一定的业务需要，或者帮助提升业务的业绩的。

6.2.2 数据质量问题对企业创造价值的影响

有一个简单的方法来分析有质量问题的数据是如何阻碍数据项目成功，从而导致业务受阻的。通常可以将数据质量对业务产生的影响进行分类，从一个简单的分类定义开始，列出与数据质量相关的负面影响。这些影响既包括脏数据对业务的负面影响，也包括提高数据质量对提升业务的潜在好处。

（1）对财务收入的影响。

（2）对信心和满意度的影响。

（3）对营运效率和生产力的影响。

（4）对经营风险和合规性的影响。

这种分类的目的是支持在数据分析过程中确定相关的数据质量问题的风险，然后区分数据的问题，确定哪些影响有严重的业务后果或哪些影响是良性的。这要求分析师在实施数据分析时能够有良好的判断，最大限度地减少数据质量问题导致的各种问题，保证数据给业务提供更多的价值。

将数据质量对业务的影响进行分类也有助于帮助分析师梳理可能出现的项目问题，并时刻牢记如何提供与业务价值相匹配的、高质量的数据分析结果，同时可以帮助分析师积累防止数据质量影响实现业务目标的经验。

1．对财务收入的影响

表6.5列出了数据质量问题对财务收入的影响。

表6.5 对财务收入的影响

子 类	例 子
直接运营成本	直接运营费用，履行合同义务的成本，分包商费用
普通管理费用	租金，维修，资产购买，资产使用，许可证，公用事业，行政人员和一般采购
职员管理费用	必要的管理业务的人员，如文书、销售管理、现场监督、招聘和培训
收费	银行手续费，服务费，佣金，法律费用，会计，罚款，坏账，合并收购成本
售货成本	产品设计，原材料，生产，库存成本，库存计划，市场营销，销售和客户管理，广告，促销活动，样本，订单更换，订单履行和航运
营销收入	客户获取，客户保留，客户流失，错过的商业机会
现金流	延迟的客户收费，错过客户收费，忽略了逾期客户付款，供应商付款过快，利率增加，EBITDA
折旧	物业的市场价值，商品存货减价
资金资本	资产价值，股票，证券
泄漏	欠费，欺诈，佣金，组织内部结算

2. 对信心和满意度的影响

对信心和满意度的影响不仅发生在企业层面，使得企业营运目标错失、客户的期望无法得到满足、企业的战略目标无法达成，同时也发生在分析师与决策者之间，导致数据分析结果不被决策层信任。具体的分类和例子如表 6.6 所示。

表 6.6　对信心与满意度的影响

子　类	例　子
预测	人员编制，财务，材料需求的可预测性，支出与预算，销售和库存预测
报表	报告的及时性、可用性、准确性，数据需要合并、清洗等额外的繁重工作
决策	决策的时机，决策结果的预估
客户满意度	销售成本，客户保留，客户的消费，客户购买的商品，服务成本，反应时间，推荐，新产品建议
供货商管理	优化采购，降低商品定价，简化收购
职员满意度	招聘成本，招聘，保留，离职，薪酬

3. 对营运效率和生产力的影响

对营运效率和生产力的影响主要表现在营运的硬性成本上，具体的分类和例子如表 6.7 所示。

表 6.7　对营运效率和生产力的影响

子　类	例　子
工作量	需要合并的报告增加
工作效率	增加了数据收集和准备时间，减少了直接数据分析的时间，延迟提供信息产品，延长了生产和制造周期
输出质量错误的报告	相信了错误的报告造成的损失
供应链	断货，交货延迟，错过交货，商品交付成本增加

4. 对经营风险和合规性的影响

数据质量问题将与其相关联的业务暴露于各种风险中，如合规风险、财务风险、市场执行能力受损风险等，具体的分类和例子如表 6.8 所示。

表 6.8　对经营风险和合规性的影响

子　类	例　子
政策	监管报告，私人信息保护
行业	加工标准，交换标准，操作标准
安全	健康危害，职业危害
市场	竞争力，商誉，商品风险，货币风险，股权风险，市场需求
金融	贷款的违约风险，投资折旧，违规处罚
系统开发	在开发中的系统延迟，延迟和部署
信用证/承销	信用风险，违约，能力，资本充足性
法律	法律研究，材料的制备

无论是数据工程师还是分析师，在处理数据的时候都必须理解数据质量对业务的影响。对一个数据项目来讲，如果决策者或经营人员得到的报表或分析结论是错误的，那么这些错误的报表或分析结论根据不同的应用场景对其业务的影响也有不同特点。如果希望保证数据项目的质量，数据工作人员必须了解业务部门是如何使用数据分析产品的，这样就可以了解并评估自己的工作对企业会带来多大的影响。

虽然数据的质量越高越好，但数据的清洗工作不仅枯燥而且极为耗时。在任何一个组织机构中，数据的质量问题不仅存在于数据库，同时根据使用的场景不同，质量的定义也会发生变化。这给分析师造成了极大的困扰。有时候分析师需要对是否将数据清洗到完美做出判断。判断的标准就是：数据的质量不会对业务产生无法弥补的负面影响。

在具体评估这种影响的时候，按优先级大致可以判断影响的严重程度。

（1）违反法律法规，如侵犯私人信息、未在规定时间通知客户相关业务变化等会受到相应制裁的结果。

（2）无法保证业务的质量，如电子商务的交易无法准确实施等。

（3）较大的营运损失，如无法及时制止信用欺诈。

（4）失去同事的信任，错误的报告使得业务部门对数据分析丧失信心。

判断数据质量是否会产生不良影响，或者该数据项目是否应该被执行及如何执行，基本有如下三种标准。

（1）如果数据存在质量问题，但可以通过剔除属性或采样等手段消除对业务部门决策的影响，则数据质量不影响使用。例如，数据不丰富的客户的画像无法被准确地定义，但哪怕有一点数据，该客户的画像还是能被用于商品的推送。

（2）经营活动或市场营销中，只针对部分客户实施该计划不会让企业招致市场的负面反应时，只针对数据质量好的部分客户实施运营策略，则不会造成负面影响。此时，数据是部分可用的。例如，一个活动只针对女性客户，但数据库里的数据只有 50% 的客户有性别信息，则只需找出有女性标记的客户做活动，并不影响其他客户。

（3）经营活动或市场营销必须覆盖全部客户或市场时，若数据无法支持全部，则数据不可用。

要注意的是，分析师几乎在整个数据处理和分析过程中都要对数据质量带来的影响和必须做出的决定进行判断。

6.3 数据预处理

6.3.1 数据预处理的五大步骤

数据清洗贯穿整个数据分析过程，同时数据清洗和数据分析也有重叠部分。如图 6.2 所示，图中展示了数据清洗的循环迭代过程。大部分数据清洗工作应该在数据导入分析工具之前完成。然而，无论是在用户从脏数据中挖掘出感兴趣内容的过程中，还是在新产生的数据合并进来的过程中，数据清洗将会渗透到数据分析的各个阶段。由图 6.2 可知，数据预处理过程分为以下五个步骤。

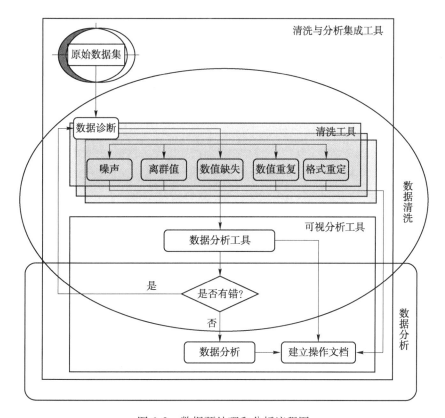

图 6.2　数据预处理和分析流程图

第一步，数据源整理。在做数据清洗时，操作的数据源可能有多个，而且不同的数据源提供的文件格式可能不同。这些数据源的格式有可能是关系型数据库、CSV 文件或 PDF 文档等类型。为了满足数据分析工具对数据格式的要求，必须对这些不同格式的数据源进行数据探查，发现数据质量问题并清洗。

第二步，数据源集成。由于不同数据源可能提供不同的数据格式，因此在合并数据源之前，要分析各数据源的格式。不同的数据源可能定义不同的数据分类标准、不同的数据假设、不同的测量单位，以及不同的数据质量控制机制。因此，在合并数据源时，要将这些不同的标准和格式进行统一。例如，在一个数据源中，"City，State"被编码在一列中；而在另一个数据源中，"City，State"被编码在两列，即"City"占一列，"State"也占一列。于是，为了保持一致性，方法之一是将前一个数据源中的"City，State"劈分成两列。此类工作有些是可以基于可视交互工具完成的，如关系型数据库中的数据列；有些则只能通过手工进行操作，如电子表格中的数据列。在统一了数据标准和格式后，就可以合并数据源了。

第一、二步处于图 6.2 中的数据清洗阶段，这仅仅是对数据源进行数据清洗的初始化阶段。很多人认为在这两步完成之后，就可以将数据交给数据分析工具进行分析处理了。虽然很多时候确实是这样做的，但实际上数据清洗工作才刚刚开始。

第三步，数据清洗。数据清洗主要是发现并清除数据源中的各种数据质量问题，如数据的噪声、异常值、数值缺失、数值重复等。不同的数据质量问题，所应用的数据清洗方法和工具也不同。这些数据清洗工具，有的是可视化工具，有的不是，有的工具还具有交互性。

正如上面所说，由于数据清洗工作乏味耗时，人们常常忽视数据源中各种数据质量问题，而直接将经过简单清洗合并后的数据源导入数据分析工具中。然而，大多数情况下这是行不通的，数据分析工具会立即报错。许多数据分析工具不具备处理数据质量问题的功能，因此分析师不得不重视数据质量问题，再次返回数据清洗阶段，应用各种数据清洗工具，或人工或自动或交互地对存在各种质量问题的数据进行清洗。这一步是一个循环迭代的过程，直到数据满足数据分析要求为止。

第四步，数据分析。经过反复应用各种数据清洗工具，数据的各种质量问题基本清除，导入数据分析工具后，分析工具不报错了。然而，当看到可视结果时，有可能会意识到问题的严重性，隐含的数据质量问题被展示出来，这表明数据质量问题仍然存在。这时只能返回第三步继续进行数据清洗，此类数据问题一般是利用可视交互工具进行人工分析并以手工方式清除。在第三、四步之间不断地循环迭代，当数据质量已经足够好并且能满足应用研究的要求时，就能展示可靠的数据分析结果了。

第五步，新数据处理。当新采集的数据到来时，继续重复第一步到第四步的过程，直到新数据并入原来的数据集，并展示正确可信的数据分析结果为止。

最后，建立操作文档。为了评估数据清洗后的数据质量，共享和重用数据清洗算法及操作，必须建立跟踪和记录清洗数据的每一个行为的操作文档，并且文档中的算法和操作步骤必须具有重复再现性。

6.3.2 数据清洗场景

目前，数据行业没有普遍认同的数据清洗的正式定义。数据清洗的定义取决于需要应用数据清洗的特定业务。普遍认可的数据清洗场景和领域包括：数据仓库、数据库中的知识发现（KDD）、总体数据/信息质量管理（TDQM）。

在数据仓库领域中，当合并几个数据库时通常需要采用数据清洗。涉及同一事物的记录通常在不同的数据集中以不同的格式表示。因此，重复记录将出现在合并的数据库中。问题是如何确定和清除这些重复记录，这个问题被称为数据的合并/清除问题。其他相关的数据清洗问题还包括：记录链接、语义集成、实例识别或对象识别等问题。同时，行业内有多种方法来解决这些问题，如知识库、正则表达式匹配、用户定义的约束、过滤等。

在 KDD 过程中，数据清洗被认为是第一步骤或预处理步骤。然而，行业内并没有关于数据清洗的明确定义和认识，数据清洗通常在不同的业务场景和业务领域以符合当时实际情况的方式开展。有部分行业专家将数据清洗定义为利用计算机化的方法来检查数据库、检测丢失和不正确的数据，以及纠正该错误的过程。在数据挖掘领域，根据 GIGO 原则（Garbage In Garbage Out Principle），数据清洗被定义为异常值检测，其主要目标是发现异常数据。根据评估该异常数据对分析结果应用到业务中的影响来决定清洗的方法。

总体数据/信息质量管理是理论研究界和商业企业界特别感兴趣的领域。有趣的是，他们也从不同的角度来看待数据质量问题及其在业务流程中的整合，并且形成了一种共识，被统称为企业数据质量管理问题。然而，到目前为止，理论界鲜有文献明确地提及数据清洗技术并详细地讨论它。实际上，数据清洗工作大部分是从数据质量的角度出发来解决数据处理过程的管理问题，而其他的数据清洗工作则是关注数据质量的定义。作为数据清洗中一个较为特别的领域，数据质量的定义可以在一定程度上帮助优化数据清洗的过程。例如，在 Levitin 和 Redman 提出的数据生命周期模型中，数据采集和数据使用周期包含以下一系列活动：评估、分析、调整和丢弃数据。Levitin 和 Redman 的数据生命周期模型中提出的这一系列活动从数据质量的角度定义了数据清洗过程。Fox 等人提出了四个数据质量维度，即准确性、时效性、完整性和一致性。而行业为了适应自身，加入了数据唯一性（无重复数据），从而形成了被广泛认可的数据质量的五个维度。数据的正确性是根据这些维度来定义的。

6.3.3　脏数据清洗过程

考虑到数据质量管理的实际情况，数据清洗必须被视为直接与数据采集和数据定义相关联的过程，而不仅仅是一个手段。在 Muller 和 Freytag 的研究成果中，全面的数据清洗被定义为对现有数据执行的、以清除异常数据为目的的操作，在确定该数据与所代表的现实世界的事或物的吻合度是准确而有代表性的之后才接受该数据。理论上，数据清洗过程中的四个主要步骤如下。

（1）审核数据以识别降低数据质量的异常类型。

（2）选择适当的方法来自动检测和删除它们，即建立数据清洗规范。

（3）将上述方法应用于数据集中的元组，即执行数据清洗。

（4）检查结果并处理在清洗处理中未校正的元组的异常，也称为后处理或控制步骤。

在数据分析领域，相对于理论上的数据清洗过程中的四个主要步骤，实践中的数据清洗过程的四个步骤略有不同，如表 6.9 所示。

表 6.9　数据清洗过程中的四个主要步骤

	理　论　上	实　践　中
1	审核数据以识别降低数据质量的异常类型	评估脏数据对数据分析项目的影响，判断脏数据的情况
2	选择适当的方法来自动检测和删除它们，即建立数据清洗规范	使用合适的数据探查技术来发现脏数据的存在
3	将上述方法应用于数据集中的元组，即执行数据清洗	利用工具或编写程序来处理脏数据
4	检查结果并处理在清洗处理中未校正的元组的异常，也称为后处理或控制步骤	检查数据清洗的结果，对未发现的异常做进一步处理

6.3.4　脏数据与脏数据清洗的基本方法

许多企业并没有充分注意脏数据的存在对其业务的危害程度，并且没有相应有效的方法来确保在其业务应用中使用高质量数据。出现这个情况的一个主要原因是缺乏对脏数据的类型和程度的了解。因此，为了提高数据质量，有必要了解可能存在于数据源中的各种脏数据，以及如何处理它们。

在前面的小节中，已经介绍了脏数据的种类，以及将数据质量规则与脏数据类型结合起来的思路，这非常有利于日常数据处理中提高数据的质量。这个思路可以在企业搭建数据库或数据仓库时实施，也可以在数据分析项目中实施。

为了专门处理一些常见的数据清理任务，一些方法和技术被开发出来并被用于数据清理任务，在一些现有的商业数据清理工具中也已实现了这些方法。

1. 解析

解析是为了检测数据库里的数据元组是否存在违反语法的现象（当属性的数据值不符合预先定义的模式或格式时就是违反了语法）。其中，有两种解析机制：

（1）基于类型的差异检测器（TDD）；

（2）用户定义差异检测器（UDD）。

TDD 是检测特定类型的值中的差异的算法。UDD 用户将一种差异检测算法通过系统应用于一组特定的字段。

接下来具体解释这两种解析机制的具体应用。假设某大学的学生记录表的元组为：student = {studentname，departmentname，studentid，dateofbirth}。有一个学生正确地记录为：{John，computing，001，01/01/1988}。该正确的记录符合以下条件。

（1）基于类型的差异检测器（TDD）的数值在一定的平均值和标准方差允许的范围内（如在平均值周围正负 1.96 的标准方差）。

（2）基于类型的差异检测器（TDD）的字符串的范围规定为 A~Z 和 a~z。

（3）用户定义差异检测器（UDD）的 departmentname 必须符合学校的专业系名。

对上述学生数据的解析可以得到以下结果：

studentname：string（字符串）；

departmentname：string（字符串）；

studentid：number（数字）；

dateofbirth：number（数字）/number（数字）/number（数字）。

根据上述结果对以下数据进行检查，就可以发现脏数据。

记录 1：{Sally，helloworld，002，05/06/1988}。

记录 2：{Jack，math，004，March，4，1986}。

记录 3：{Tom，computing，005，09/10/19827}。

记录 1：根据 departmentname 的 UDD，"helloworld" 显然是个异常值，它不属于学校专业系里的任何一个。

记录 2：dateofbirth 的值 "March，4，1986" 显然不符合日期数字 TDD 的要求，因此是个异常值。

记录 3：dateofbirth 的值 "09/10/19827" 中的 19827 超过了日期数字 TDD 对年份的要求，因此是个异常值。

2. 数据完整性分析

数据完整性是指存储数据的有效性和一致性。完整性通常通过数据的约束条件来实现，即数据库不允许违反的一系列规则。完整性约束强制执行的技术可以帮助消除完整性约束冲突问题。一般来说，完整性约束的实施保证了在对数据库执行插入、修改、删除或更新元组等操作后数据还能保持完整性约束。

这样的措施基本有两种方法：

（1）完整性约束检查；

（2）完整性约束维护。

完整性约束检查有助于防止在数据库事务处理过程中的完整性约束发生破坏。完整性约束维护则有助于纠正数据处理后被破坏的完整性约束，以保证生成的数据集不存在破坏完整性约束的现象。

数据完整性分析可用于定性数据错误的类型。在一个关系模型的数据库里，数据完整性分析可以作为一个简单的数据清洗操作步骤。关系数据的完整性、实体完整性、相关数据完整性可以使用关系型数据库语言（如 SQL）完成查询。

3. 重复数据探查

重复数据探查或记录匹配是数据清洗中的一个重要过程。重复数据探查的任务是确定两个或多个元组是否是对同一实体的重复陈述。当重复的数据的主键或复合主键不同，或者相同主键的重复数据包含了错误的信息，将重复数据记录匹配起来就变成了一个困难的任务。重复数据探查或记录匹配主要有两种方法：

（1）依赖于训练数据集的方法，如概率模型或监督和半监督学习技术的方法；

（2）基于规则的和基于数据相似度的技术，通常需要领域知识或合适的相似度距离度量来匹配记录。

一方面，对依赖于训练数据集的方法来讲，需要有足够数量的数据供算法训练所用。虽然非监督（EM）算法提供了最大似然值的估算，但使用这个方法需要满足一些条件。例如，数据里的拼写错误要比较少而且应该有 5% 以上的重复现象。另一方面，虽然以规则为基础的方法不需要训练数据，但却需要一个专家设计的匹配规则集，以获得高的匹配准确性。因此，这种方法存在一定的限制。第一，专家可能不总是存在的。基于规则的方法虽然不需要训练数据，然而却需要一个专家设计的匹配规则集，以获得高的匹配结果和准确性。同时，匹配规则集可能需要特定领域的知识。第二，匹配规则也可能需要用到距离的计算方式。例如，一个近似字符串匹配算法，如 Jaro 算法或 Levenshtein 算法需要一个阈值来判断两个姓名字符串值之间的相似度是否超过一定的距离。因此，一个糟糕的阈值选择将导致一个失败的匹配结果。选择一个适当的基于距离的算法和选择一个合适的阈值发挥了同等重要的作用。

4. 统计方法探查

有一些统计方法可以用于探查数据的质量，或者用来纠正数据的错误。例如，通过平均值和标准方差并利用置信区间的方法可以探查一些离群值。

6.3.5　脏数据处理的案例

在本小节中，给出了一个案例，解释了数据清洗的基本框架流程。

National Health Service（NHS）是一个英国的全国性的组织，为该所有居民提供卫生服务。通过数据仓库收集所有居民的信息并使用在业务上，可以提升 NHS 的服务水平。假设在英国的每个城市有一个当地的数据库，其中包含当地居民的所有信息。数据仓库需要聚合每个城市当地数据库中的所有信息。重复数据问题可能不仅出现在单数据源中，也出现在多数据源集成的情况中。有许多原因可能导致信息重复。例如，大学生毕业后搬到另一个城市。来自城市 A 的学生在他们大学所在的城市 A 注册了他们的信息，当这些学生为了深造或毕业之后找到新工作而搬到城市 B 时，他们就注册了另一个信息。这种情况下，这些学生的信息就可能被重复记录在两个城市的数据库中。

表 6.10 和表 6.11 分别展示了在两地城市 NHS 数据库中输入的数据。

表 6.10　NHS 数据（1）

编号	姓	名	年龄	城市	职业	有效开始时间	结束时间
1	Colae	Liam	22	Edinburgh	学生	22 – 09 – 2005	至今
2	Gerrard	John	23	Student	Edinburgh	02 – 10 – 2004	至今
3	Higgins	Alan	21	Edinburgh	学生	05 – 10 – 2004	20 – 06 – 2004
4	Kent	Alex	36	Edinbugh	工程师	18 – 09 – 2003	至今
5	Owen	Mark	18	Edinburgh	学生	06 – 10 – 2004	至今
6	Small	Helen	23	Edinburgh	学生	12 – 09 – 2002	至今
7	William，Smith		24	Edinburgh	学生	08 – 10 – 2004	至今
8	Smith	Mary	34	Edinburgh	工程师	12 – 10 – 2005	10 – 09 – 2005
9	Snow	Jamie	22	Edi	学生	10 – 10 – 2005	至今
10	Cole	Lieam	22	Edinburgh	学生	22 – 09 – 2005	至今

表 6.11　NHS 数据（2）

编号	姓	名	年龄	城市	职业	有效开始时间	结束时间
1	Cole	Liam	26	London	工程师	20 – 08 – 2009	至今
2	Gerrad	John	27	London	工程师	18 – 09 – 2004	至今
3	Higgins	Alan	21	London	工程师	30 – 08 – 2008	至今
4	Kent	John	34	London	工程师	18 – 09 – 2007	至今
5	Owen	Mary	22	London	工程师	10 – 10 – 2008	至今
6	Small	Helen	23	Lndon	工程师	10 – 09 – 2003	至今
7	Smith	William	24	London	S	08 – 10 – 2008	至今
8	Kirsty	Smith	38	London	工程师	10 – 10 – 2009	至今
9	Snow	John	22	London	学生	08 – 08 – 2006	至今

通过观察两个表，可以很容易地确定一些脏数据。比如，城市属性中"Edinburgh"被误拼成"Edinbugh"。NHS 的分析师也注意到了一些表中存在的可疑的个人重复信息。他们决定检测这些重复信息并消除这些重复信息，以确保个人信息仅被保存在这个人当前居住地的数据库中。实际清洗过程详解如下：首先处理每个单一的数据源中的脏数据。基于表 6.10 和表 6.11 提供的数据，识别了下面的九种脏数据类型。

（1）在表 6.10 中，检测到一个缺失值在"名"字段编号为 7 的记录中。

（2）在表 6.10 中，编号为 7 的记录，它的"名"字段输入到了它的"姓"中，导致了"有问题的外部数据输入"。

（3）在表 6.10 中，编号为 2 的记录，发现了输入字段错误。其"城市"字段的值被输入到了"职业"字段中，而把"职业"字段的值输入到了"城市"字段中。相似地，在表 6.11 中，在编号为 7 的记录中，字段"名"和字段"姓"的值也输反了。

（4）在表 6.11 中，假设已知表 6.11 中的"Alan Higgins"和表 6.10 中的是同一个人，那么在编号为 3 的记录中就发现了无效的值。

（5）在表 6.10 中，在编号为 1、4 和 10 的记录中的字段"姓"、字段"城市"和字段"名"中有拼写错误。在表 6.11 中，在编号为 6、8 的记录中"城市"的值、"姓"的值有拼写错误。

（6）在表 6.10 中，编号为 9 的记录中"城市"的值被缩写为"Edi"，实际应该是"Edinburgh"。

（7）在表 6.11 中，编号为 7 的记录中，"职业"的值为"S"而不是"Student"。

（8）在表 6.10 中，发现可疑重复记录，如在编号为 1 和 10 的地方。

（9）从两个表中观察数据，注意到很多重复的记录。例如，表 6.10 中编号为 1、2、3 和 7 的记录在另一个表里都是可疑的数据。

为了建立高质量的数据仓库，应该尽可能多地清理数据库中的脏数据。因此，NHS 打算执行如表 6.12 所示的数据清洗活动（DCA）来提高它的数据质量。

表 6.12　NHS 数据清洗活动

编号	数据清洗活动
DCA.1	检测/填充"姓""名"字段中缺失的值
DCA.2	将字段"姓""名"的值标准化
DCA.3	纠正"城市""职业""姓""名"字段中输入有误的值
DCA.4	更新"年龄"字段的值
DCA.5	纠正在"姓""名"和"城市"字段中误拼的值
DCA.6	检测/规范化"城市"字段的缩写值
DCA.7	检测特殊字符值的字段"邮报"的使用并改正为标准化值
DCA.8	清理每一个数据集的重复记录
DCA.9	清理综合数据集的重复记录

6.3.6　SQL 处理脏数据示例

1. 检查错误的文本

假设有一个病人信息的数据表，如表 6.13 所示。

表 6.13 NHS 数据清洗活动

patno	gender	visit	hr	sbp	dbp	dx	ae
001	m	11/11/1998	88	140	80	10	
002	f	11/13/1998	84	120	78	X0	
003	x	10/21/1998	68	190	100	31	
004	f	01/01/1999	101	200	120	5A	
XX5	m	05/07/1998	68	120	80	10	
006		06/15/1999	72	102	68	61	
007	m		88	148	102	0	
M1	1		19	10			
008	f	08/08/1998	210	70			
009	m	09/25/1999	86	240	180	41	
010	f	10/19/1999	40	120	10		
011	m		68	300	20	41	
012	m	10/12/1998	12				
013	2	08/23/1999	74	108	64	1	
014	m	02/02/1999	22	130	90	1	
002	f	11/13/1998	84	120	78	X0	
003	m	11/12/1999	58	112	74	0	
015	f		31				
017	f	04/05/1999	208	84	20		
019	m	06/07/1999	58	118	70	0	
123	m		60	10			
321	f		51				
020	f		10	20	8	0	
022	m	10/10/1999	48	114	82	21	
023	f	12/31/1998	22	34	78	0	
024	f	11/09/1998	76	120	80	10	
025	m	01/01/1999	74	102	68	51	
027	f			661	6	70	
028	f	03/28/1998	66	150	90	30	
029	m	05/15/1998	41				
006	f	07/07/1999	82	148	84	10	

其中:

patno = "patient number";

gender = "gender";

visit = "visit date";

hr = "heart rate";

sbp = "systolic blood pressure";

dbp = "diastolic blood pressure";

dx = "diagnosis code";

ae = "adverse event"。

利用下面的 SQL 程序就可以将不准确的文本数据抓取出来。

```
select patno, gender, dx, ae
from patients
where gender not in ( 'm', 'f', ' ' ) or
dx regexp not '^[0-9]+$' or
ae not in ( '0', '1', ' ' );
```

输出的结果如下：

patient number	gender	diagnosis code	adverse event?
002	f	x	0
003	x	3	1
004	f	5	a
006		6	1
010	f	1	0
013	2	1	
002	f	x	0
023	f		0

2. 检查离群值

某些数据属性列存在离群值时，分析师可以采用以下的 SQL 程序进行检查。

```
select patno,hr,sbp,dbp
from patients
where (hr not between 40 and 100) or
(sbp not between 80 and 200) or
(dbp not between 60 and 120);
```

输出的结果如下：

patient number	heart rate	systolic blood pressure	diastolic blood pressure
004	101	200	120
008	210	.	.
009	86	240	180
010	.	40	120
011	68	300	20
014	22	130	90
017	208	.	84
123	60	.	.
321	900	400	200
020	10	20	8
023	22	34	78
027	.	166	106
029	.	.	.

3. 检查数值范围

有时候，分析师希望通过检查数值范围来探查是否有离群值或其他不正常的情况存在。这个小节介绍了一种通过统计方法来探查数据的方法。

```
select patno, sbp
from patients
having sbp not between avg(sbp) -2* std(sbp)
and avg(sbp) +2* std(sbp) and
sbp is not null;
```

以上 SQL 程序使用了两种函数：avg（平均值）和 std（标准方差）。在正态分布的数据中，通常统计模型认为，一个数值不应该超过其平均值上下两倍的标准方差（标准的说法是上下 1.96 倍标准方差）。

输出的结果如下：

patient number	systolic blood pressure
011	300
321	400

4. 检查缺失值

缺失值有时候是非常危险的，因此几乎所有的数据分析项目中都对缺失值的处理提出要求。检查缺失值其实是个很简单的工作，可以采用以下 SQL 程序。

```
select *
from patients
where patno is null or
gender is null or
visit is null or
hr is null or
sbp is null or
dbp is null or
dx is null or
ae is null;
```

输出的结果如下：

patient number	gender	Visit date	heart rate	systolic blood pressure	diastolic blood pressure	diagnosis code	adverse event?
006		06/15/1999	72	102	68	6	1
007	m	.	88	148	102		0
008	f	08/08/1998	210	.	.	7	0
010	f	10/19/1999	.	40	120	1	0
011	m	.	68	300	20	4	1
012	m	10/12/1998	60	122	74		0
013	2	08/23/1999	74	108	64	1	
014	m	02/02/1999	22	130	90		1
003	m	11/12/1999	58	112	74		0
015	f	.	82	148	88	3	1
017	f	04/05/1999	208	.	84	2	0
019	m	06/07/1999	58	118	70		0
123	m	.	60	.	.	1	0
321	f	.	900	400	200	5	1
020	f	.	10	20	8		0
023	f	12/31/1998	22	34	78		0
027	f	.	.	166	106	7	0
029	m	05/15/1998	.	.	.	4	1

5. 检查重复值

假设分析师需要探查病人的 id 是否有重复值，探查方法非常的简单，可以采用以下 SQL 程序。

```
select patno, visit
from patients
group by patno
having count(patno) > 1;
```

输出的结果如下：

patient number	visit date
002	11/13/1998
002	11/13/1998
003	10/21/1998
003	11/12/1998
006	06/15/1999
006	07/07/1999

但如果分析师需要检查数据表里是否有重复的元组，就需要用到子查询（Subquery）的技术，或者其他的技术。

6.4　数据脱敏

对于拥有大量敏感信息和数据的企业而言，如何在使用重要数据的同时，将数据泄露和损失的风险降到最低，始终是一个严峻的挑战。随着企业业务的快速发展，以及 IT 系统应用得越来越普遍，很多企业内部已经积累了大量的敏感信息和数据。而这些信息和数据，在企业的很多工作场景中都会得到使用。例如，在业务分析、开发测试，甚至是一些外包业务等方面，使用的都是真实的业务信息和数据。这些敏感的信息和数据一旦发生泄露、损坏，不仅会给企业带来很大的损失，还会大大影响用户对企业的信任度。这种风险不仅存在于金融机构中，还存在于医疗机构、政府部门、一些企业中。而这种风险一旦变为现实，所带来的损害显然是无法估量的。

一些拥有敏感信息和数据的机构和单位已经意识到这一风险的存在，并开始寻找对策。银监会发布的《中国银行业"十二五"信息科技发展规则监管指导意见（征求意见稿）》中，对于城市商业银行明确提出："加强数据、文档的安全管理，逐步建立信息资产分类分级保护机制。完善敏感信息存储和传输等高风险环节的控制措施，对数据、文档的访问应建立严格的审批机制。对用于测试的生产数据要进行脱敏处理，严格防止敏感数据泄露。"银监会发布的《商业银行信息科技风险管理指引》中也提出"商业银行应制定明确的制度和流程，严格管理客户信息的采集、处理、存储、传输、分发、备份、恢复、清理和销毁"。银监会发布的《商业银行信息科技风险现场检查指南》中则明确要求"测试中如需使用生产数据，应对相应数据进行脱敏、变形处理"。在这种情况下，数据脱敏技术应运而生，并且在最近两年，开始被越来越多的企业用户所采用。

数据脱敏，正如它的叫法那样，在保存数据原始特征的同时改变它的数值，从而保护敏感数据免于未经授权的访问，同时又可以进行相关的数据处理。企业可以在保留数据意义和有效性的同时保持数据的安全性并遵从数据隐私规范。借助数据脱敏，信息依旧可以被使用并与业务相关联，不会违反相关规定，而且也避免了数据泄露的风险。数据脱敏可分为以下两种。

（1）静态数据脱敏（或持久数据脱敏），即在来源处永久修改数据。

（2）动态数据脱敏，即针对特定应用屏蔽数据的方法。

其中，静态数据脱敏用于处理静止的数据。例如，当机构或单位打算把数据从一个生产数据库拷贝到另一个非生产数据库时，就要提前对这些数据进行脱敏，也就是所谓的静态数据脱敏。企业可以通过高性能静态数据脱敏软件，如"Informatica Persistent Data Masking"，来帮助组织管理对最敏感数据的访问。该类软件通常通过创建可在内部和外部安全共享的真实但无法识别归属的数据，来防止机密数据（如信用卡卡号、地址和电话号码）意外泄露。

而动态数据脱敏可随时对敏感字段进行脱敏。数据使用者可以共享和移动数据，同时确保只有认证用户才能查看真实值，并在数据分析和研究中使用这些数据而不违反数据隐私规范。例如，当银行的客户代表根据客户要求调整信用卡限额时，他要调用单独的应用程序，以访问客户的概要信息。此时，动态数据脱敏技术会从数据库中取回用户脱敏后的银行账号、生日和其他敏感信息。

企业开展数据脱敏项目，通常的过程大致分成以下几步。

（1）确定需求：根据业务需求，确定数据脱敏的方式，以及数据的用户管理策略等。比如，项目的主要目的是测试数据的脱敏还是应用数据的屏蔽？哪些用户看到的数据需要脱敏？

（2）确定脱敏对象：确定哪些是需要脱敏的敏感数据，以及脱敏数据的来源等。这里可以通过工具自动探查敏感数据，也可以人工判断。

（3）配置脱敏规则：根据不同的用户、不同的数据，采用适当的脱敏算法进行规则的配置。比如，客户姓名、信用卡号码等，可以采用不同的算法。

（4）测试脱敏规则：通过测试检验规则的适用度、可靠性、业务适应性，以及效率等。如果有新的需求点出现，可以进行迭代开发，不断完善。

（5）部署和培训。

6.4.1　确定数据脱敏对象

通常在大数据平台中，数据以结构化的格式存储，每个表由诸多行组成，每行数据由诸多列组成。根据列的数据属性，数据列通常可以分为以下几种类型。

（1）可确切定位某个人的列，称为可识别列，如身份证号、地址，以及姓名等。

（2）单列不能定位个人，但是多列信息可用来识别某个人，这些列被称为半识别列，如邮政编码、生日及性别等。美国的一份研究论文称，仅使用邮政编码、生日和性别信息即可识别87%的美国人。

（3）包含用户敏感信息的列，如交易数额、疾病，以及收入等。

（4）其他不包含用户敏感信息的列。

例如，以下信息可能是敏感信息。

（1）中文姓名。

（2）证件号码，包含：身份证、军官证、港澳台通行证、驾驶证等。

（3）手机 \ 电话号码。

（4）通信地址 \ 邮箱。

（5）营业执照号（工商注册号）。

（6）组织机构代码。

（7）纳税人识别号。

（8）邮政编码。

6.4.2　隐私数据泄露类型

隐私数据泄露可以分为多种类型，根据不同的类型，通常采用不同的隐私数据泄露风险模型来衡量隐私数据泄露的风险，以及对应不同的数据脱敏算法对数据进行脱敏。一般来说，隐私数据泄露类型包括以下三种。

（1）个人标识泄露。当数据使用者通过任何方式确认数据表中某条数据属于某个人时，这种隐私数据泄露类型称为个人标识泄露。个人标识泄露最为严重，因为一旦发生个人标识泄露，数据使用者就可以得到个人的敏感信息。

（2）属性泄露。当数据使用者根据其访问的数据表了解到某个人新的属性信息时，这种隐私数据泄露类型称为属性泄露。个人标识泄露肯定会导致属性泄露，但属性泄露也有可能单独发生。

（3）成员关系泄露。当数据使用者可以确认某个人的数据存在于数据表中时，这种隐私数据泄露类型称为成员关系泄露。成员关系泄露相对风险较小，个人标识泄露与属性泄露肯定意味着成员关系泄露，但成员关系泄露也有可能单独发生。

6.4.3　隐私数据脱敏的要求

所谓避免隐私数据泄露，是指避免数据的使用者（分析师、BI 工程师等）将某行数据识别为某个人的信息。数据脱敏技术通过对数据进行脱敏，如移除识别列、转换半识别列等方式，使得数据使用者在保证可以进行数据分析的基础上，在一定程度上保证其无法根据数据反识别用户，达到保证数据安全与最大化挖掘数据价值的平衡。

数据经过脱敏后，还需要达到使用的目的。因此，数据需要达到以下的要求。

（1）有效性要求：相对于原有数据，脱敏后数据的敏感性必须全部去掉且数据不能被反推回原有数据。

（2）真实性要求：相对于原有数据，脱敏后数据的业务逻辑特征要尽可能保留；相对于原有数据，脱敏后数据的统计分布特征要尽可能保留。

（3）高效性要求：①测试脱敏方法实施的时间开销情况。实施脱敏的时间及计算资源占用越少越好。②测试脱敏方法实施的空间开销情况。实施脱敏必须占用的存储空间越少越好。

（4）稳定性要求：由于原有数据间存在关联性（如两张表中都有客户姓名数据，并且业务要求两张表的客户姓名必须一致），如果对两张表分别脱敏后客户姓名数据不一致了，就会影响后期测试。这要求测试数据脱敏方法需要保证，对相同的原有数据而言，只要配置参数一定，无论脱敏多少次，结果数据都是相同的；不仅必须确保表与表之间的关联关系，也必须保证支持跨数据源或异构数据源之间的表与表之间的关联关系；支持自动同步关系型数据库内部已存在的表外键关系。

（5）多样性要求：测试数据脱敏可能根据需求不同而生成不同脱敏程度的结果。这是从测试数据管理方的角度考虑的。一般情况，有配置参数的数据脱敏方法都可以根据输入参数的不同而产生不同的测试结果，从而使得测试数据管理方可以方便地按测试场景、测试环境等因素为不同的测试项目提供不同的脱敏后数据环境，去除多个测试项目使用的数据间的关联性，提高多项目数据使用的安全性。

企业向分析师开放数据会带来隐私数据泄露的风险。将隐私数据泄露风险限制在一定范围的同时，最大限度地发挥数据分析挖掘的潜力，是数据脱敏的最终目标。目前，在隐私数据脱敏领域，有多种模型可以从不同角度衡量数据可能存在的隐私数据泄露风险。

隐私数据脱敏的第一步是去除或脱敏所有敏感数据列，目的是使攻击者无法直接识别用户。但是，攻击者仍然有可能通过部分信息或数据的组合来识别个人。例如，攻击者可以通过已知信息（如姓名、邮政编码、生日、性别等）或从其他开放数据库中获取的特定个人的部分信息，与大数据平台相结合，从而获取特定个人的完整敏感信息。人肉搜索属于其中一种。如表 6.14 所示，如果攻击者知道某用户的邮政编码和年龄，就可以得到该用户的疾病敏感信息。为了避免这种情况的发生，通常需要对半标识列进行脱敏处理，如数据泛化等。数据泛化是将半标识列的数据替换为语义一致但更通用的数据，以表 6.14 中的数据为例，对邮政编码和年龄泛化后的数据如表 6.15 所示。

表6.14　原始病人信息

zip code	age	disease
47677	29	heart disease
47602	22	heart disease
47678	27	heart disease
47905	43	flu
47909	52	heart disease
47906	47	cancer
47605	30	heart disease
47673	36	cancer
46607	32	cancer

表6.15　Anonymity 病人信息

zip code	age	disease
476 *	2 *	heart disease
476 *	2 *	heart disease
476 *	2 *	heart disease
4790 *	>40	flu
4790 *	>40	heart disease
4790 *	>40	cancer
476 *	3 *	heart disease
476 *	3 *	cancer
466 *	3 *	cancer

经过泛化后，有多条纪录的半标识列属性值相同，所有半标识列属性值相同的行的集合被称为相等集。例如，表6.15中1、2、3行是一个相等集，4、5、6行也是一个相等集。

1. K – Anonymity

K – Anonymity 对每行记录都有要求，在所属的相等集内至少要有 K 条记录，所以至少有 $K-1$ 条记录半标识列属性值与该条记录相同。

表6.15中的数据是一个满足 3 – Anonymity 标准的数据集。从某种角度来说，作为一个衡量隐私数据泄露风险的指标，K – Anonymity 具有举足轻重的作用。从理论上来说，对于满足 K – Anonymity 标准的数据集，其中的每条记录仅有 $1/K$ 的概率使攻击者找到相关联的用户。

K – Anonymity 有效规避了个人信息泄露的风险，却无法规避属性信息的泄露风险。对于满足 K – Anonymity 标准的数据集，攻击者攻击用户的属性信息可以运用同质属性攻击与背景知识攻击两种手段。

（1）同质属性攻击。对于表6.15中半标识列泛化后的数据集，假如攻击者知道 Tom 的邮政编码为47611，年龄为20，则 Tom 一定对应着前三条数据，从而可以肯定地说 Tom 患有心脏病。

（2）背景知识攻击。对于表6.15中半标识列泛化后的数据集，假如攻击者知道 John 的邮政编码为47901，年龄大于40岁，则 John 一定对应着中间三条记录，如果攻击者知道 John 经常心脏不舒服，则能判断 John 很有可能患有心脏病。

2. L – Diversity

如果对于任意相等集内所有记录对应的敏感数据的集合，包含 L 个"合适"值，则称该相等集满足 L – Deversity 标准。如果数据集中所有相等集都满足 L – Deversity 标准，则称该数据集满足 L – Deversity 标准。

所谓 L 个"合适"值，最简单的理解就是 L 个不同值。基于表6.15中的数据，通过插入干扰记录，一个 3 – Anonymity、2 – Diversity 的数据集如表6.16所示。

表6.16　3 – Anonymity、2 – Diversity 病人信息

zip code	age	disease
476 ∗	2 ∗	heart disease
476 ∗	2 ∗	heart disease
476 ∗	2 ∗	heart disease
476 ∗	2 ∗	flu
4790 ∗	>40	flu
4790 ∗	>40	heart disease
4790 ∗	>40	cancer
476 ∗	3 ∗	heart disease
476 ∗	3 ∗	cancer
466 ∗	3 ∗	cancer

相对于 K – Anonymity 标准，满足 L – Diversity 标准的数据集可以大大降低信息泄露的风险。对于满足 L – Diversity 标准的数据集，理论上来说只有 $1/L$ 的概率可以造成属性泄露，

攻击者可以通过部分信息将用户与敏感信息关联起来。一般来说，都会插入虚假的干扰数据构造满足 $L-Diversity$ 标准的数据集，但插入干扰数据也会导致表级别的信息丢失。所以，$L-Diversity$ 标准也有不足之处。

$L-Deversity$ 标准的要求比较高，有时候不需要使用它。例如，对于红绿色盲的测试数据，其结果包含是或否。对于多条数据来说，可能大量的用户都是正常的，只有很少的一部分用户是红绿色盲。而用户对这两种测试结果的敏感程度是不同的，正常的用户会觉得被别人看到自己这部分信息无所谓，但是测试结果为红绿色盲的用户可能不愿意让别人看到自己的信息。为了生成满足 $2-Deversity$ 标准的测试数据集，会丢失大量的信息，降低数据分析挖掘的价值。

$L-Diversity$ 标准无法防御特定类型的属性泄露。

（1）倾斜攻击。如果敏感属性分布比较倾斜，那么 $L-Diversity$ 标准就不能阻挡攻击者的攻击。还是以红绿色盲的测试数据为例，如果构造的数据集相对于真实测试结果来说都包含是或否，并且是与否的数量分别相等，那么该数据集肯定满足 $2-Diversity$ 标准。按照真实测试的结果来看，攻击者判断每个人的测试结果正确的可能性极低。但是对于满足 $2-Diversity$ 标准的数据集，攻击者就有 50% 的概率判断出每个人正确的测试结果。

（2）相似性攻击。如果相等类的敏感属性分布满足 $L-Diversity$ 标准，但是属性值相似或内聚，那么攻击者就可以从中挖掘出重要信息。如表 6.17 所示，病人数据满足 $3-Diversity$ 标准，攻击者如果了解 Tom 的邮政编码为 47611，年龄为 20，则可以确认 Tom 的工资收入在 3K ~ 5K 之间，且根据前三条数据就可以发现 Tom 可能患有胃病，因为前三条数据都与胃病有关。

表 6.17　Diversity 病人信息

zip code	age	salary	disease
476 *	2 *	3K	gastric ulcer
476 *	2 *	4K	gastritis
476 *	2 *	5K	stomach cancer
4790 *	>40	11K	flu
4790 *	>40	8K	gastritis
4790 *	>40	7K	cancer
476 *	3 *	9K	heart disease
476 *	3 *	10K	bronchitis
466 *	3 *	12K	cancer

简单来说，对于 $L-Diversity$ 相同的相等集，如果要保证属性信息不被泄露，那么敏感属性值的分布信息是很重要的。$L-Diversity$ 标准不能解决不同属性值的分布问题，它只能衡量相等集的不同属性值数量，所以无法完全避免属性泄露风险。

3. $T-Closeness$

简单来说，隐私信息泄露的程度可以根据攻击者获得的用户信息的数量来衡量。假设攻击者在攻击之前就知道的信息为 K_0，然后假设攻击者访问所有半标识列都已移除的数据集，C 为数据集敏感数据的分布信息，攻击者根据 C 更新后的个人信息为 K_1。最后攻击者访问脱敏后的数据集，由于攻击者已经知道了一部分用户信息，所以其可以将已知信息和相等集关联起来，通过该相等集的敏感数据分布信息 P，攻击者更新后的个人信息为 K_2。

$L - Diversity$ 标准是通过约束 P 的 Diverisity 属性，减少 K_0 和 K_2 之间的信息量差距的，差距越小，证明被窃取的信息越少。$T - Closeness$ 标准则期望减少 K_1 和 K_2 之间的信息量差距，降低攻击者从敏感信息的全局分布和相等集分布中得到更多的用户隐私信息的可能性。

"如果一个相等类的敏感数据的分布与敏感数据的全局分布之间的距离小于 T，则称该相等类满足 $T - Closeness$ 标准。如果数据集中的所有相等类都满足 $T - Closeness$ 标准，则称该数据集满足 $T - Closeness$ 标准。"

$T - Closeness$ 标准通过限定半标识列属性和敏感信息全局分布的联系，减弱了半标识列与特定敏感信息的联系，降低了攻击者通过敏感信息的分布信息进行属性泄露攻击的可能性，但是这样做同样会导致一部分信息的缺失，这时候就需要管理者通过 T 值的大小平衡数据可用性与用户隐私保护的天秤。

6.4.4　常见的数据脱敏算法

$K - Anonymity$、$L - Diversity$ 和 $T - Closeness$ 均依赖对半标识列进行数据变形处理，使得攻击者无法直接进行属性泄露攻击，常见的数据变形操作如表 6.18 所示。

表 6.18　常见的数据变形操作

名称	描述	示例
Hiding	将数据替换成一个常量，常用于不需要该敏感字段时	500— >0 635— >0
Hashing	将数据映射为一个 Hash 值（不一定是——映射），常用于将不定长数据映射成定长的 Hash 值	Jim, Green— >4563934453 Tom, Cluz— >4334565433
Permutation	将数据映射为唯一值，允许根据映射值找回原始值，支持正确的聚合或连接操作	Smith— > Clemetz Jones— > Spefde
Shift	为数量值增加一个固定的偏移量，隐藏数值部分特征	253— >1253 254— >1254
Enumeration	将数据映射为新值，同时保持数据顺序	500— >25000 400— >20000
Truncation	将数据尾部截断，只保留前半部分	021 - 66666666— >021 010 - 88888888— >010
Prefix - Preserving	保持 IP 前 n 位不变，混淆其余部分	10. 199. 90. 105— >10. 199. 32. 12 10. 199. 90. 106— >10. 199. 56. 192
Mask	数据长度不变，但只保留部分数据信息	23454323— >234 - - -23 14562334— >145 - - -34
Floor	数据或日期取整	28— >20 20130520 12：30：45— >20130520 12：00：00

6.5　数据项目质量控制的类型

数据分析项目的质量的重要性不言而喻。根据数据分析项目的特点，区分以下三种类型的质量控制。

（1）源数据质量控制。

（2）编程质量控制。

（3）分析结果质量控制。

源数据质量控制是为了保障输入数据的质量的过程。清晰地了解源数据理论上应该具有的属性或数值与它实际的情况是否有差别非常重要。对于分析师来说，对源数据的数值代表了什么业务情况，以及如何正确地使用和描述数据有一个良好的理解是十分重要的。很难想象一个分析师在对源数据不完全了解的情况下能做出好的数据分析项目，而对源数据质量的检测需要结合实际分析项目的要求，而不是盲目遵循数据质量的规范。

编程质量控制是指必须准确地编写数据分析程序。为了保证程序的准确性，分析师需要在编写程序的过程中加入一些起质检作用的小查询程序，以便从程序的中间阶段和最终输出中获得质量控制信息。其中，数据的聚合经常会导致数据发生质量问题，是需要质检的关键部分。

分析结果质量控制是大多数分析师在提到质量控制时经常会考虑的问题。也就是说，分析结果的输出值和形态要与事实相符合，这可能涉及很多方面。例如，$1+1=2$，而不能等于 3；将零售企业的每周销售额计算成 100 万元，而事实上该企业只做到了 80 万元。有时候，由于计算不当或编程过程质量控制不善，在分析结果与输出变量之间出现矛盾。例如，每周销售额是 80 万元，一共有 1 万次交易，正确的平均交易额应该是 80 元，但程序却计算出 60 元的结果。

1. 源数据质量控制

在数据的质量控制中，验证这个词会经常出现，因为很多基本的质量控制都归结为验证。

在分析开始前，了解数据表的基本信息是否与分析师对该文件的文档的理解和期待一致非常重要。如果分析师对数据表的一般信息（如变量和观察的数量）有一定的期望，那么可以查看变量名称和数据类型等细节，验证是否和数据分析项目要求的一致。需要注意的是，数据实际是描述了现实世界的事物，任何偏离本来事物的描述的数据都可能造成质量问题。

变量的数值类型是数字还是字符一般从其名称不能准确预测。仅包含数字的 id 变量可能是数字或字符，值为 0 或 1 的布尔变量也可能是数字或字符。研究清楚变量数值类型对编程很重要。使用数字数据时，了解变量的长度也非常重要。例如，一个变量的默认值为 8 个字节，如果要修改数值或计算，则必须了解输出的数值是否超过数值允许的范围。字符型数据的情况也非常类似。假设有一个字符变量 response，数值长度为 3 个字符，有 3 个值："yes""no" 和 "dk"。如果希望将 "dk" 的值变为 "unknown"，由于数值长度大于允许的范围，最终数值变为 "unk"。在检查数据质量的时候找到能够确定数据元组唯一性的键值也非常重要，这个跟数据库里的主键和外键相关。因此，在我们使用源数据的时候需要认清什么是聚合需要的主键和外键。

如果对数据的一致性产生了怀疑，如一个顾客属于一个家庭，有家庭 id，也有顾客 id，且如果顾客 id 的头两位包含了家庭 id 的两位数，那么属于同一个家庭的顾客都应该有相同的家庭 id，同时顾客 id 的头两位数也是一样的。如果出现不一致，那就说明在数据库里记录这种家庭关系的信息不完善。类似于这样的不一致的问题其实在数据库里经常发生，当对数据的质量产生怀疑的时候就需要对这些问题进行确认。

2. 编程质量控制

编程过程中的数据质量问题大部分是在聚合两个数据表的时候发生的。在聚合以后可能出现重复的数据，产生重复的数据通常是由于在聚合的两张表当中的主键和外键有一对多或多对多的情况，而这种情况原本是分析师希望不会发生的。如果这种情况是正常的，就不会产生质量的问题。重复的数据可能会对最终计算的结果造成不必要的放大。另外一个常见的问题是，在数据处理当中出现数据丢失，如果丢失的数据没有被赋值为 0，在计算的时候整条记录通常会被自动丢弃。另一个在编程过程当中可能会引发质量问题的是，在做除法的时候，分母有可能为零，因此就会出现无法计算的报错信息。

3. 分析结果质量控制

鉴于分析项目的要求和实际事实，分析的结果是否是真实的？通常需要分析师对实际发生的事实有所了解，才能验证分析结果是否合格。

保证分析项目质量的最佳实践可以参考如下技巧。

（1）一小块一小块地检查程序，在编写程序的时候就开始检查它的质量，而不要等到程序全部写完之后再检查。利用较小的数据量检查/调试每一个程序模块，这样不仅可以提高效率，同时还能帮助发现错误的数据或逻辑。

（2）对程序中的各个重要的功能模块进行详细的评论。准确记录做了什么，列出输入数据和输出数据等。

（3）同行评审是最好的帮助检查程序中是否发生逻辑错误的方法。可以找某个具备一定经验的分析师解释数据程序是如何设计的，以确保没有错误的假设或错误的逻辑。最好的方式是让其他人检查代码，看看他们是否了解程序在做什么。

（4）慢就是快。做事情太快，容易出错，不加检查和纠正的代码只会增加更多的工作量。

（5）有时候输入数据的格式及重复值都会对 SQL 程序造成问题。

（6）应该检查程序输出的结果，以确保没有重复的、丢失的或奇怪的数值。排序和检查唯一性是经常被用到的技术手段。有时候，通过对手工计算得到的结果和程序输出的结果进行对比也非常有帮助。

（7）如果可能的话，使用不同的软件进行分析，并比较结果。

（8）如果时间允许，由两个不同的人进行两次分析。

（9）重视任何出现的意外。如果发现一个错误，即使不那么明显，特别是当这个错误很难理解的情况下，应该假设整个程序都值得怀疑，直到错误被确定和纠正才能结束。

数据编程基础

7.1 面向分析的数据编程范例

许多熟悉计算机编程的技术人员对编程的范例（Paradigm）应该不会陌生。虽然编程的范例有很多种，但比较热门的讨论都集中在面向对象编程的范例和面向过程编程的范例这两大类。在介绍数据编程范例之前，分析师有必要了解面向对象编程和面向过程编程的区别。

总而言之，面向对象是一种以事物为中心的编程思想，以数据（属性）为导向，将具有一个或多个相同属性的物体抽象为"类"，将它们包装起来；而有了这些数据（属性）之后，分析师再考虑它们的行为（对这些属性进行怎样的操作）。因此，面向对象就是把构成问题的事物分解成各个对象，而建立对象的目的不是为了完成一个步骤，而是为了描述某个事物在整个解决问题的步骤中的行为。面向对象的技术，是一种以对象为基础，以事件或消息来驱动对象执行处理的程序设计技术。它具有封装性、继承性及多态性。

另一方面，面向过程是一种以事件为中心的编程思想，以功能（行为）为导向，按模块化的设计，分析出解决问题所需要的步骤，然后用函数把这些步骤一步一步实现。

1. 面向对象设计范例

面向对象设计是一种自下而上的程序设计方法。不像面向过程设计那样一开始就要用main 函数概括出整个程序，面向对象设计往往从问题的一部分着手，一点一点地构建出整个程序。面向对象设计以数据为中心，类作为表现数据的工具，是划分程序的基本单位。而函数在面向对象设计中成为类的接口。

面向对象设计自下而上的特性，允许开发者从问题的局部开始，在开发过程中逐步加深对系统的理解。这些新的理解及开发中遇到的需求变化，都会再作用到系统开发本身，形成一种螺旋式的开发方式。

和函数相比，数据应该是程序中更稳定的部分。比如，一个网上购物程序，无论怎么变化，大概都会处理货物、客户这些数据对象。不过在这里，只有从抽象的角度来看数据才是稳定的，如果考虑这些数据对象的具体实现，它们甚至比函数还要不稳定，因为在一个数据对象中增减字段在程序开发中是常事。因此，在以数据为中心构建程序的同时，分析师需要一种手段来抽象地描述数据，这种手段就是使用函数。在面向对象设计中，类封装了数据，而类的成员函数作为其对外的接口，抽象地描述了类。用类将数据和操作这些数据的函数放在一起，这可以说就是面向对象设计方法的本质。

举个简单的例子，如果要设计一个五子棋程序，面向对象的设计将整个五子棋分为以下三类对象。

（1）第一类对象（玩家对象）：黑白双方，这两方的行为是一模一样的。

（2）第二类对象（棋盘对象）：负责绘制画面。

（3）第三类对象（规则系统）：负责判定诸如犯规、输赢等。

第一类对象（玩家对象）负责接收用户输入，并告知第二类对象（棋盘对象）棋子布局的变化，棋盘对象接收到了棋子的变化就要负责在屏幕上面显示出这种变化，同时利用第三类对象（规则系统）来对棋局进行判定。

2. 面向过程设计范例

面向过程的程序设计是一种自上而下的设计方法，设计者用一个 main 函数概括出整个应用程序需要做的事，main 函数负责对一系列子函数的调用。对于 main 函数中的每一个子函数，又可以再被精炼成更小的函数。重复这个过程，就可以完成一个面向过程的设计。其特征是以函数为中心，用函数作为划分程序的基本单位，数据在面向过程设计中往往处于从属的位置。

面向过程设计的优点是易于理解和掌握，这种逐步细化问题的设计方法和大多数人的思维方式比较接近。然而，面向过程设计对于比较复杂的问题，或是在开发中需求变化比较多的时候，往往显得力不从心。这是因为面向过程的设计是自上而下的，这要求设计者在一开始就要对需要解决的问题有一定的了解。在问题比较复杂的时候，要做到这一点会比较困难，而当开发中需求变化的时候，以前对问题的理解也许会变得不再适用。事实上，开发一个系统的过程往往也是一个对系统不断了解和学习的过程，而面向过程的设计方法忽略了这一点。

在面向过程设计的语言中，一般都既有定义数据的元素（如 C 语言中的结构），也有定义操作的元素（如 C 语言中的函数）。这样做的结果是数据和操作被分离开，容易导致对一种数据的操作分布在整个程序的各个角落，而一种操作也可能会用到很多种数据。在这种情况下，对数据和操作的任何一部分进行修改都会变得很困难。

同样利用五子棋项目作为例子，面向过程的设计思路就是首先分析问题的步骤。

（1）开始游戏。

（2）黑子先走。

（3）绘制画面。

（4）判断输赢。

（5）轮到白子。

（6）绘制画面。

（7）判断输赢。

（8）返回步骤（2）。

（9）输出最后结果。

把上面每个步骤用函数来实现，问题就解决了。

7.1.1 数据项目的特点

从有分析师这个职业以来，数据分析项目都是为了业务而生。换句话说，数据的收集、存储、分析、使用都是为业务目的服务的。无论是为管理业务而设计数据库来处理事务性数据，还是设计一个数据仓库服务于营销部门的数据分析，或者部署一个分布式的 Hadoop 系统来处理多样性的数据，甚至一个小小的业务报表的任务，都是有一个明确的目的的。

1. 数据分析任务

小到一个数据报表，大到一个预测分析的任务，通常分析师都会接到如下业务问题。

（1）需要上周的销售业绩报告，包括销售额、成交笔数、客户数量等指标。

（2）网站最近的访问量如何，访客都有哪些特点？

（3）需要对下周的销售量做出预估，以便于安排仓储备货。

（4）银行需要制定一些信用卡发放的规则来控制可能出现的信用风险，分析一下具有哪些特征的人群可能会有较高的风险。

通常业务部门对分析输出的数据结果的形式有一定的要求，在项目初创期间会努力与分析师沟通，以避免最后等来的结果出乎意料。数据项目初创期间的沟通时间随着项目的复杂程度而上升。通常在数据文化不够良好的机构组织，这样的沟通不够顺畅。大家会以主观的臆想来代替充分的交流。当项目递交，结果不如人意之时，常常出现的感叹是"我以为……"。

假设经过充分的沟通，分析师对项目需要输出的结果是了然于心的，接下来的工作自然是顺理成章了。比如，分析师希望做出如表 7.1 所示的报表。

表 7.1   运营商客户流失报表

超计划使用月份	客户流失	客户未流失	总计	客户流失率
0	10 950	632 083	643 033	1.7%
1	2410	123 649	126 059	1.9%
2	1294	56 574	57 868	2.2%
3	589	26 189	26 778	2.2%
4	269	11 300	11 569	2.3%
5	143	6637	6780	2.1%
TOTAL	15 655	856 432	872 087	1.8%

分析师接下来的工作通常是寻找数据源，检查数据质量，然后将数据整合成一张数据表，通常被称为分析用数据表（Analytical Table）。一个有经验的分析师一般能根据报表设计直接想象出分析用数据表的样子，然后根据分析用数据表的要求将所需要的数据源整合起来。

2. 数据仓库架构与设计

如果从事数据工程方面的工作，作为一名分析师较大的可能性是需要为企业设计一个数据仓库，以服务于日常的数据分析工作。数据仓库的架构与设计相对一般的数据分析要复杂得多。分析师的设计工作可以分为架构设计和数据模型设计两大部分。开发数据仓库的过程包括以下几个步骤。

（1）系统分析，确定主题：建立数据仓库的第一个步骤就是通过与业务部门的充分交流，了解建立数据仓库所要解决的问题的真正含义，确定各个主题下的查询分析要求。业务人员往往会罗列出很多想解决的问题，信息部门的人员应该对这些问题进行分类汇总，确定数据仓库所要实现的业务功能。一旦确定问题以后，信息部门的人员还需要确定以下几个因素。

①操作的频率，即业务部门每隔多长时间做一次查询分析。

②在系统中需要保存多久的数据，是一年、两年，还是五年、十年。

③用户查询数据的主要方式，如在时间维度上是按照自然年，还是财政年。

④用户所能接受的响应时间是多长，是几秒钟，还是几小时。

（2）选择满足数据仓库系统要求的软件平台：在数据仓库所要解决的问题确定后，第二个步骤就是选择合适的软件平台，包括数据库、建模工具、分析工具等。这里有许多因素要考虑，如系统对数据量、响应时间、分析功能的要求等。

（3）建立数据仓库的逻辑数据模型。

（4）逻辑数据模型转化为数据仓库数据模型。

（5）数据仓库数据模型优化：在设计数据仓库时，性能是一项主要考虑的因素。在数据仓库建成后，也需要经常对其性能进行监控，并随着数据分析量的变更进行调整。

（6）数据清洗、转换和传输。

（7）开发数据仓库的分析应用：建立数据仓库的最终目的是为业务部门提供决策支持，必须为业务部门选择合适的工具，实现其对数据仓库中的数据进行分析的要求。

（8）数据仓库的管理。

与数据分析的项目的操作流程相似，数据仓库的设计也依赖于充分了解业务部门的使用需求。在设计过程中，不仅要满足业务部门对数据完整性等质量方面的要求，还要了解业务部门是如何使用这些数据的，以便在设计中提高数据仓库的运行效率。

在设计一个分布式的数据存储架构时，尽管与数据仓库设计所采用的技术手段有所不同，但设计的流程却大同小异。在部署一个分布式数据系统时，必须充分了解业务部门是如何使用、分析大数据的。例如，如果业务部门需要对客户的行为进行大量的分布式计算，而在 HDFS 设计时数据块分布得不合理，在计算过程中需要在不同的集群间传输大量的数据，Hadoop 系统本来应该带来的运行效率就被数据传输消耗殆尽，甚至变得非常缓慢。

同理，数据库的设计也遵循了从了解业务部门需求开始的原则。在没有充分了解业务部门的需求和目的的情况下所进行的任何数据项目，其失败的概率都会大大增加。

本书的主要方向是介绍数据分析，因此以下将详细介绍数据分析项目的编程方法。

7.1.2　数据项目编程的流程

假设数据项目的最后输出表的结构是明确的，下面以业务报表为例来讲解数据编程的流程。

1. 分析用数据表

首先，分析师有了明确的报表设计，如表 7.1 所示。在生成这样的表格之前，分析师需要一个分析用数据表。建立分析用数据表的好处有很多。

（1）在最后一步计算报表的 KPI 时，不容易出错。

（2）数据表的逻辑结构符合数据质量规则的要求，主键（维度）＋属性（列）的方式是一个关系型数据表的常用概念。

（3）分析用数据表的设计与数据仓库中的视图（View）的设计理念一致，因此非常易于管理。

根据表 7.1 的要求，为计算相应的 KPI，一个如表 7.2 所示的分析用数据表是非常合适的。

表 7.2　运营商客户流失分析用数据表

年	月	客户 id	超过计划使用（0－未超过；1－超过）	流失与否（0－未流失；1－流失）
2016	1	2176981237213	1	0
2016	2	2176981237213	0	0
2016	3	2176981237213	0	0
2016	4	2176981237213	0	0
2016	5	2176981237213	0	0
2016	6	2176981237213	0	0
2016	1	6783264873246	0	0
2016	2	6783264873246	1	0
2016	3	6783264873246	1	1
2016	1	0923621123454	1	0
2016	2	0923621123454	1	0
2016	3	0923621123454	0	0

根据这张表，分析师只需要利用如下的 SQL 语句就可以计算出报表所需要的 KPI。

```
create temp table tmp_table as select "客户 id"
, sum("超过计划使用") as "月"
, max("流失与否") as "流失与否"
from analytical_table
group by "客户 id";

select "月"
, sum(case when "流失与否" = 0 then 1 else 0 end) as "客户未流失"
, sum("流失与否") as "客户流失"
, count(distinct "客户 id") as "总计"
,"客户流失" / "总计" as "流失率"
from tmp_table
group by "月";
```

2. 数据整合

为了生成分析用数据表，分析师需要到数据仓库寻找源数据。在大多数情况下，源数据会分布在同一数据仓库中不同的数据表中。在比较糟糕的情况下，有些源数据存在于不同的数据仓库中，甚至是作为一个文本文件存在于其中。无论哪种情况，分析师都需要牢记数据质量的 GIGO 原则，在数据整合过程中对数据的质量控制负责。

在运营商客户流失分析这个简单例子里，分析用数据表有两种不同的列。

（1）维度："年""月""客户 id"都属于维度。

（2）属性："超过计划使用""流失与否"是属性。

数据整合的原则是从数据仓库中的维度表里寻找符合要求的维度目标。在运营商客户流失这个分析项目里，从 2016 年 1 月到 6 月，每个月月初的活跃客户都是分析项目的维度目标。通常，数据仓库的维度表是第一考虑的源数据。如果数据仓库里已经存在了关于客户活跃度的月度服务汇总表，也可以直接使用，如表7.3所示。

表7.3 运营商月度服务汇总表

年	月	客户 id	应缴费	通话（分钟）	数据（MB）	增值服务	消息	彩铃
2016	1	2176981237213	58.00	98	578	15	32	1
2016	2	2176981237213	62.48	104	983	15	41	1
2016	3	2176981237213	58.00	89	870	15	3	1
2016	4	2176981237213	58.00	78	750	15	13	1
2016	5	2176981237213	58.00	187	890	15	41	1
2016	6	2176981237213	98.56	56	1200	15	34	1
2016	1	6783264873246	128.00	678	300	15	1	0
2016	2	6783264873246	128.00	572	279	0	3	0
2016	3	6783264873246	128.00	498	240	0	0	0
2016	1	0923621123454	112.42	230	1357	0	6	0
2016	2	0923621123454	153.56	250	2367	0	8	0
2016	3	0923621123454	132.12	210	2980	15	9	0

在该表里的"年""月""客户 id"是组合主键，都属于维度。分析用数据表的维度在表7.3中全部可以找到，因此可以从表7.3开始构建分析用数据表。

相应的 SQL 程序如下所示。

```
create temp table analytical_table as select distinct
"年","月","客户 id"
from "运营商月度服务汇总表"
where "通话" > 0 or "数据" > 0 or "消息" > 0;
```

假设，运营商月度服务汇总表的数据质量符合要求，没有重复值和缺失值等现象，上述程序可以输出当月的活跃客户，临时的分析用数据表如表7.4所示。

表7.4 临时分析用数据表（1）

年	月	客户 id
2016	1	2176981237213
2016	2	2176981237213
2016	3	2176981237213
2016	4	2176981237213
2016	5	2176981237213
2016	6	2176981237213
2016	1	6783264873246
2016	2	6783264873246
2016	3	6783264873246
2016	1	0923621123454
2016	2	0923621123454
2016	3	0923621123454

接下来，分析师需要将"超过计划使用"的属性放到临时分析用数据表（1）中。为了判断客户在当月是否有超过计划使用的情况，有以下几种方式可以做到。

（1）如果在数据仓库里已经有相关的数据表而且质量没有问题，则可直接使用该表内关于客户在某年某月的"超过计划使用"属性（列）。

（2）查找数据仓库里关于客户某年某月的手机计划的实际可用量，与表 7.3 整合后，比较"通话""数据""消息"等数据。若实际用量超过计划允许的用量，则客户在某年某月的"超过计划使用"属性（列）为 1，否则为 0。以月份为维度比较的原因是客户可能在 2016 年 1 月到 6 月期间改变了手机计划。

（3）也可以找到数据仓库里关于客户某年某月的计划合同价格，与表 7.3 中的应缴费相比较，应缴费大于计划合同价格则"超过计划使用"属性（列）为 1，否则为 0。使用这种方法，必须要确保表 7.3 中的应缴费代表了当月的使用量带来的费用，且没有其他计费考量，如上月拖欠款、奖励款等都会导致数据标记出错。

经过这一步数据处理，分析用数据表便加上了"超过计划使用"属性（列），如表 7.5 所示。

表 7.5　临时分析用数据表（2）

年	月	客户 id	超过计划使用（0－未超过；1－超过）
2016	1	2176981237213	1
2016	2	2176981237213	0
2016	3	2176981237213	0
2016	4	2176981237213	0
2016	5	2176981237213	0
2016	6	2176981237213	0
2016	1	6783264873246	0
2016	2	6783264873246	1
2016	3	6783264873246	1
2016	1	0923621123454	1
2016	2	0923621123454	1
2016	3	0923621123454	0

最后，分析师需要将流失与否的属性加入分析用数据表中。通常，运营商的数据仓库里会详细记录每个客户的开通日期和账户关闭日期。通过账户关闭日期，分析师可以判断出客户在哪个月流失。为了简单，先不介绍编程数据质量控制的概念，假设没有异常状况，源数据会在客户产品关系表里找到，如表 7.6 所示。

表 7.6　客户产品关系表

套餐 id	套餐	客户 id	开通日期	关闭日期	数据（MB）	通话（分钟）	消息	彩铃
000001	飞翔 58	2176981237213	2014－10－23	2015－09－12	500	100	10000	1
000002	飞翔 88	2176981237213	2015－09－12		1000	100	10000	1
000003	飞翔 128	6783264873246	2015－10－23	2016－03－25	2000	200	10000	0
000001	飞翔 58	0923621123454	2016－05－19		500	100	10000	0

分析师通过如下 SQL 程序可以将流失客户的数据找到。

```
create temp table tmp_table as select distinct
year("关闭日期") as "年"
, month("关闭日期") as "月"
,"客户 id"
, 1 as "流失与否"
from "客户产品关系表"
where "关闭日期"between '2016 -01 -01' and '2016 -06 -30';
```

生成的 tmp_ table 如表 7.7 所示。

表 7.7　客户产品关系表（1）

年	月	客户 id	客户流失（0－未流失；1－流失）
2016	3	6783264873246	1

分析师最后将 tmp_table 通过 join 指令聚合到分析用数据表，就完成了数据的整合，得到了完整的分析用数据表。需要注意的是，这样的聚合会产生大量的缺失值，需要在聚合结束后处理。

```
create temp table analytical_table as select
a. *
, b."流失与否"
from analytical_table as a left join tmp_table as b
on a."年" = b."年"
and a."月" = b."月"
and a."客户 id" = b."客户 id";
```

7.1.3　面向分析的数据编程范例

通过以上范例的介绍，可以总结数据编程的范例为"面向分析的数据编程范例"。

数据编程的范例既不是面向对象的，也不是面向过程的，它有自己独特的模式。这种模式在设计整个编程流程时需要采用"倒推"的方法，而在编程的时候可以一步一步按顺序完成。这个范例的好处主要有以下几点。

（1）符合设计需要满足项目目的的原则。

（2）避免最后的输出结果与业务的要求不符。

（3）生成的分析用数据表可以任意加入额外的属性（列）。当业务需要在不改变分析维度前提下增加分析内容时，可以在不影响其他步骤的情况下添加属性。

（4）分析用数据表所需的属性（列）可以通过程序块不断添加，而相互之间互不影响。

（5）计算 KPI 时非常简单，极大地降低了计算错误发生的概率。

具体来讲，整个数据编程阶段可以分为以下四个部分。

（1）理解业务部门提出的项目要求。

（2）将项目要求翻译为对数据的要求。

（3）数据整合。

（4）KPI 计算。

1. 理解业务部门提出的项目要求

要保证数据分析项目的质量，交付符合业务部门要求的结果，理解项目的要求是至关重要的。

在许多情况下，业务部门对数据及数据分析技术是不熟悉的，甚至对自己拥有哪些数据也不是非常清楚的，提出的问题和要求有时候会与实际脱节。这个时候就需要分析师利用自己的经验和知识帮助业务部门厘清他们的数据分析要求。这个过程需要大量有效的沟通，甚至是一个反反复复的过程。

在这个阶段，分析师通常需要了解四个方面的内容。

（1）数据分析项目的目的。比如，业务部门需要通过数据报表来了解有多少客户由于超量使用手机计划被收了额外的费用，导致其离网流失。了解分析目的不仅能帮助分析师规划源数据的获取，同时还能帮助分析师在整个数据分析过程中做出合理判断和决策。

（2）数据分析的范围。了解分析的范围有助于分析师决定提取多少数据来完成分析。分析范围通常是指时间、地点、人或物。

（3）交付的形式。交付给业务部门的结果通常有以下几种形式：PPT、Excel、Word、E-mail（对几个数字的简单解释），或者需要在生产环境中自动运行的程序。

（4）交付期限（Deadline）。

2. 将项目要求翻译为对数据的要求

在这个阶段，分析师主要要做的是设计。根据对项目的了解，分析师需要分解项目，将 KPI 设计好（使 KPI 能够代表现实的业务现象），随后就可以知道需要提取哪些源数据用于 KPI 的计算。

在这个过程中，主要是设计，因此需要用到倒推的方法。该阶段分为以下三个过程。

（1）设计 KPI。在了解项目的目的后，分析师需要设计 KPI 来描述业务的事实。KPI 主要的形式有三种，但其变化的形式却是无穷尽的，需要分析师的经验来设计合理的 KPI。以下是 KPI 的三种主要形式。

①人或物的数量。

②交易事件的数量。

③交易涉及的金额。

（2）查找源数据。在定下 KPI 的设计后，分析师需要查找合适的源数据。在许多机构组织，尤其是数据文化不太流行的时候，源数据通常没有被很好地管理。这就需要分析师根据经验判断应该从哪些源数据里提取需要的信息。

（3）检查源数据的质量。在正式使用该源数据前，其质量需要被评估。数据的质量维度除在数据收集时被决定外，使用的场景也会影响数据的质量。

3. 数据整合

在这个阶段分析师主要要做的是编程，因此可以采取正常的步骤一步一步编写。程序的编写通常采取模块化模式，即一个大的功能单独形成一个模块。

分析师要将数据分析需要计算的 KPI 所涉及的数据整合到分析用数据表里。根据分析的数据的复杂程度，有时候多个维度无法统一在一个分析用数据表里，则需要两个或两个以上的分析用数据表。

（1）判断分析用数据表所需的维度种类。例如，上述运营商的案例，"年""月"

"客户 id" 就是基本的维度。

（2）判断分析用数据表所需要的属性种类。例如，上述运营商的案例，"超过计划使用" 和 "流失与否" 就是基本的属性。

（3）在数据仓库里寻找能满足维度要求的数据表。在多个数据表都可以使用的情况下，原则是使用数据质量最高的数据表。在多维度数据仓库里，维度都有自己单独的一个维度表，其中记录了关于该维度（如客户）的相关信息，通常这些维度表的质量比较高。而事实上，数据表的数据质量要在具体使用时才能得出判断。

（4）首先，为分析用数据表建立一个包含完整数据的维度组合。例如，上述运营商的案例，从 2016 年 1 月份到 6 月份，每个月的活跃客户都必须包括进来。但每个维度的组合必须是唯一无重复的，即单个活跃客户的数据在每个月只能出现一次。

（5）如果维度的组合还没有完成，则需要从其他数据表里寻找维度数据，然后与分析用数据表聚合（join），直到所有维度都被包含在分析用数据表里。同样，维度组合唯一性的原则必须遵守。

（6）在将属性聚合到分析用数据表时，通常采用模块的方式将数据库中同一类的属性（通常这些属性的数据会存储在数据仓库的同一个表中）聚合到相应的维度组合，然后与分析用数据表聚合（join）。在这个过程中，必须保证以下两个原则。

①聚合后，分析用数据表的维度组合的唯一性和完整性保持不变，也就是分析用数据表的元组的数量不变。

②属性的值不能出现重复（Duplication），也就是在聚合（join）的时候，要保证一对一聚合。

（7）重复第（6）步，直到所有的属性都被聚合进分析用数据表。

（8）对属性的缺失值进行处理。

4. KPI 计算

KPI 的计算是数据分析项目的最后一步。在数据整合过程中，在严格控制质量的基础上，KPI 的计算通常是简单的。

7.2　编程效率和程序运行效率

数据编程的效率大致可以分为两类：编程效率和程序运行效率。

7.2.1　编程效率

1. 数据取样

在大数据的环境下，编程的速度主要取决于程序 Debug 的速度。由于数据量巨大，程序运行一次的时间从几分钟到几小时不等。Debug 一次的时间自然就由程序运行的时间决定。为了提高编程效率，分析师通常会将大数据做成较小的数据表，保证程序运行一次的时间在几秒之内。这样 Debug 的速度就会大大提高。

在获取小样本数据表用于编程的时候，需要采用统计学中随机取样的方式。许多对数据管理较好的机构组织通常会在数据仓库的基础上，预先为分析师构建一个样本数据仓库。样本数据仓库在保持原有的数据模型基础上，还必须保持原有数据之间的逻辑关系。

这样分析师在小样本数据上完成编程后，可以直接使用原始数据库的 Schema 运行，而无须改变源码。

在数据编程过程中，分析师最关心的是质量。数据分析项目的编程质量由两个因素决定。其一，程序本身是否能在数据仓库上顺利运行，而不会出现运行错误；其二，程序顺利运行后，输出的结果是否合理。

因此，在设计小样本数据仓库的时候，各个数据表不仅仅是从相对应的母表中随机取 1% 的样本那么简单。在取样的时候，数据表之间的数据逻辑关系还必须被完整保留。假设原始数据仓库里有 10 000 客户、5000 商品、100 家门店等主要的维度，在取样的时候，通常是按照以下逻辑取样：

（1）找到数据分析的主要维度，在维度表中首先进行随机取样；

（2）以取样完成后的维度表为起始，找到事实表里与该维度相关的全部交易数据；

（3）将第（2）步中事实表中的数据涉及的其他维度数据提取出来。

例如，当要分析客户行为的时候，通常客户是主要的维度。则首先在客户维度数据表里随机取 1% 的样本，然后找到与该客户相关的所有事实数据，通过事实数据找到与该客户发生过关系的其他维度，并提取这些维度的数据。

企业级的数据库在取样时，由于要考虑多种分析的场景，通常采取更为复杂的方法来保证样本数据中客户行为、商品交易等的统计分布基本保持与母数据之间的一致。与母数据之间的这种一致性能够辅助分析师在 QA 程序输出的结果是熟悉的统计分布。

2. 程序可重用

数据编程由于是关于业务的，所以许多与业务相关的定义是统一的。例如，在上述运营商的案例中，关于客户流失的定义是统一的，能被其他程序重复使用。如果这个定义的逻辑需要较长的时间编写，那就值得编写一个通用程序，可以为其他分析项目服务。

通常，这样的程序需要通过宏的方式来编写。编写宏的过程比一般编程需要更高的技巧，也较为耗时，同时也不易 Debug。所以，只有当必要的时候才能使用宏。

3. 编程规范

编程规范有时也被称为编程风格。通常，一个机构组织对软件设计开发的代码风格有一定的要求。在企业内部实行统一的编程规范会带来代码管理上的诸多好处。

（1）方便代码的交流和维护。

（2）不影响编码的效率，不与大众习惯冲突。

（3）使代码更美观、阅读更方便。

（4）使代码的逻辑更清晰、更易于理解。

遵守代码的规范通常也被分析师或程序员称为"友好的编程方式"。在数据分析项目中，并非所有的编程项目都需要交付，有些只是分析师自己在做分析时写的代码。尽管如此，养成良好的编程风格和习惯还是能帮助分析师提高效率，主要表现在以下几点。

（1）良好的编程习惯能帮助分析师快速理解代码背后的逻辑意义。

（2）易于调试。

（3）增加程序被重复利用的机会。

有时候，分析师负责较大的数据项目，在一段时间后来看自己写的代码，可能会记不起来当初如此编程背后的逻辑，同时也不易于在程序调试时检查错误发生在哪一步。编程规范化能降低阅读和理解程序所需要的时间，进而提高效率。有时候，由于代码逻辑清晰，还能降低编程犯错的概率。

数据编程规范并没有统一的样式，但以下是一些值得建议的规范案例。

1）命名规范

命名规范分为数据库对象的命名规范和字段的命名规范。数据库中的表、视图、存储过程、触发器、约束等在定义时，对其命名的要求能反映对象类型和进行功能自描述。

（1）命名的统一约定。

数据库对象和字段命名有两种方式：①全都是小写字母，多个单词之间用"_"分隔；②单词小写，多个单词之间，后一单词首字母大写。

```
①student_name
②studentName
```

（2）数据库对象的命名规范。

为了能从命名上就反映出是何种类型的对象，一般做如下规定。

①表：以"t_"开头，如学生表 t_student。

②视图：以"v_"开头，如学生成绩视图 v_studentscore。

③存储过程：以"proc_"开头。

④触发器：以"trg_"开头。

⑤约束：以"cns_"开头。

⑥主键：以"pk_"开头，后面跟表名、字段名，如 pk_student_id。

⑦外键：以"fk_"开头，后面跟表名、字段名、引用表及段名，如 fk_score_studentId_student_id。

2）字符大小写

因为 SQL 语言对于关键字不区分大小写，所以 SQL 语句的关键字全部使用大写或小写字母表示；对于字段名，也统一使用大写或小写字母表示；而对于表名，应该与实际表名的大小写一致（否则在某些情况下会出错），除非使用别名，举例如下。

```
select id, name
from employee
```

3）别名

别名分为两部分：表名的别名和字段的别名。

（1）表名的别名。

①书写规范。表名的别名建议采用简单的字母组合来表示，1 ~ 3 个字母为宜，不能使用双字节的文字来作为表名的别名。表名的别名要使用小写字母。

②使用原则。SQL 语句中只有一个表名的情况下，表名不使用别名。多表联合操作的情况下，如果表名比较长，并且字段需要表名进行限定，此时建议使用别名。自连接的情况下，请使用别名。

例如，单表不使用别名。

```
select id, name
from student
```

例如，多表且字段名需要表名来限定，此时需要别名。

```
select stu.id, stu.name, cls.id, cls.name
```

例如，自连接，此时必须使用别名。

```
select st1.name, st2.name as leadername
from t_student st1, t_student st2
```

（2）字段的别名。

①书写规范。字段的别名应该简单明了且有意义，使用半角的英文、数字、特殊字符等来表示，不使用空格。

②使用原则。字段名一般情况下不使用别名，两种情况除外：表示的字段是表达式；选择列表中出现了相同的字段名（不同表中具有相同的字段名）。

例如，一般情况下不使用字段别名。

```
select id, name from t_student;
```

例如，表示的字段是表达式，此时使用别名，以方便取值。

```
select id, name, count(*) as stu_count
from t_student;
```

例如，选择列表中出现了相同的字段名，此时必须使用别名（表别名）。

```
select stu.id, stu.name, cls.id, cls.name
from student stu, class cls
where stu.belongclassid = cls.id;
```

4）换行

为了使 SQL 语句清晰，便于理解和维护，需要对 SQL 语句做一些处理，包括换行。

换行遵循如下原则：

（1）每一个子句另外一行；

（2）如果一个子句过长，建议将子句再换行，换行的原则是在标点符号（如逗号）后、SQL 关键字前换行，并且要有一个缩进（4 个字符），每个函数或表达式是一个整体，不要在其之间换行，举例如下。

```
select itemid,
    productid,
    avg(listprice),
    avg(unitcost)
    from item
where name like '% abc'
    and supplier = '1' and status = 'p'
group by itemid, productid;
```

5）嵌入式 SQL 书写规范

在 OOP 语言中，嵌入式 SQL 语言的书写要遵循如下规范：所有的表名、字段名都应该使用常量，为的是在以后数据表的结构或字段名有所变化的情况下，能够减少或杜绝遍布程序各处的 SQL 语句的变更，而只在定义常量的地方改变一下即可。

6）注释

一般情况下，源程序的有效注释量必须在 20% 以上。注释的原则是有助于对程序的阅读和理解，在该加的地方加，注释不宜太多也不能太少，注释语言必须准确、易懂、简洁。建议的注释原则有如下几条。

（1）在数据库脚本文件头部应进行注释，注释必须列出：版权说明、版本号、生成日期、作者、内容、功能、与其他文件的关系、修改日志等，头文件的注释中还应有函数或过程功能简要说明。

（2）函数或过程头部应进行注释，列出：函数的目的/功能、输入参数、输出参数、返回值、调用关系（函数、表）等。

（3）边写代码边注释，修改代码的同时修改相应的注释，以保证注释与代码的一致性。不再有用的注释要删除。

（4）注释的内容要清楚、明了、含义准确，防止注释二义性。错误的注释不但无益反而有害。

（5）避免在注释中使用缩写，特别是非常用缩写。在使用缩写时或之前，应对缩写进行必要的说明。

（6）注释应与其描述的代码相近，对代码的注释应放在其上方或右方（对单条语句的注释）相邻位置，不可放在下方，如放于上方则需与其上面的代码用空行隔开。

（7）注释与所描述内容进行同样的缩排，可使程序排版整齐，并方便对注释进行阅读与理解。

（8）对变量的定义和分支语句（条件分支、循环语句等）必须编写注释。这些语句往往是程序实现某一特定功能的关键，对于维护人员来说，良好的注释帮助他们更好地理解程序，有时甚至优于看设计文档。

（9）避免在一行代码或表达式的中间插入注释。除非必要，不应在代码或表达式中间插入注释，否则容易使代码可理解性变差。

（10）通过对函数或过程、变量、结构等正确地命名，以及合理地组织代码的结构，使代码成为自注释的。清晰准确的函数、变量等的命名，可增加代码可读性，并减少不必要的注释。

（11）在代码的功能、意图层次上进行注释，提供有用、额外的信息。注释的目的是解释代码的目的、功能和采用的方法，提供代码以外的信息，帮助读者理解代码，避免不必要的、重复注释的信息。

例如，如下注释意义不大。

```
/*  if receive_flag is true * /
if (receive_flag);
```

例如，如下的注释给出了额外有用的信息。

```
/*  if mtp receive a message from links * /
if (receive_flag);
```

（12）在程序块的结束行右方加注释标记，以表明某程序块的结束。当代码段较长，特别是多重嵌套时，这样做可以使代码更清晰、更便于阅读。

（13）注释应考虑程序易读性及外观排版的因素，使用的语言若是中文、英文兼有的，建议多使用中文，除非能用非常流利而准确的英文表达。注释语言不统一，影响程序易读性和外观排版，出于对维护人员的考虑，建议使用中文。

7.2.2　程序运行效率

在大数据的环境下，对数据库或 Hadoop 系统的数据进行操作通常需要较长的时间，其主要原因是数据过于庞大。为了提高数据分析的效率，通常数据库管理员需要对数据库系统进行调优。在二级证书课程里，将会对数据库和 Hadoop 系统的调优做详细的介绍。而一级证书课程，对分析师的数据编程在实际运行中的效率问题提出一些指导性的建议。之所以说是指导性的建议，是因为不同的企业在搭建自己的数据库系统时会有不同的方案，如硬件、系统软件、网络结构等，这些都会对实际数据程序的运行效率产生不同的影响。因此，在数据编程的过程中，并没有一个完美的、可以实施的措施来有效提高效率。

比如，分析师用 SQL 语句编程进行数据分析，与使用其他软件（如 SAS）面对的效率挑战从技术层面上是不同的。SQL 程序是运行在数据库上的，因此只要紧跟该数据库系统编程的最佳实践就不会有太大的问题。但 SAS 有其独立的数据分析引擎，在分析过程中需要与数据库共同合作。不同系统间的合作有时候会带来效率上的损失，这就需要有符合其特点的运维调试方案才能解决问题。

这里仍然有一些常规的原则可以遵守。在熟悉数据环境和系统环境的基础上，记住这些原则能让分析师很快地找到解决方案来提高数据程序的运行效率。

首先，程序运行效率的瓶颈主要是数据的传输造成的。数据的传输包括以下两种类型。

（1）物理机器之间的数据传输。这种数据传输通常通过网络，受到网络结构的影响较大。10MB 网络和 100MB 网络的数据传输能力显然是不一样的。当企业内使用网络进行数据传输的量比较大时，也会造成网络堵塞，导致数据分析效率下降。

（2）内存和硬盘之间的数据传输。通常计算都发生在内存中，因此数据会被提取到内存后进行计算。在数据量较大的情况下，数据量通常会大过内存的容量，计算该数据时就需要将部分数据写入硬盘，在需要计算时再导入内存。不同的数据分析系统对此处理的模式不同，导致效率下降的程度也不一。

SQL 程序是运行在数据库上的，因此通常不会有物理机器之间的数据传输问题。但对于分布式的数据库结构系统，就会有不同数据源来自不同的机器需要聚合及同步处理事务的需求。数据的传输和同步将会给系统带来压力。

为了降低数据传输和聚合导致的效率下降，分析师需要在编程过程中遵循以下原则。

（1）按需所取：在提取数据时只提取需要的最小数量的数据。

（2）就近取材：避免使用分处两地（机器或系统）的数据进行聚合计算。

（3）精简聚合：在对数据集进行聚合（join）时保证被聚合的数据集的数据量最小。

其次，程序运行的效率的瓶颈还包括对数据表的全表扫描。全表扫描可以通过利用数据表索引来解决，但如果程序的编程不规范，也可能导致全表扫描而效率低下。

最后，程序的不规范也会造成效率的损失。例如，由于在数据编程时未对数据质量做出合理的处理，数据集中的维度属性有缺失、重复等现象，在聚合（join）的过程中没有做到一对一或一对多的聚合，从而导致多对多的现象，数据在聚合过程中产生了大量重复值。虽然在程序中有输出唯一值的子命令，但聚合重复数据却会损失大量的时间。

7.3 编程质量控制流程

数据编程的错误可能导致最终的结果错误，所谓差之毫厘失之千里。因此，在数据项目中需要强调 GIGO 原则，即 Garbage In Garbage Out。虽然有许多因素会导致一个数据项目的失败，如错误理解了项目的需求或交付了与需求不一致的结果，甚至是源数据本身的质量问题等都会导致项目失败，但编程过程也是错误的一个主要来源。

由于数据项目的特殊性，分析师需要在编程过程中处理数据，并定下处理的逻辑。这个过程几乎不太可能预先就设定好。由于业务的需求不同，这样的数据处理逻辑常常处于变化之中，加上不同分析师对业务的熟悉程度不同，有时候对同一业务的处理逻辑还会出现不同的处理方式。对编程稍有经验的人都知道，通常修改一段程序还不如重写来得容易。因此，数据项目中很少有两个人合作完成同一个模块的情况，大多时候的合作都是出于流水线式的串行方式，即一方完成后，另一方在输出的数据结果的基础上开始进行下一阶段的编程，而不会出现并行的方式。

另一方面，数据处理逻辑完成编程后，只输出数据结果，该结果可能会随着数据输入的变化而产生变化。例如，同一段程序对不同时间段的数据进行分析时，输出的结果只代表相应时间段的业务现象，自然是不一样的。与 IT 项目的 QA 模式专注在功能实现的质量控制不同，数据项目还必须同时保证程序运行输出的结果是高质量的。

由于这个特点，数据项目的 QA（质量保证，Quality Assurance），尤其是编程的 QA 通常是分析师自己完成的。换句话说，分析师在编程过程中必须主动进行 QA。

数据项目 QA 的流程如图 7.1 所示。

图 7.1 数据项目 QA 流程

源数据的 QA 在数据质量章节中已经详细介绍过，所以本节主要介绍编程 QA 的其他流程。

在数据聚合过程中，经常出现的错误有以下几项。

1. 数据表中有默认或重复值

由于没有对数据表做出及时有效的 QA，一些脏数据可能还留存在数据表里。尤其当默认值和重复值是维度或重要的聚合条件时，聚合产生的数据不可避免地出现数据重复，从而导致在计算 KPI 时人为放大了其数值。下面用一个例子来说明这个现象。

假设有两个数据表，customer 表和 transaction 表，如表 7.8 与表 7.9 所示。分析师希望将两个数据表通过 left join 指令聚合起来。

表 7.8 customer 表

cust_id	name	age	address	deposit
1	Ramesh	32	Ahmedabad	2000
2	Khilan	25	Delhi	1500
3	kaushik	23	Kota	2000

续表

cust_id	name	age	address	deposit
4	Chaitali	25	Mumbai	6500
	Hardik	27	Bhopal	8500
	Komal	22	MP	4500

表 7.9　transaction 表

cust_id	date	trans_id	amount
3	08/10/2009	102	3000
3	08/10/2009	100	1500
2	20/11/2009	101	1560
4	20/05/2008	103	2060
	08/10/2009	108	3600

分析师使用以下的 SQL 程序，将会得到如表 7.10 所示的结果。

```
select a.cust_id, a.name, a.deposit, b.date, b.amount
from customer as a left join transaction as b on a.cust_id = b.cust_id;
```

表 7.10　脏数据聚合结果

cust_id	name	deposit	date	amount
1	Ramesh	2000		
2	Khilan	1500	20/11/2009	1560
3	kaushik	2000	08/10/2009	1500
3	kaushik	2000	08/10/2009	3000
4	Chaitali	6500	20/05/2008	2060
	Hardik	8500	08/10/2009	3600
	Komal	4500	08/10/2009	3600

聚合结果出现和分析师要求明显不一致的地方。

（1）在 transaction 表里，cust_id = 3 的客户有两条记录，而在 customer 表里只有一条记录。当使用 left join 指令聚合后，customer 表将保留全部记录，但因为有一对多现象，customer 表里 cust_id = 3 的记录被重复，导致给客户的现金存入数据翻倍，从 2000 元变成 4000 元（2×2000 元）。

（2）类似的事发生在 cust_id 缺失的情况，这次是客户 Hardik 和 Komal 的交易数据从不知名的记录里继承下来。实际情况可能是这两人间并没有交易发生。

为了保证数据聚合时不会发生类似现象，原则上分析师在每次聚合数据的步骤前，必须对涉及的数据表进行 QA，主要要保证如下几点。

（1）数据表之间的聚合以一对一为佳，视实际情况可以接受一对多，尽量避免多对多聚合。

（2）分析用数据表尽量作为左表来使用 left join 指令聚合其他表。在聚合完毕后，检查分析用数据表的记录数有无变化。正常情况下，由于分析用数据表的维度数在聚合发生前就已经确定，聚合结束后不应出现数量上的变化。

（3）聚合所涉及的维度（通常是使用 join on 指令聚合下面的数据列）或用于条件中的数据属性列不应出现默认值。

2. 聚合产生重复值

虽然在聚合时数据表没有质量问题，但在某些情况下必须是一对多聚合。由于数据列会随着聚合自动增加记录，某些列可能是分析师不希望被重复的。如上例中，cust_id = 3 的客户由于存在一对多聚合的问题，其现金存款额被认为增加了一倍。在该情况下，通常分析用数据表的数据量会增加，如从 10 000 条记录增加到 10 252 条记录等。

3. 聚合产生数据丢失

在实施了不当聚合操作时，如没遵守将分析用数据表作为左表聚合（使用 left join 指令）其他数据表，或者使用了不当的 where 条件，分析用数据表在聚合后会出现记录数下降的现象。

4. 聚合后属性未被包含进来

当分析师在聚合两个数据表时，需要从两个数据表里提取属性。虽然分析师非常明白从两个数据表提取的属性代表不同的意思，但提取属性的操作是必要的。由于忽视了属性列名可能是一样的，导致其中一个属性被另一同名属性替换掉。这样的现象不是任何数据分析软件都会发生的，通常 SQL 会报错，并要求修改该错误。但有些数据分析软件可能会出现意想不到的结果。

5. 数据计算时发生错误

分析师在计算 KPI 时，有可能使用了错误的内置函数或出现除以零等诸多现象，而导致计算结果与期望不符。

数据项目设计与执行

8.1 数据分析项目计划管理流程

数据项目主要分以下两种。

（1）大数据工程，包括系统搭建和数据采集、处理、入库等。

（2）数据分析，包括业务报表、洞察分析、统计数据挖掘建模。

前一种项目需要较多的 IT 技能，后一种项目需要较多的分析技能。大数据领域的职业划分规则也是根据这两种不同的项目需求制定的。在这两种带有一点区别的数据项目之间，有些技能是通用的，但可能使用的工具有所不同。在项目流程上，虽然具体的实施有着较大差别，但流程却相对比较相似。

如图 8.1 所示，数据项目的执行流程是从项目计划开始的，在确定了项目的目标和范围后，开始实施项目。这一小节将介绍其中每个步骤的具体工作。

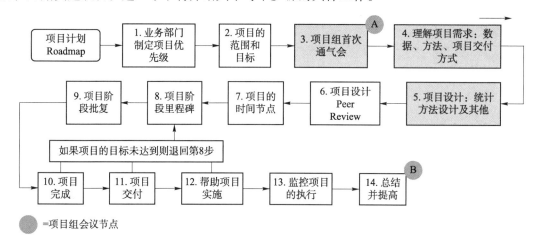

图 8.1　数据项目的执行流程

1. 项目计划

在项目计划阶段，主要由业务部门制订项目的计划列表。业务部门根据企业的愿景目标制定数据项目。其大致流程有如下几个步骤。

（1）项目立项——明确项目的目标、时间表、项目使用的资源和经费，而且得到执行该项目的项目经理和项目发起人的认可。

（2）初始项目分析——初始的项目范围说明，相当于确定初始的项目需求说明书，对项目需求进行初步的描述，将来编写需求规格说明书的时候，可以在此基础上进行详细的描述。通常，业务部门会对与该项目有关的历史数据和信息进行查询、核对，以便精准确定项目的目标和范围。

（3）项目的生命周期——任何项目都有其独特的生命周期，项目的设计不可能兼顾无限的时间长度。尤其是大型的数据项目，通常需要考虑到成本和客观的限制。

（4）编制计划——包括任务分解、成本估算、资源、进度安排等。

（5）项目范围——与项目的生命周期相似，项目的范围也必须界定。数据项目的范围通常是指项目能服务的业务范围。

（6）项目分解——WBS（Work Breakdown Structure），通常根据项目实施时需要的技能，将项目分解为更多的工作细目或子项目，使项目变得更小、更易管理、更易操作。

（7）估算项目需要的工作量和完成的时间节点。

在项目计划阶段，数据项目的执行流程中的步骤 1（业务部门制定项目优先级）和步骤 2（项目的范围和目标）也同期完成。

2. 项目组首次通气会

通常，项目的管理者会根据项目实施的时间，提前一段时间召开会议，邀请有关人员参加会议，对项目的整体情况进行介绍，目的是让有关人员对项目的具体情况达成共识，并且对相关人员的工作量予以初步估算，收集信息以帮助安排项目分解后各个子项目的时间节点。

作为分析师，在该会议中有机会提出与自己相关的问题。例如，项目设计中涉及的数据可能不存在，需要调整；项目设计的范围可能太大，需要调整；项目设计的分析人员需要调整等。

3. 理解项目需求

在该阶段，数据工作人员需要理解以下四个重要的内容。

（1）项目的背景。

（2）项目的目标。

（3）项目的交付时间（Deadline）。

（4）项目的交付方式。

4. 项目设计

在充分理解项目的需求后，分析师需要为自己承担的任务设计具体的实施方法。这些方法包括如下几种。

（1）工具与语言，如 SQL、Python、Java、SAS 等。

（2）普通的分析方法，或者是统计模型、数据挖掘算法、人工智能等。

（3）分析方法和工具的选择会对数据源提出要求，如大多数统计模型对脏数据比较敏感，而部分高级算法对数据属性的数量有要求等。数据源的问题同时也会逼迫分析师选择不同的数据处理或分析方法，这在分析项目中较为常见。而在大数据项目中，架构师也需要了解分析师常做的分析项目，才能设计出好的数据系统。

在项目设计阶段，数据项目的执行流程中的步骤 6（项目设计 Peer Review）和步骤 7（项目的时间节点）也同期完成。

5. 项目实施

这个阶段包含了数据项目的执行流程中的步骤 8（项目阶段里程碑）、步骤 9（项目阶段批复）、步骤 10（项目完成）、步骤 11（项目交付）、步骤 12（帮助项目实施）。

6. 项目的反馈

数据项目要根据项目的目标来评估绩效。例如，一个数据项目的目标是将数据查询的速度提高到每秒处理 TB 级查询的程度。那么项目的成功就必须按是否达到目标来衡量。信用卡发行部门需要知道哪类客户最可能申请公司的信用卡，用分析结果执行营销活动获取的客户数量是否有提高就是衡量的指标，而客户是否使用信用卡就不是衡量的指标。

8.2 数据项目设计方法

在处理数据分析项目时，分析师通常需要了解项目的目的是什么，而不是直接问如何做。大部分业务部门的经营人员对数据分析这个专业领域是不熟悉的，许多未经过专业训练的人甚至都无法看懂一个简单的数据报表。因此，分析师无法从业务部门那里直接得到"数据报表做成啥样才对"和"顾客行为预测完了，输出结果以何种形式给你"的回答。这些问题的答案需要专业的分析师自己判断。

为了回答这些问题，分析师在与项目的主管部门沟通后，需要从四个方面入手来了解项目。

8.2.1 项目目标

项目目标是指一个项目为了达到预期成果必须完成的各项指标标准，主要表现为：质量目标、工期目标、投资目标，称为三大目标。它们的目标值由合同界定，彼此之间存在着相互联系和制约的关系。

项目目标确定的过程有如下几个步骤。

（1）项目情况分析：对项目的整个环境进行有效分析，包括外部环境、上层组织系统、市场情况、相关干系人（客户、承包商、相关供应商等）、社会经济和政治/法律环境等。

（2）项目问题界定：对项目情况分析后，发现是否存在影响项目开展和发展的因素及问题，并对问题进行分类、界定，通过分析得出项目问题产生的原因、背景和界限。

（3）确定项目目标因素：根据项目当前问题的分析和定义，确定可能影响项目发展和成败的明确、具体、可量化的目标因素，如项目风险大小、资金成本、项目涉及领域、通货膨胀、回收期等，具体应该体现在项目论证和可行性分析中。

（4）建立项目目标体系：通过项目目标因素，确定项目相关各方面的目标和各层次的目标，并对项目目标的具体内容和重要性进行表述。

（5）各目标的关系确认：哪些是必然（强制性）目标，哪些是期望目标，哪些是阶段性目标，不同的目标之间有哪些联系和矛盾，确认清楚后便于对项目进行整体把握和推进项目的发展。

项目目标的制定同样需要遵循 SMART 原则，具体有如下几点。

（1）制定的目标应该是明确的（Specific），模棱两可的目标会让项目工作人员在执行的时候觉得无所适从。

（2）制定的目标必须是可衡量的（Measurable），应该多采用可量化的指标。

（3）制定的目标应该是可达成的（Achievable），盲目追求不切实际的目标会给项目带来灾难性的后果。

（4）制定的目标要和项目本身具有很强的相关性（Relevance）。

（5）目标要有时间限制（Timeliness）。

在制定项目的过程中，要尽可能地吸收团队成员参与。经过团队成员参与讨论确定下来的项目具体目标的认可度是最高的，团队成员也愿意积极为自己亲自参与制定的目标而努力工作。具体的目标制定可以采用建立项目工作分解结构（WBS）的方法，即将一个整体的项目分解成易于管理的几个细目，然后指定各个细目的负责人，构成责任矩阵（Responsibility Matrix）；也可以采取人力资源管理中经常采用的"鱼骨图"法，将主要目标进行分解并落实到人。

以营销的数据分析项目为例，常见的项目目标有以下一些例子。

（1）市场机会分析，如市场占有率、成长机会、潜在客户等。

（2）目标市场选择，如市场细分、市场定位等。

（3）产品定位，如产品决策、定价、销售渠道决策等。

（4）促销优化。

（5）分析客户的购买习惯以发现市场机会。

（6）目标市场细分。

（7）品牌营销，如品牌知名度和广告知名度、品牌忠诚度等。

（8）潜在销售量的估计。

（9）广告效果研究。

（10）对经销商的绩效分析。

8.2.2　背景调查

项目背景主要应说明以下几点。

（1）项目的目标和目的：简单描述立项时业务现状、对本项目的需求情况和立项的必要性、项目的宏观目标与企业或部门战略规划和发展策略的相关性、建设项目的具体目标和目的、项目效果前景预测等。

（2）项目建设内容：提出项目研究的主要产品、运营或服务，具体包括规模、品种、内容；项目可行性报告描述了项目的主要投入和产出，包括投资总额、效益测算情况、风险分析等。

（3）项目工期：项目原计划工期，实际发生的批准、开始、完成、达到项目目标及项目完成后绩效评估的日期。

（4）历史沿革：项目在过往是否有相关的信息和已经存在的类似工作可以借鉴。

（5）项目后评价：项目后评价的任务来源和要求，项目自我评价报告完成时间，评价程序，评价执行者，评价的依据和方法等。

8.2.3　分析范围

一个数据项目从成立开始，其分析的范围就必须要明确。数据涉及的范围基本有以下三种。

（1）项目分析的对象，即客户、经销商等。

（2）项目分析所涉及数据的范围，如时间跨度等。

（3）项目分析设计的地域，如省、地区等。

分析范围的选取需要遵循奥卡姆剃刀原则，即"如无必要，勿增实体"。可以用少量数据来说明事物的时候，却用了大量的数据，那就是浪费。

8.2.4　分析结果交付形式

大多数数据项目的交付形式是以以下形式为主的。

（1）一些数据，可以通过口头、邮件等形式交付，通常是较简单的项目可以通过该形式交付。

（2）Excel 报表。

（3）可视化。

（4）BI 报表。

（5）PPT。

（6）程序。

8.3　数据分析项目的分类

通常在业界，数据项目会根据项目实施的方式被习惯性称为 Routine Job（经常型项目）和 Ad hoc（临时项目）。这两种项目的区别在于项目的设计和实施对编程要求不一样。

Routine Job 通常需要定期执行。由于 Routine Job 会反复使用同一程序执行，程序的质量已经在多次执行的过程中经受了考验。数据项目的质量不是最为关键的考量。执行程序过程中耗费的时间需要降到最低，即提高程序的运行效率。例如，提高程序的重复利用率，使用大量的宏变量，将手动修改程序执行的情况降到零；优化程序，使完成一次程序的时间缩短；提高程序输出结果的自动化程度，让程序直接输出报表，甚至直接发送到报表的使用者手里。

Routine Job 有时候还会被要求让系统按预先设定的时间自动运行，实现无人操作。在这种情形下，编程人员需要考虑以下额外的因素。

（1）程序处理异常情况的能力，如数据报错，程序是否能安全检测出来，是否需要停止执行等。

（2）程序报错的警告，并通知程序的责任人。

（3）程序输出结果的质量检查报告。

（4）程序日常维护的便利性。

Ad hoc 需要工作人员从头设计，因此需要遵循标准的项目设计和实施流程原则，还需要特别关注项目的质量问题。

8.4　项目前分析和项目绩效考评

1. 项目前分析

项目前分析是指在考虑到项目成本估算、风险及收益预测等因素的情况下，对项目开展的原因、项目的可行性和优化提高机会的分析。项目前分析主要解决以下几方面问题。

（1）项目是否可以顺利执行，如目标客户是否足够多、市场容量是否足够大。

（2）项目在实施过程中是否有优化提高的空间，以及如何提高等。

（3）项目的投入成本和预计的产出。

（4）实验设计，保证项目后绩效考评能够顺利执行。

2. 项目绩效考评

项目绩效考评应分析项目所达到和实现的实际结果，根据项目运营和未来发展，以及可能实现的效益、作用和影响，评价项目的成果和作用。

（1）项目目标达成状况。对照预先设定的可衡量的目标，与实际产出的结果进行对比，得出项目执行成功与否的结论。

（2）ROI 状况分析。项目的投入与产出的财务回报状况。

（3）项目提高的空间。对照预先设定的可衡量的目标，找出差别，分析原因。分析评价项目内部和外部条件的变化及制约条件，如市场变化、地域差别等对结果产生影响的因素，在未来再次实施同类项目时有差别精准执行。

（4）分析方法贡献的绩效。有时候，分析方法，如模型等的设计缺陷也会对项目的结果产生影响。通过研究分析方法对项目结果的贡献度，能为以后的分析提供优化机会。

数据分析技术

9.1 指标体系

9.1.1 绩效指标（KPI）的定义

长期以来，绩效评估一直被认为是企业管理成功的关键。哈佛商业出版社和剑桥大学出版社出版了大量关于衡量公司业绩的书籍。得益于智能技术（IT）的发展，新的软件和工具的不断推出也助长了企业使用 KPI 来管理绩效的趋势。KPI 已在各行各业得到普及。企业可以针对实际情况定制开发 KPI，以适应自身的经营需求。管理人员可以使用 KPI 系统来评估团队成员的绩效并促使他们保持正确的工作方向。员工也可以使用 KPI 来监控自己的工作表现并进行相应调整。

首先，绩效可以定义为某个部门、流程、产品或人员的有效性和效率，也可以定义为一系列可量化的变量，来测量特定的性能水平。现代 KPI 的定义源于绩效评估。大多数人认为，在所有用于绩效测量的指标中，那些用于测量经营行动的效率或有效性的可量化指标被统称为绩效指标；只有少数符合企业组织的战略目标并反映战略价值驱动因素的绩效指标才被称为 KPI，与衡量非关键活动和流程的较小指标区分开来。

绩效评估通常包含滞后指标和领先指标。滞后指标提供衡量过去表现的历史信息。滞后指标通常关注"产出"，被称为"结果测量"或"表现结果"。它们易于测量但难以改进，如销售量、发货量、财务指标、贷款额等。而领先指标提供驱动或与未来表现相关的信息。领先指标通常是"以投入为导向"的，也被称为"绩效驱动因素"。领先指标使从业者能够采取先发制人的行动以提高实现战略目标的概率。领先指标通常在各个业务流程的层面上获取，很难计算并且易于受其他外在因素影响。例如，潜在客户量、订单数量、新产品开发率、银行利率和其他企业资源等。领先指标与滞后指标之间通常有因果关系，有时候并不是很容易区分它们，因为"果"可以是另外一些事情的"因"。例如，晚点的飞机可以是飞行员加速飞行的原因，而飞行员加速飞行有可能导致其他一些不可避免的后果，如加速飞机所消耗的额外燃料对环境造成的额外损害，以及客户的不满等。

David Parmenter 等人将用于绩效测量的指标分为四类：结果指标（RI）、关键结果指标（KRI）、绩效指标（PI）和关键绩效指标（KPI）。RI 代表与业务成功密切相关的因素，通常是多个经营活动的绩效结果。所有财务指标都是 RI，因为它们只提供多项活动绩效的信息，但没有说明具体的经营活动如何影响这些财务结果。KRI 代表了与关键业务成功因素一致的少数 RI，它们能够为董事会或投资人等对企业组织的经营绩效感兴趣但不参与日常管理的人员提供理想的咨询信息。KRI 的监测周期通常很长，它可以是每月、每季度，甚至每年。KRI 可以是财务相关的指标，也可以是非财务相关的。相反，KPI 通常比 KRI 更频繁地测量企业组织的经营绩效，它的监测周期可以是每小时、每天或每周。KPI 衡量特定活动，因此它们能够提供有关如何做的信息，以改善最终结果。最后，KPI 能够指出需要做什么才能显著提高企业经营的最终绩效水平。

绩效指标的维度是什么？绩效指标传递了什么样的信息？这也是一个值得商榷的问题。绩效衡量的性质多种多样，对于来自不同背景或不同学科的分析人员和来自不同领域的管理人员，绩效可能具有完全不同的含义，因此有必要将绩效指标按照其代表的意义和维度进行归类。Sink 提出，绩效指标应包括七个维度：有效性、效率、质量、生产力、工作生活质量、创新和赢利能力。这七个维度已经得到了许多来自不同领域的研究人员的认可、确认和应用，包括建筑管理、运营管理等领域。来自制造业的管理者可以认为，制造企业业绩的关键维度可以根据质量、交付速度、交付可靠性、成本和灵活性来定义。质量控制部门可能认为，产品质量的保证是质量管理实践的最终结果，对于基于质量控制的实际工作，绩效指标可以分为内部质量性能（即规范执行程度）和来自市场的外部绩效指标（即产品使用质量和客户满意度）。

从不同的角度来看，绩效指标具有不同的含义。然而从根本上说，绩效的不同维度可以归纳为有效性和效率。有效性意味着达到行动或经营目的的程度，而效率意味着从经济角度上讲，如何在实现行动或行动目标的过程中高效利用资源，降低浪费。例如，产品可靠性，作为与质量相关的绩效指标，也可以从有效性和效率的角度来理解，即更高水平的产品可靠性意味着客户满意度的提高，通过减少制造故障事故和客户的保修索赔来降低成本。

无论是定义还是维度分类，绩效指标都具有巨大的差异性。通过科学地对绩效指标进行分类，研究人员和从业人员可以更好地理解和应用它们。但从数据分析来讲，无论取任何名称，其实没有太大的区别，为了阅读简便，以下统一称绩效指标为 KPI。

9.1.2　企业构建指标体系

在企业设定指标体系的方法中，最流行的是 Kaplan 和 Norton 提出的平衡计分卡（Balanced Score Card）。研究表明，500 强企业中超过 60% 的企业采用了平衡计分卡。与传统的纯粹依赖短期财务指标的体系相比，现代企业的绩效需要以更全面的方式来衡量。Kaplan 和 Norton 提出，企业经营绩效需要从四个方面来衡量，即财务、客户满意度、内部流程，以及学习和增长。平衡计分卡更像一个指导方案，它可以根据组织或行业的特点和战略计划进行定制与调整。

利用平衡计分卡开发 KPI 指标体系的典型程序有以下几个步骤。

（1）首先，需要了解组织或行业的使命、价值观和愿景。

（2）形成战略地图。

（3）制定绩效评估的标准、目标和方式，可以从企业经营绩效的上述四个方面开始，即财务、客户满意度、内部流程，以及学习和增长，同时参考战略地图，利用头脑风暴和业务常识，引入了解业务流程的有经验的工作人员来帮助完善指标体系的设计。

（4）通过分析保证指标体系与企业战略的一致性，并通过指标衡量的可行性等来优化设计。

（5）完成平衡记分卡并实施。

平衡计分卡的优势在于它集成了多个方面的企业经营绩效维度，并且提供了很大的灵活性。但平衡计分卡更多的是从战略层面出发开发关键绩效指标的，虽然企业内部的部门也使用平衡计分卡来开发部门内部的 KPI，从更详细的级别进行绩效管理，但它往往使绩效管理系统过于复杂。同时，由于部门内部的 KPI 更倾向于衡量经营中较为实用的绩效，容易导致低级别的 KPI 与企业的战略愿景之间失去关联性，或者所设计开发的 KPI 与企业战略无关。因此，分析师需要从数据分析的角度来保证部门或个人的 KPI 与企业总体 KPI 之间的关联性。

近几年流行的精益创业方法，除提出一种"建造－衡量－学习"的过程外，还提出一个概念：唯一关键指标（One Metric That Matters，OMTM）。在任何类型产品的任何一个阶段，都需要找到唯一的一个数字，把它放到比其他任何事情都更重要的位置上。同样，在数据分析时，可以抓取许许多多的数据，但必须聚焦在最关键的事情上。

为什么要聚焦在唯一关键指标上呢？理由有以下四点。

（1）唯一关键指标能帮你弄清楚当前最重要的问题。

（2）唯一关键指标强制你拟订一个清晰明确的目标。

（3）唯一关键指标让整个团队充分聚焦，打好关键战役。

（4）唯一关键指标更利于执行"假设－验证"的精益实验。

对于创业公司，在一个时间段，应该有唯一的最关键的指标，整个公司都为这一指标而努力。而这一指标又可以衍生一系列的指标，通过提升这些衍生指标，来实现提升第一关键指标。

海盗指标－AARRR 模型最先是由戴夫·麦克卢尔（Dave McClure）所提出的，它反映了黑客增长系统性地贯穿于用户生命周期，该周期包括五个阶段：用户拉新（Acquisition）、用户激活（Activation）、用户留存（Retention）、商业变现（Revenue）、用户推荐（Referral）。在这个漏斗中，流程环环相扣，逐步转化，每一层漏斗都会有用户流失或沉淀——对于流失用户需要进行关键节点分析（如是产品原因还是渠道原因导致用户流失），以便更好地调整运营策略，如筛选优质渠道、做好产品优化等。沉淀用户越多、留存越高，表明用户对产品的忠诚度越高。留存用户需要更好地维护，因为这些高黏性的高价值用户能够更好地促进整条链路的良性循环。

这个模型分为以下五大块。

（1）获取（Acquisition）：用户如何发现（并来到）你的产品？

（2）激活（Activation）：用户的第一次使用体验如何？

（3）留存（Retention）：用户是否还会回到产品（重复使用）？

（4）收入（Revenue）：产品怎样（通过用户）赚钱？

（5）传播（Referral）：用户是否愿意告诉其他用户？

AARRR 模型明确指出，整个用户的生命周期是呈现逐渐递减趋势的。通过拆解和量化整个用户生命周期的各环节，可以进行数据的横向和纵向对比，从而发现对应的问题，最终进行不断的优化迭代。

9.1.3　平衡计分卡常见指标

一般说来，一个企业的战略和 KPI 从四个维度上设定，大概 15 ~ 20 项。而部门 KPI 是在企业战略和 KPI 基础上分解出来的，部门 KPI 有可能会多达几百项。这里列举财务、顾客、内部流程、创新与学习四个维度中常见的部门 KPI，如表 9.1 所示。

表 9.1　平衡计分卡常见 KPI

平衡计分卡维度	KPI
财务维度	财务效益状况 • 净资产收益率 = 净利润/净资产 • 总资产报酬率 = 净利润/总资产 • 销售（营业）利润率 = 销售利润/销售净收入 • 成本费用利润率 = 利润总额/成本费用总额
	资产运营状态 • 总资产周转率 = 销售收入/总资产 • 流动资产周转率 = 销售收入/流动资产平均余额 × 12/累计月数 • 存货周转率 = 销售成本/存货平均值 • 应收账款周转 = 赊销净销售额/应收账款平均值
	偿还债务能力 • 资产负债率 = 总负债/总资产 • 流动比率 = 流动资产总值/流动负债总值 • 速动比率 = 速动资产/流动负债总值 • 现金流动负债率 = 现金存款/流动负债 • 长期资产适合率 = 固定资产/固定负债 × 自有资本
	发展能力 • 销售（营业）增长率 = 本年度销售额/上年度销售额 • 人均销售增长率 = (本年度销售额/本年度员工数)/(上年度销售额/上年度员工数) • 人均利润增长率 = (本年度利润/本年度员工数)/(上年度利润/上年度员工数) • 总资产增长率 = 本年度总资产/上年度总资产
	常用其他财务指标 • 投资回报率 = 资本周转率/销售利润率 • 资本保值增值率 = 期末净资产/期初净资产 • 社会贡献率 = 工资 + 利息 + 福利保险 + 税收 + 净利润 • 总资产贡献率 = (利润 + 税金 + 利息)/平均资产总额 × 12/累计月数 • 全员劳动生产率 = 工业增加值/员工数 × 12/累计月数 • 产品销售率 = 销售产值/生产总产值 • 附加价值率 = 附加价值/销售产值
顾客维度	市场占有率（市场份额） • 特定产品在目标市场细分中，相对于主要竞争对手的占有率或对整体市场占有率 • 第一级顾客占该特定产品业务量的百分比
	顾客维持率（旧顾客续约率） • 顾客流失数 • 顾客维系率 • 进一步了解顾客的忠诚度，即衡量既有顾客的业务成长率
	新顾客开发率（新顾客成长率） • 转变率 = 新顾客人数/潜在顾客人数 • 衡量招来一个新顾客的平均成本：获客成本/新顾客人数；新顾客营收/推销活动次数；新顾客营收/获客成本

平衡计分卡维度	KPI
顾客维度	**顾客满意度** • 满足顾客需求是为了驱动，可用以下几个指标衡量：旧顾客续约率；新顾客成长率；顾客投诉率
	顾客获利率 • 净毛利率 • 新产品获利率 • 新顾客获利率
内部流程维度	**创新流程** • 新产品比例 • 独家产品比例 • 新产品上市速度 • 新产品计划进度 • BET（收支平衡时间）
	营运流程 • 采购计划完成率 • 原料合格率 • 包装物合格率 • 原料价格指数 • 合同履约率 • 原料吨装卸费 • 产品吨装卸费 • 零工费用 • 盈亏比率 • 仓储管理满意度 • 技术方案满意度 • 生产计划完成率 • 技术参数执行率 • 净生产率 • 安全运转率 • 一次交验合格率 • 不合格产品数量 • 百万产品不合格率 • 成品合格率 • 销售计划完成率 • 销售退货比例 • 滞销产品比例 • 不合格销售记录数
	售后服务流程 • 对账单签回率 • 收货确认单签回率 • 技术服务满意率 • 退货速度 • 商务处理成本

续表

平衡计分卡维度	KPI
创新与学习维度	成果指标 • 员工满意度 • 员工留任率 • 行政管理员工培训率 • 生产技术员工培训率 • 业务人员培训率 • 事故发生率
	领先指标 • 已了解平衡计分卡的高阶经理人比率 • 已了解平衡计分卡的一般员工的比率 • 高阶经理人的个人目标与平衡计分卡结合的比率 • 一般员工的个人目标与平衡计分卡结合的比率 • 内部团队意识调查 • 利润分享专案比例 • 幕僚及行政单位被咨询比例 • 实施奖金共享的团队比例 • 与顾客接触的第一线员工可在线上直接取得顾客资讯的比例 • 信息系统支持流程能力 • 员工获取外界信息能力 • 员工获取内部数据能力 • 员工建议的平均次数 • 建议被采纳的次数 • 重要流程的实际改进速率 • 新员工比例 • 员工晋升比例 • 员工发表论文数

9.2　数据分析

9.2.1　数据分析的定义

　　数据分析是指用一定的统计手段对收集来的数据进行分析，从中提取出有用的信息并且形成结论的过程。这一过程也有质量管理体系涉及其中。在实际应用中，数据分析可以侧面帮助人们进行判断，以便快速准确地采取行动。数据分析的数学基础在 20 世纪初期就已确立，但是直到计算机的出现才让数据分析的实际操作成为可能，并使得数据分析大力发展。数据分析是数学与计算机科学相结合的产物。

　　在统计学领域中，有些人将数据分析分为描述性数据分析、探索性数据分析和验证性数据分析。其中，探索性数据分析主要发现数据中的新特征，而验证性数据分析则主要根据从数据中得到的相关信息去验证已有的假设。

　　当进行数据分析时，如果研究者得到的数据量比较小，就可以通过直接观察原始数据获得所有信息；如果得到的数据量很大，那么就必须通过各项统计性的指标来对数据进行分析。用少量的描述性指标来概括大量的原始数据，并对数据展开描述的统计分析方法称为描述性数据分析。

探索性数据分析是通过数据分析形成值得假设的检验的一种方法，相当于对传统统计学假设检验手段的补充。该方法由美国著名统计学家约翰·图基（JohnTukey）命名。

验证性数据分析是在提出假设的基础上，通过统计推断来验证提出的假设是否准确。

如果从数据类型上来划分，数据分析又可以分为定量数据分析与定性数据分析。定量数据分析是指对数值型数据进行分析；而定性数据分析又称为定性资料分析、定性研究或质性研究资料分析，是指对词语、照片、观察结果等非数值型数据的分析。

9.2.2 数据分析的目的

在企业应用实践中，使数据发挥价值的数据分析可分为四类：以结论定义为目的的数据分析；以数据探究为目的的数据分析；以效果预测为目的的数据分析；以业务执行为目的的数据分析。这四类数据分析包含了大部分的业务活动，使数据工作和业务动作有机结合为一个整体，密不可分。数据分析的最终目是对未发生的事情进行预估和判断，常被应用在业务执行前的计划和评估阶段。效果预测可以指导业务建立合理的预期目标，并为实现目标制订项目计划方案，同时效果预测还能够帮助企业提前识别可能会发生的异常情况，通过建立相关的对策方案尽量减少损失。

1. 以效果预测为目的的数据分析

以效果预测为目的的数据分析称为预测分析（Predictive Analysis），是指一种对数据假设的预测性分析，表现在使用数据挖掘技术、历史数据和对未来状况的假设，预测如顾客对某报价有所反映的或购买某一产品的可能性等时间的结果。

当预测结果是具体值时，则可以更有效地协助业务评估预期效果。未来 6 个月的销售预测结果如表 9.2 所示，该结果直接以数字的形式展现并可以通过图形反映变化趋势。

表 9.2　未来 6 个月的销售预测结果表

月份	2015 年	2016 年（预计）
1	634	650
2	762	781
3	851	842
4	687	645
5	892	880
6	451	479

当预测结果落在一个特定的区间或可以为业务提供分类结果时，通常是得到的数值代表了某一个具有特定意义或特征的类别。例如，当预测结果为黄金会员时，可能意味着该类会员的价值较高；当预测结果为乙等店铺时，意味着销售额处在某个特定区间，如 70 万 ~ 100 万元。

预测结果为区间时的特例是结果集为"是（yes）"和"否（no）"，这是典型的目标结果值，如是否进行下一步、是否决定录用、是否发车、是否截止时间等。表 9.3 显示的是预测用户是否会接受新服务预订，"acceptnewserviceoffering"为 no 的意思是不接受新服务预定，为 yes 的意思是接受新服务预定。通常情况下，在数据表中会将"是"和"否"转换成 0 和 1，方便数据的统计和运算。

表 9.3　预测用户是否会接受新服务预订

education in years	gender	age in years	hours tv per day	number of organizations	children	resp. income category	accept news service offering
20	male	35	1	0	1	$30K~40K	yes
14	female	64	2	1	2	$40K~50K	yes
9	male	72	2	2	0	$20K~30K	yes
12	female	67	4	0	5	$ null $	yes
15	male	33	2	0	0	>$50K	yes
14	male	23	4	0	1	$20K~30K	no
14	male	60	1	0	1	$40K~50K	no
9	male	77	4	0	2	$ null $	yes
14	female	52	2	1	2	$30K~40K	yes
16	female	58	3	1	3	$20K~30K	no
13	male	49	1	0	1	$30K~40K	yes
12	male	60	3	0	4	$10K~20K	
13	male	21	2	0	0	$10K~20K	no
11	male	04	4	1	eight or...	$40K~50K	yes
18	male	39	5	0	2	$30K~40K	yes
16	male	35	0	0	0	$30K~40K	no
11	female	71	3	0	4	$ null $	no
14	female	50	4	2	3	$20K~30K	no
16	male	39	1	0	2	>$50K	yes

效果预测包括正向效果预测和负向效果预测。

1）正向效果预测

正向效果预测通常是通过已知的事实或变量 X 推导出未知的事实 Y，即从前到后的正向预测。这种预测应用的前提是变量 X 属于可控因素，并且与未知的事实 Y 有一定的联系，通过改变变量 X 预测未知事实 Y 会达成目标。正向效果预测常用于制定 KPI 目标、探明发展路径和战略方向等业务场景。例如，在互联网经济影响下，未来一个月内实体工厂的订单是多少？某银行现有 2000 万客户，关闭信用卡业务后，预计 1 年后有多少客户流失？牛肉现售价为 55 元/千克，预计 2 个月后售价是多少？电商营销部门拥有 100 万元的线上广告预算，预期能带来多少有购买意向的顾客？

2）负向效果预测

负向效果预测通常是通过已知的事实或目标 Y 反向推导出事实 X，属于从后向前的预测。与正向效果预测不同，负向效果预测已经有了目标 Y，在业务规划时预测完成目标所需的资源投入情况。例如，某电商平台本月的销售增量目标是 300 万元，预计需投入多少广告费用？618 电商节的目标销售额是 5000 万元，预计需要多少促销费用才能完成目标？未来 1 周内的订单目标是 500 万单，预计备货多少？本次活动的预期订单人数是 20 万人，预计需要发送多少电子邮件？

2. 以结论定义为目的的数据分析

结论定义是对正在发生的和已经发生的过去做出结果判断，以评估结果是否符合预期或存在异常情况。结论定义并不是简单地定义结果是好还是不好，而是要进一步定义所谓的好或不好属于正常还是异常情况，这才是真正的数据结论定义。现在很多分析师在给出结论时往往是这样的陈述，如"昨日比前日增长 30%""流量下降 50 万"，类似这样的报告不属于结论定义，这只是数据陈述而已。

结论定义的应用场景是业务状态进行时和业务状态完成后。业务状态进行时的结论定义可快速帮助业务建立实时数据反馈机制，通过实时的数据结果判断其是否符合预期，并可以通过措施优化当前业务状态；业务状态完成后的结论定义除可以进行业务效果评估外，还为原因解析和数据探究提供了方向。

常见的结果定义场景有如下几种。

（1）近一周的注册会员量环比增长 7%，这是正常波动。

（2）过去的 2 小时内流量突然下降了 55%，这是一个异常的预警信号。

（3）昨日订单量超过 50 000 单，超过正常水平 200%。

（4）晚上 7 点流量下降到 50 万在线 UV，这是正常流量下降。

下定结论的方法有很多种，如对比法、平均数法、变化比例法等，这些都是简单地将数据进行对比，然后给出结论。在此介绍另外一种相对科学的数据结论方法——利用正态分布规律来判断数据表现。

3. 以数据探究为目的的数据分析

数据探究是指对数据进行探索和研究以便发现进一步的数据观点和数据洞察。数据探究是挖掘数据深层次原因和关系的关键动作，也是数据论证的主要过程，表现在数据结果中大多是数据论证过程。数据探究是项目类、专题类数据分析和数据挖掘报告及项目的核心部分。

数据探究主要应用于针对已知结论的研究，另外还存在针对未知结论的数据挖掘。

已知结论是已经明确或知晓的结论，如订单增长 77%、注册量下降 7899 等。针对已知结论的数据探究就是围绕已知结论进行数据分析和挖掘，以找到导致结果发生的原因。在业务应用中，常见场景是针对业务提出的具体问题进行分析，侧重于"为什么"的答疑解惑。例如，昨日网站访问量增长 77%，是哪些原因导致访问量突然增长？最近一周公司日均注册量下降 7899，是什么原因导致注册量下降如此严重？最近网站订单转化率提升 15%，是由于购物车、流量提高，还是站内活动等因素导致的？

针对未知结论的数据探究是指在数据探究之前没有明确的数据结论，只围绕某一范围或主题开展数据挖掘工作，以便寻找结论和原因的过程。针对未知结论的数据探究是拓展业务知识的重要途径，相比较针对已知结论的数据探究，该过程更侧重于"是什么"的工作范畴，常见场景有如下几种。

（1）不同的商品是如何关联销售的？

（2）企业整体用户特征是怎样的？

（3）页面商品布局中，哪些因素会提高页面点击购买转化率？

在数据应用过程中，针对未知结论的数据探究的业务认同价值要高于针对已知结论的数据探究；同时，针对业务已经知道的结论进行重复论证的工作的价值认同度非常低。比如，

A/B 测试结果反映，两个版本的目标转化率分别是 5% 和 8%，业务方只看结果数据就知道 8% 效果更好；如果分析师仍然通过复杂算法或检验得出了 8% 比 5% 更具有显著性，那么该结论的意义非常小。

4. 以业务执行为目的的数据分析

以业务执行为目的的数据分析是指数据分析的结果可以直接被业务使用。这类场景常见于业务有明确的行动目标，但需要找到一定特征的数据要素作为业务执行的参照，常见的应用场景包括以下三种。

（1）现要针对可能会流失的会员进行会员重新激活，应该挑选具有什么特征的会员？

（2）商品 A 库存大量积压，现要将该商品进行捆绑和搭配销售，应该选择哪些商品作为捆绑对象？

（3）网站需要新增广告位以满足越来越多的商家广告需求，应该在哪些位置新增广告位？

业务执行根据具体规则是否明确可分为明确的业务执行规则和模糊的业务执行规则。

明确的业务执行规则是指数据规则可直接被业务使用，如针对以上三种常见的应用场景，明确的业务执行规则可能如下所述。

（1）现要针对可能会流失的会员进行会员重新激活，应该挑选具有什么特征的会员？——收入大于 5400 元、最近购买时间是 5 个月之前、总订单金额在 4300 元以下的会员。

（2）商品 A 库存大量积压，现要将该商品进行捆绑和搭配销售，应该选择哪些商品作为捆绑对象？——与 A 商品关联销售规则较强的商品是 C、E、G 商品，将这些商品进行搭配销售预期销量提升 300 万。

（3）网站需要新增广告位以满足越来越多的商家广告需求，应该在哪些位置新增广告位？——首页右侧区域的用户点击率较高，该位置可考虑开辟为新的广告位。

以上规则明确了业务所要行动的细节要素，是一种具有极高落地价值的数据分析工作。

模糊的业务执行规则是指数据分析结果未提供详细的动作因素，仅指明了下一步行动方向或目标。这类场景的常见应用有如下两种。

（1）某商品 E 页面流量来源中，站内流量来源太少，现要提高站内流量，如何实现？——站内主要流量页面是 A、B、C，建议从 A、B、C 三个最大流量的页面入手。

（2）今日大型促销活动中，不少线下商贩也加入普通消费者队伍中抢购商品，这些商贩是哪些人？——根据数据挖掘结果提供了类似商贩的异常会员 id，需要业务方进一步核实。

这四类数据分析贯穿于每个业务活动的始末，使得数据工作与业务动作成为一个完整、密不可分的有机体。

9.2.3　数据分析的作用

数据分析把隐藏在大量杂乱无章的数据中的信息集中提炼出来，并探查出研究对象的内在规律。在企业的日常经营分析中，数据分析有以下三大作用。

（1）现状分析。

（2）原因分析。

（3）预测分析。

现状分析解释了过去发生的事情，主要表现在以下两个方面：第一，展示现阶段整体的运营情况，通过企业指标来衡量企业运营状态的好坏，判断企业整体的运营程度如何，好到什么程度，坏又坏到什么地步；第二，揭示企业运营的绩效情况，观察企业业务之间是如何发展、变化的，对企业的发展方向有更好的判断。因此，现状分析使用比较多的指标是滞后指标。现状分析一般通过日常通报来完成，如日报、周报、月报等形式。例如，电子商务网站日报中的现状分析会包括订单数、新增用户数、活跃率、留存率等指标同比或环比上涨或降低了多少。

原因分析为了说明某一现状为什么发生。经过第一阶段的现状分析，经营者对企业的运营情况有了基本了解，但不知道运营情况具体好在哪里或差在哪里，是什么原因引起的。这就需要进行原因分析。原因分析一般是通过专题分析来完成的，根据企业运营情况选择针对某一现状进行原因分析。例如，某电商网站某一天的日报中某件商品的销量突然增加，那么就需要针对这件商品的销量突然增加进行专题分析，找出是什么因素导致该商品销量大增。原因分析也可以用于分析活跃率、留存率等下降或升高的原因。在原因分析中，通常使用较多的领先指标，来解释滞后指标为什么会发生。

预测分析试图量化将来会发生什么。在了解了企业运营情况以后，预测分析有时还需要预测企业未来的发展趋势，给企业的运营目标和策略提供有效的参考和决策依据，以保证企业的可持续健康发展。预测分析一般分析的是专项内容，通常在制订企业季度、年度计划时进行。例如，通过上述的原因分析，可以针对性地制定一些政策，如通过原因分析，我们可以得出食物的销量在恶劣天气来临之际会突增，那么我们在下次恶劣天气来临之前就应该多准备食物等货源，同时为了获得更多的销量做一系列准备。另一个例子是，智能电网现在在欧洲已经实现了智能电表入户。在德国，为了鼓励利用太阳能，会在家庭安装太阳能设备，除了卖电给用户，当用户有多余电的时候还可以买回来。通过电网，每隔 5 分钟或 10 分钟收集一次数据，可以用收集来的这些数据预测用户的用电习惯等，从而推断出在未来 2 ~ 3 个月时间里，整个电网大概需要多少电。有了这个预测后，就可以向发电或供电企业购买一定数量的电。因为电与期货相似，如果提前购买就会比较便宜，购买现货就比较贵。用户可以通过这个预测来降低采购成本。

9.3　探索性数据分析（EDA）

9.3.1　EDA 简介

一个 EDA 任务必须首先明确数据分析的目的和逻辑。使用 EDA 来检查数据时，保持质疑和开放思维的态度是必不可少的。在社会科学领域，包括市场营销在内的许多研究都是由理论驱动的，这种分析方法旨在确认或拒绝分析过程中对被审查关系的假设，从而得出关于该关系的假设被确认或拒绝的结论。

EDA 的目的是揭示数据的形态和性质。对数据的了解始于非常仔细地"观察"，这种"观察"使用了一些常见的统计技术。无论数据的形态和特征表面上看起来多么明显，这种方法首先要排除任何关于数据的先入为主的概念。EDA 希望分析师能够不带偏见地找到数据中的特征模式。EDA 首先检查单个变量，然后再进行多变量的分析。多变量分析通常涉及同时检查五个、十个或更多变量。

　　EDA 的出现主要是由于分析一批新的数据时，通常无法确定何种统计分析方法是合适的。此时，如果分析师能够先对数据进行探索性分析，区分数据的模式和特征，并以有序的方式挖掘它们，灵活地选择和调整适当的分析模型，就可以揭示数据的特征与一些常见模式之间的偏差。在此基础上，基于显著性检验和置信区间估计的统计分析技术就可以帮助分析师科学评估观察到的模式或效果，得出相应的结论。这些结论能揭示企业经营或其他业务方面的绩效状况。

　　从传统的统计学角度来讲，数据分析可以简单地分为探索和验证两个阶段。探索阶段强调灵活探索线索和证据，发现隐藏在数据中有价值的信息；而验证阶段则侧重于评估证据和相对准确地研究某些具体情况。在验证阶段，常用的方法是传统的统计方法；在探索阶段，主要方法是 EDA。EDA 有如下三个特点。

　　第一，EDA 是让数据在分析中告诉分析师它的特征属性的，而不是强调对数据的处理。传统的统计方法通常先假设一个模型，然后使用适合于该模型的方法进行拟合、分析和预测，如服从正态分布的数据。然而，实际上大多数数据（尤其是实验数据）并不能保证满足假定的理论分布。因此，传统方法的统计结果往往不能令人满意，并且受到很大的限制。EDA 是从原始数据开始，深入探索数据的内在规律的，而不是从一些假设开始，强制应用某种理论，并坚持模型的假设。

　　第二，EDA 分析方法是灵活的，不是坚持传统的统计方法。传统的统计方法是基于概率论的，使用假设检验、置信区间和其他具有严格理论基础的处理工具。EDA 处理数据的方式是灵活的，数据的数值类型与代表的现实意义都可能影响分析方法的选择，尤其是以探索和发现为目的的分析方法。EDA 更强调分析方法的逻辑性和可靠性，并不刻意追求在概率意义上的准确性。因此，在商业分析等更趋向于应用的数据分析项目中，EDA 的使用比传统统计方法更为普遍。

　　第三，EDA 分析工具简单直观，更易于推广。传统的统计方法晦涩难懂，普通人学起来比较困难。EDA 强调直观性和数据可视化，并强调方法的多样性和灵活性，以便分析师方便快捷地从数据中获取有价值的东西。它通过数据展示了业务所遵循的规律和特征，使其中的规则更容易被发现，以帮助分析师得到启发，并满足分析师的多方面要求。这也是EDA 对数据分析的主要贡献。

　　值得一提的是，由于 EDA 强调直观和图形显示，所以它使用了许多创新的可视化技术。目前，这些可视化技术已经在大量的数据分析软件中得到应用。

9.3.2　单一变量探索性分析

　　在大多数情况下，探索性数据分析主要是为了探查一个变量的特征与属性。一个数据变量通过数据数值描述一些企业经营或业务管理方面的绩效。当经营的结果通过数值的方式形成一个数据集时，这些数值就会形成一种统计学上的分布。探索性数据分析可以使用系统化的研究方法探查这些数值的分布形态。而探查数值的分布形态是帮助分析师了解经营现状的第一步。

　　系统化探查数据变量的形态是从探查数值的分布形态开始的。分析师寻求了解的问题包括：一个变量的数值分布看上去像什么；什么是该变量最普遍或典型的数值；每一个数据变量所代表的经营业务的绩效数值与典型的数值之间的区别在哪里；这个变量是否包含了一些极端的数值；这个经营业务或数值是否是平均分布在一个典型的数值（如平均数）周围的；这些数值的分布中是否有一些偏向于某些非典型数值的情况。

1. 集中趋势

单一变量的探查，或者称描述性统计分析，就像它的名字所代表的意义，即使用一个单一的数值来代表一个变量的重要特征与属性。常见的关于集中趋势的统计量有：算术平均数、中位数和众数。这些统计量的计算是为了揭示数值的分布是否集中在某个关键点上，通过集中趋势的统计计算来描述一个变量的数值分布代表的意义。算术平均数是一组数据中所有数据的平均数，是将一组数据的总和除以数据个数得到的。中位数是将一组数据由小到大排序后位于中间位置的数据。若数据为奇数个，中位数为中间的那个数据；若数据为偶数个，中位数则是取中间两个数据的平均数。众数是指一组数据中出现次数最多的那个数据。下面举例说明这三种统计量的计算方法。

例如，为调查某电商平台部分用户在双 11 期间的消费情况，假设随机抽取 9 名消费者的消费额得到结果如下（元）：1600、1600、1600、1800、1800、1900、1900、2500、3000，则计算三种统计量的结果分别为：

（1）算术平均数 =（1600 + 1600 + 1600 + 1800 + 1800 + 1900 + 1900 + 2500 + 3000）/9 = 1966.67（元）；

（2）中位数位置是第 5 名消费者，则他的消费额 1800 元就是中位数；

（3）在 9 个数据中，出现次数最多的是 1600，所以消费额 1600 元就是众数。

求一组数据的算术平均数、中位数、众数都不是很困难，问题就出现在应该采用它们中的哪个来代表一组数据的一般水平。特别是当这些统计量比较接近时，到底用谁去代表这组数据的一般水平更合适呢？这就需要分析这些统计量的特点。

（1）在一组数据中各统计量的个数不同。在一组数据中，算术平均数一定有且只有一个，其数据可能等于原数据中的一个，也可能与原数据不同。而一组数据中中位数也一定有且只有一个。一组数据中众数可能有也可能没有，可能有一个也可能有多个。当一组数据中没有明显的集中趋势时，就没有众数，无法用众数代表一组数据的平均水平；当众数有多个时，可能说明总体各单位集中趋势不够明显，这时也不适合使用众数。在上述例子中，因为 9 名消费者的消费额不存在明显的集中趋势，用众数 1600 元代表 9 名消费者的消费水平的代表性不足。

（2）各统计量的概括能力不同。算术平均数是根据一组数据中的所有数据进行计算的，受到所有信息的影响，它能够概括反映所有数据的平均水平；而中位数和众数是根据总体中处于特殊位置的个别单位或部分单位的数据来确定的，不反映所有信息，特别是不反映极端值的信息。因此，算术平均数对数据的概括能力要比众数和中位数对数据的概括能力强。所以，在传统统计分析中，人们比较习惯使用算术平均数。

（3）各统计量对数据的灵敏度不同。因为算术平均数是根据数据中所有的数据计算的，每一数据的任何变动都将在一定程度上影响算术平均数的计算结果；而中位数和众数是根据特定位置上的数据计算的，计算时没有使用所有的数据，因而不具有这样的特性。因此，相对于中位数和众数而言，算术平均数对一组数据表现出更大的灵敏度。如果数据中出现个别极端值，对算术平均数而言，会拉高或拉低平均水平，影响了算术平均数的代表性。在上述例子中，算术平均数 1966.67 元受到了极端值 3000 元的影响，使算术平均数偏高；在 9 名消费者中，只有 2 名消费者的消费额达到平均水平，显然这时的算术平均数对 9 名消费者消费水平的代表性较差。而中位数和众数则不受极端值的影响，避免了个别数值导致的误判。前面提到众数对平均水平的代表性也不足，这里用中位数 1800 元来代表比较合适。

（4）各统计量的适用范围不同。一般来说，由于算术平均数对于数据的量化尺度要求较高，算术平均数比中位数和众数的适用范围要窄，只适用于定距尺度和定比尺度的数据；中位数不仅适用定距尺度和定比尺度的数据，还适用于定序尺度的数据；而众数的适用范围更广，不仅适用于上述三种数据，还适用各种定类尺度的数据。因此，在一些无法适用算术平均数的场合，众数和中位数不失为一种独特且有用的统计分析指标。

2. 离散程度

集中趋势是一个说明同质总体中各个体变量值的代表值，变量值之间的差异程度可以用来反映其代表性的好坏。在统计上，把反映现象总体中各个体之间差异程度的指标称为离散程度指标。反映离散程度的指标有绝对数和相对数两类。

班级教学任务完成的好坏该如何评价？学生学业水平的高低该如何评价？目前，比较常用的指标就是班级的平均分和及格率，有的学校还看高分率，即 80 分以上的人数比例。对于个体学生，则以学生的原始分数的高低或以各科总分之和来衡量。只有学生考试成绩的集中趋势是不足以反映学习情况的，还必须引入离散程度的计算，如标准差等。标准差是与平均数相对应的差异量数，它反映了考试中学生成绩分布的离散程度和波动程度。标准差较大说明分数分布的离散程度较大，学生分数有两极分化的现象；标准差较小说明分数分布的离散程度较小，学生分数差距不大。显然，如果分别由两位老师带两个班级，在他们的平均数是一样的情况下，那么离散程度能够反映教师教学或学生学习情况的差别，离散程度比较小的，效果就比较好。

离散程度的绝对指标：用一个绝对数来反映总体中个体间的差异程度，主要包括极差、分位差、平均差、标准差等。

（1）极差（Range）= 最大的数值 – 最小的数值。

（2）分位差（Divided Difference）是计算剔除部分极端值后剩余数列的极差，是数列最大分位点与最小分位点之差。分位差是对极差指标的改进。常用的分位差有四分位差、八分位差、十分位差、十六分位差、三十二分位差及百分位差等。

（3）平均差（Mean Deviation）也称平均离差，是各变量值与其平均数离差绝对值的平均数，通常用 M_D 表示。由于各变量值与其平均数离差之和等于零，所以计算平均差时是取绝对值形式的，其计算公式如下：

$$M_D = \frac{\sum_{i=1}^{n} |x_i - \bar{x}|}{n}$$

其中，x_i 是单个数值；$\bar{x}$ 是算术平均数。

（4）标准差（Standard Deviation）又称均方差，它是各单位变量值与其平均数离差平方的均值的平方根，通常用 σ 表示，它是测量数据离散程度的最主要的指标。标准差具有量纲，与变量值的计量单位相同，其计算公式如下：

$$\sigma = \sqrt{\frac{\sum_{i=1}^{n} (x_i - \bar{x})^2}{n}}$$

其中，x_i 是单个数值；$\bar{x}$ 是算术平均数。

标准差是根据全部数据计算的，它反映了每个数据与其均值离差平方的平均数，因此它能准确地反映数据的离散程度。与平均差相比，标准差在数学处理上是通过平方消去离差的正负号，更便于数学上的处理。因此，标准差是实际中应用最广泛的离散程度指标。

标准差有总体标准差与样本标准差之分，上述标准差公式是总体标准差。样本标准差需要在分母上减 1，一般用 S 表示，其计算公式如下：

$$S = \sqrt{\frac{\sum_{i=1}^{n} (x_i - \bar{x})^2}{n - 1}}$$

3. 数据标准化

在计算了算术平均数和标准差之后，可以对一组数据中各个变量值进行标准化处理，以测度每个个体在总体中的相对位置，并可以通过标准化来判断一组数据中是否存在异常值。标准化值是变量值与其平均数的离差与其标准差的比值，也称为 Z – Score 或标准分数。设标准化值为 z，则有：

$$z = \frac{x_i - \bar{x}}{\sigma} \text{或} z = \frac{x_i - \bar{x}}{s}$$

如果几个学生的考试分数分别是 99、88、83、$\cdots$、45、16，假定这次参加考试的所有学生考试成绩的算术平均数和标准差分别是 $\bar{x} = 70$、$\sigma = 15$。则第一位学生考试成绩的标准化值为：

$$z = \frac{x_i - \bar{x}}{\sigma} = \frac{99 - 70}{15} = 1.93$$

标准化值给出了一组数据中各数值的相对位置，如 99 对应的标准化值为 1.93，显示出该学生的考试成绩高于平均分 1.93 倍的标准差。通常，一组数据中高于或低于平均数三倍标准差的数值是很少的，即在算术平均数加减三个标准差的范围内几乎包含了全部数据。而在三倍标准差之外的数据，统计上称为离群点。

标准化值在统计分析中的意义重大，标准化后数据就没有量纲了，但不会改变其在原序列中的位置。在对多个具有不同量纲的变量进行比较分析时，常常需要对变量数值进行标准化处理。

4. 分布的偏态

偏态（Skewness）是对分布偏斜方向和程度的测度。有些变量值出现的次数往往是非对称型的，如收入分配、市场占有份额、资源配置等。变量分组后，总体中各个体在不同的分组变量值下分布并不均匀对称，而呈现出偏斜的分布状况，统计上将其称为偏态分布。

利用众数、中位数和算术平均数之间的关系就可以判断分布是无偏分布、正偏分布还是负偏分布。三种偏态分布如图 9.1 所示。

（1）如果数据具有单一众数且分布对称，那么算术平均数、众数和中位数相等，即不存在偏态，也称无偏分布。

（2）如果集中位置偏向数值小的一侧，称为正偏分布，也称右偏分布（可以简单地记为分布的"尾巴"在右边）。此时数据存在极大值，必然拉动均值向极大值一方靠拢。

（3）如果集中位置偏向数值大的一侧，称为负偏分布，也称左偏分布。

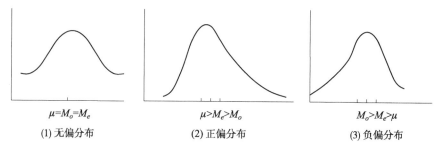

(1) 无偏分布	(2) 正偏分布	(3) 负偏分布
$\mu=M_o=M_e$	$\mu>M_e>M_o$	$M_o>M_e>\mu$

图 9.1　三种偏态分布

其中，μ 为算术平均数；M_o 为众数；M_e 为中位数。

9.3.3　多变量探索性分析

多变量非图形 EDA 技术通常以交叉表或统计的形式显示两个或多个变量之间的关系。

1. 交叉表

在统计学中，交叉表是矩阵格式的一种表格，显示变量的（多变量）频率分布。交叉表被广泛用于调查研究、商业智能、工程和科学研究。交叉表提供了两个变量之间的相互关系的基本画面，可以帮助分析师发现它们之间的相互作用。卡尔·皮尔逊（Karl Pearson）首先在"关于应变的理论及其关联理论与正常相关性"中使用了交叉表。交叉表如表 9.4 所示。

二维交叉表分析法同时将两个有一定联系的变量及其值交叉排列在一张表内，使各变量值成为不同变量的交叉节点。

表 9.4　交叉表

地区	苹果	香蕉	雪梨	小计
A	73	64	72	209
B	70	63	56	189
C	69	48	68	185
小计	212	175	196	583

2. 关联性检验

关联性检验的主要目的是检查两个变量之间是否有关联，没有关联就是独立。两个类变量之间的关联性分析是基于交叉表来进行卡方检验并得出结论的。具体分析过程如下。

假设有一个交叉表描述了美国某大学招生的情况，学校希望了解在招生的过程中是否出现性别歧视的现象，从数据分析的角度来讲，就是检验性别与录取之间是否相互独立。显著性水平为 0.05。美国某大学新生录取数据如表 9.5 所示。

表 9.5　美国某大学新生录取数据

	录取	未被录取	合计
男	175	200	375
女	150	475	625
合计	325	675	1000

步骤一 上述交叉表所代表的就是观察次数 O_{ij}，即：

$$O_{11} = 175, O_{12} = 200$$
$$O_{21} = 150, O_{22} = 475$$

步骤二 设定假设，在本例题中：

H_0："性别"与"录取与否"没有关系，即独立；

H_1："性别"与"录取与否"有关系，即不独立。

步骤三 计算在相互独立的假设下，期望的 O_{ij} 应该是多少，计为 E_{ij}：

$$E_{11} = \frac{375 \times 325}{1000} = 121.875 , E_{12} = \frac{375 \times 675}{1000} = 253.125$$

$$E_{21} = \frac{625 \times 325}{1000} = 203.125 , E_{22} = \frac{625 \times 675}{1000} = 421.875$$

步骤四 计算卡方检验计量，即测量实际值与期望值的差别大小：

$$\chi^2 = \frac{(175 - 121.875)^2}{121.875} + \frac{(200 - 253.125)^2}{253.125} + \frac{(150 - 203.125)^2}{203.125} + \frac{(475 - 421.875)^2}{421.875} = 54.89$$

步骤五 检验结果：

经查卡方分布表得知自由度为 $(2-1) \times (2-1) = 1$，显著性水平 0.05 的卡方值应该为 3.841。因为 $54.89 > 3.841$，得到的结论是拒绝 H_0，也就是在显著性水平 $\alpha = 0.05$ 的情况下，"性别"与"录取与否"有关系，即不独立。

3. 单样本假设检验

一台包装机包装鸡精，额定标准重量为 500g，根据以往经验，包装机的实际装袋重量服从正态分布 $N(\mu, \sigma_0^2)$，其中 $\sigma_0 = 15g$，为检验包装机工作是否正常，随机抽取 9 袋，称得鸡精净重数据如下（单位：g）：

$$503 \quad 500 \quad 511 \quad 502 \quad 535 \quad 510 \quad 499 \quad 512 \quad 519$$

若取显著性水平 $\alpha = 0.01$，问这台包装机工作是否正常？

所谓包装机工作正常，即包装机包装鸡精的重量的期望值应为额定重量 500g，多装了厂家要亏损，少装了损害消费者利益。因此，要检验包装机工作是否正常，用参数表示就是 $\mu = 500$ 是否成立。

步骤一 根据以往的经验，在没有特殊情况下，包装机工作应该是正常的，由此提出原假设和备选假设：

$$H_0 : \mu = 500 ; \quad H_1 : \mu \neq 500$$

步骤二 对给定的显著性水平 $\alpha = 0.01$，构造统计量和小概率事件来进行检验。在该例中，统计量 u 的计算过程如下：

$$u = \frac{\left[\frac{1}{9}(503 + 500 + 511 + 502 + 535 + 510 + 499 + 512 + 519) - 500 \right]}{15/\sqrt{9}} = 2.02$$

步骤三 已知，在 H_0 成立的条件下，μ 服从正态分布，根据正态分布的特点，在减去 500 后，μ 的值应以较大的概率出现在 0 的附近。因此，对 H_0 不利的小概率事件是 μ 的值出现在远离 0 的地方，即 μ 大于某个较大的数或小于某个较小的数。这一小概率事件对应的否定域为：

$$V = \{ u < u_{\frac{\alpha}{2}} \} \cup \{ u > u_{1-\frac{\alpha}{2}} \} = \{ | u | > u_{1-\frac{\alpha}{2}} \}$$

满足 $P(V | H_0) = \alpha$。构造这一否定域利用了 μ 的概率密度曲线两侧尾部面积，故称具有这种形式的否定域的检验为双尾检验（Two-Sided Test），如图9.2所示。

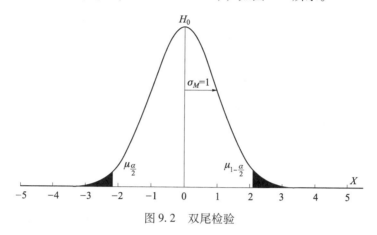

图9.2 双尾检验

步骤四 在该例中，给定显著性水平，即 $\alpha = 0.01$，Degree of Freedom(DF) $= (9-1) = 8$，查出临界值 $\mu_{\frac{\alpha}{2}} = -2.575$，$\mu_{1-\frac{\alpha}{2}} = 2.575$。

步骤五 从 μ 的值判断小概率事件是否发生，并由此得出接受或拒绝 H_0 的结论。对于该例，因为在步骤二中算出 $\mu = 2.02$，其绝对值小于2.575，样本点在否定域 V 之外，即小概率事件未发生，故接受 H_0，即认为包装机工作正常。

上面的例子采用了双尾检验。当分析人员从专业知识的角度判断 μ 不可能大于（或小于）某个值（500）时，一般就采用单尾检验，如图9.3所示。由此提出原假设和备选假设：

$$H_0 : \mu > 500; \quad H_1 : \mu \leqslant 500$$

在该例中，给定显著性水平，即 $\alpha = 0.01$，查出临界值 $\mu_{1-\alpha} = \mu_{0.99} = 2.326$。因为在步骤二中算出 $\mu = 2.02$，其绝对值小于2.326，样本点在否定域 V 之外，即小概率事件未发生，故接受 H_0，即认为包装机工作正常。

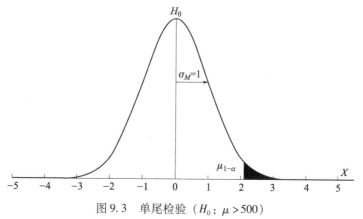

图9.3 单尾检验（$H_0 : \mu > 500$）

在单尾检验中，如果原假设和备选假设为：

$$H_0 : \mu < 500 ; \quad H_1 : \mu \geqslant 500$$

查出临界值 $\mu_\alpha = \mu_{0.01} = -2.326$。因为在步骤二中算出 $\mu = 2.02$，其绝对值小于2.326，样本点在否定域 V 之外，即小概率事件未发生，故接受 H_0，即认为包装机工作正常。

4. 双样本假设检验

假设有两台包装机包装洗衣粉，额定标准重量为500g，包装机 A 和包装机 B 的实际装袋重量服从正态分布 $N(\mu, \sigma_0^2)$，其中 $\sigma_0 = 15$g，为检验两台包装机是否生产同等重量的洗衣粉，从两台包装机各随机抽取9袋，称得洗衣粉净重数据如下（单位：g）。

包装机 A：497　506　518　524　488　517　510　515　516

包装机 B：501　498　523　521　512　509　531　524　498

若取显著性水平 $\alpha = 0.01$，问这两台包装机是否包装相等重量的洗衣粉？

步骤一　根据以往的经验，在没有特殊情况下，包装机工作应该是正常的，由此提出原假设和备选假设：

$$H_0 : \mu_A - \mu_B = 0 ; \quad H_1 : \mu_A - \mu_B \neq 0$$

步骤二　对给定的显著性水平 $\alpha = 0.01$，构造统计量和小概率事件，来进行检验。在该例子中：

$$\mu_A = (497 + 506 + 518 + 524 + 488 + 517 + 510 + 515 + 516)/9 = 510.111$$

$$\mu_B = (501 + 498 + 523 + 521 + 512 + 509 + 531 + 524 + 498)/9 = 513.000$$

$$\mu = \frac{510.111 - 513.000}{\sqrt{\frac{15^2}{9} + \frac{15^2}{9}}} = \frac{-2.889}{7.0711} = -0.4086$$

步骤三　已知，在 H_0 成立的条件下，μ_A 的值应以较大的概率出现在 μ_B 的附近。因此，对 H_0 不利的小概率事件是 μ_A 的值出现在远离 μ_B 的地方，即 $|\mu_A - \mu_B| > 0$。这一小概率事件对应的否定域为：

$$V = \{ u_A - u_B < u_{\frac{\alpha}{2}} \} \cup \{ u_A - u_B > u_{1-\frac{\alpha}{2}} \} = \{ |u_A - u_B| > u_{1-\frac{\alpha}{2}} \}$$

满足 $P(V | H_0) = \alpha$。构造这一否定域利用了 μ 的概率密度曲线两侧尾部面积，故称具有这种形式的否定域的检验为双尾检验（Two-Sided Test）。

步骤四　在该例中，给定显著性水平，即 $\alpha = 0.01$，因为假设已知标准方差，无须关心 Degree of Freedom（DF），查出临界值 $\mu_{\frac{\alpha}{2}} = -2.575$，$\mu_{1-\frac{\alpha}{2}} = 2.575$。

步骤五　从 μ 的值判断小概率事件是否发生，并由此得出接受或拒绝 H_0 的结论。对于该例，因为在步骤二中算出 $\mu = -0.4086$，其绝对值小于2.575，样本点在否定域 V 之外，即小概率事件未发生，故接受 H_0，即认为包装机 A 与包装机 B 工作正常，包装的洗衣粉重量没有区别。

9.4　探索性数据分析应用案例

在过去几十年，银行系统的操作风险带来的巨大金融损失日益吸引了监管部门和企业的关注。例如，由于违规交易，爱尔兰联合银行损失了7.5亿美元，而英国保诚保险公司面临因欺诈性销售行为导致的集体诉讼，前后花了13年时间才达成了40亿美元和解协议。因此，银行内部成立了运营审计部门，侧重于评估组织活动的效率、有效性和经济性，以降低运营风险并改善未来绩效，内部运营审计在确保组织实现其战略和目标方面发挥着重要作用。

9.4.1　情况介绍

本例调查研究了巴西一家大型国际银行的信用卡部门。这家银行发行的大多数信用卡都有年费。不想支付这些费用的客户可致电银行要求取消或减少费用。在这种情况下，银行客户代表与客户就年费进行谈判。最后，根据客户的背景情况，银行客户代表可以提供适当的折扣。在年费谈判过程中，银行客户代表应遵循银行的折扣政策，即他们不能提供高于其权限的折扣。而在其管辖范围内，在提供给客户可接受的最低折扣的同时，银行客户代表也应该优先考虑银行的利益。

该银行建议的初始审计范围是识别银行客户代表在年费谈判过程中的哪些危险行为可能导致银行收入损失。危险行为包括：

（1）提供高过银行标准的折扣；

（2）直接给客户提供高折扣而没有努力协商降低折扣率；

（3）没有和客户进行过协商就提供折扣。

基于这些危险行为，制定了三个审计目标：

（1）所有银行客户代表在提供折扣时均遵循银行政策；

（2）银行客户代表提供尽可能低的折扣以留住客户（保护银行的利益）；

（3）银行客户代表在提供最后的折扣之前与客户进行过有效协商。

除这些问题外，审计范围还扩展到调查在设定客户信用卡年费过程中是否有潜在的运营风险，如缺乏有效的内部控制之类的非人为因素也可能导致收入损失。即使某些案例与当前的收入损失没有直接关系，但业务流程风险可能会导致未来的收入损失。为了实现这一审计目标，需要彻底探讨所有相关领域的不规范性，审核员需要了解银行流程并识别此流程中的风险和问题及其内部控制系统。

9.4.2　数据介绍

本例使用了两个数据集：客户留存数据集和客户账户主数据集。客户留存数据集里包含了某一个月内拨打的所有客户电话信息，该数据集总共包含 195 694 条记录。每条记录代表一个客户的电话，包含 162 个数据字段。客户账户主数据集是一个包含 60 309 524 条记录和504 个字段的大型数据集。每条记录代表一个信用卡账户，包括过去 30 多年在该银行开立的所有账户。客户账户主数据集中的字段涵盖与账户和账户持有人相关的各种信息：账户信息，如账户类型和账户状态；人口统计信息，如账户持有人的年龄和性别；财务信息，如信用额度和延迟支付金额。银行通常会持续更新客户账户主数据集。

本案例的数据分析使用了九个属性：呼叫长度、银行客户代表 id、主管 id、呼叫位置、客户 id、原始年费、实际年费、账户序列号和客户持有信用卡数量。其中，大部分属性是满足原始审计目标所必需的，如呼叫长度、原始年费和实际年费等；其中，一些属性是在EDA 过程中新添加的，如主管 id 和客户持有信用卡数量。表 9.6 列出了这些属性的名称、源数据库和描述。

表 9.6 分析用的数据

属性名称（源数据库）	描　述
呼叫长度（客户留存数据集）	每次呼叫的持续时间（秒）
银行客户代表 id（客户留存数据集）	接听电话的银行客户代表的 id
主管 id（客户留存数据集）	银行客户代表的主管的 id
呼叫位置（客户留存数据集）	客户服务中心的位置
客户 id（客户留存数据集 & 客户账户主数据集）	客户的 id
原始年费（客户留存数据集）	信用卡的原始年费
实际年费（客户留存数据集）	客户支付的实际年费
账户序列号（客户留存数据集 & 客户账户主数据集）	账户的序列号
客户持有信用卡数量（客户账户主数据集）	与每个账户关联的卡数

在这些属性中，呼叫长度、原始年费、实际年费和客户持有信用卡数量是连续变量，银行客户代表 id、主管 id、客户 id、账户序列号、呼叫位置是定类变量（Norminal Variable）。为了保护客户的隐私，账户序列号和客户 id 在数据集中加密。加密方法保留了原始数据的完整性，每个原始值对应一个唯一的密文。

银行客户代表提供的折扣在收入损失分析过程中发挥着重要作用。但是，在客户留存数据集中，没有直接反映折扣的字段。与折扣相关的两个属性变量是原始年费和实际年费（协商后的年费）。两者的差异代表折扣，这个数字必须在进行 EDA 之前计算。具体而言，折扣是原始年费与实际年费之间的差额除以原始年费。用于计算折扣的公式如下：

$$折扣 = \frac{（原始年费 - 实际年费）}{原始年费} \times 100\%$$

银行内部审计的某些分析需要使用客户账户主数据集。因此，需要聚合（join）客户留存数据集和客户账户主数据集，以便匹配相关的数据属性。例如，虽然每个客户仅在客户账户主数据集中存在一次，但每次客户通过电话协商折扣的信息会在客户留存数据集中创建一条记录，可以基于账户序列号作为主键和副键将两个数据集通过多对一的关系聚合起来。

在本例中，传统的 EDA 技术（如描述性统计、数据转换和数据可视化技术）主要用于探索数据。本例中使用的描述性统计包括频率分布、汇总统计（平均数和标准差）和分类汇总，通过对数函数实现数据转换。本例中应用的数据可视化技术包括饼图、条形图、线性图和散点图等。

9.4.3　EDA 探索分析遵循银行政策情况

EDA 探索分析遵循银行政策情况的过程有如下几个步骤。

1. 检查数据分布

第一步是显示相关属性变量的分布。由于银行客户代表提供折扣的行为是银行主要关注的问题，因此分析先从一些描述性统计开始：银行客户代表提供的折扣的平均数、中位数、最小值、最大值和标准差，结果如表 9.7 所示。

表 9.7　折扣率的统计分布

变量	平均数	中位数	最小值	最大值	标准差
折扣	− 2326.04%	60%	− 27 944 522.22%	100.00%	219 933.88%

　　根据结果，银行客户代表提供的最高折扣是年费的 100%。根据这个数字，可以得出的第一个结论：没有银行客户代表提供超过 100% 的折扣，因此没有银行客户代表违反银行政策。

　　除此之外，从表 9.7 中可以观察到的一个显著特征，即最小折扣是一个很大的负值（−27 944 522.22%），平均数也是负数（−2326.04%），这意味着负折扣压倒了正折扣。此外，中位数折扣金额为正（60%），表示一半折扣大于 60%，一半折扣小于 60%。这些统计数据意味着存在一些极大的负折扣，即实际的折扣力度比原始折扣力度要小，导致负折扣。折扣的账户频率分布（如图 9.4 所示）也显示只有 0.15%（286 个账户）的折扣为负。

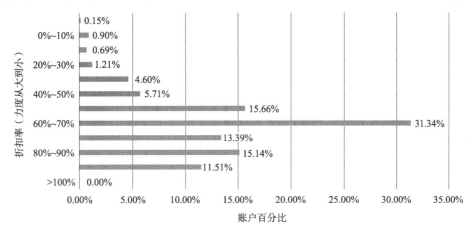

图 9.4　折扣的账户频率分布

　　负折扣是指协商后的实际年费高于原始年费。负折扣，特别是较大的负折扣，显然是违反自然规律的。

2. 提出假设

　　经过讨论，银行的内部审计员得出了一个可能的解释：在某些情况下，一群人（如一个家庭或企业）拥有相同的信用卡账户，其表现形式是主卡加附卡。如果该账户其中一个客户打电话来协商整个家庭或企业的费用，那么实际年费可能成为他们的统一的实际年费。由于有的卡的实际年费可能超过其中部分信用卡的原始年费，可以合理假设负折扣是向拥有多张信用卡的客户提供团体折扣造成的。

3. 假设检验

　　为了深入了解负折扣，计算负折扣的频率分布并以折线图显示，如图 9.5 所示。

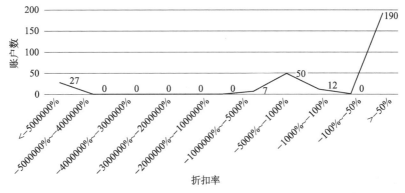

图 9.5　负折扣数量分布

折扣账户的分布表明有三个独立的集群：第一个集群包含 27（10%）条极端折扣记录（低于 - 5 000 000%）；第二个集群包括与相对显著折扣相关的 69（24%）条折扣记录（在 - 10 000% 和 - 100% 之间）；第三个集群也是最大的集群涉及 190 条小折扣（低于 - 50%）的记录。根据与银行内部人员的讨论，第三个也是最大的集群的负折扣可能是团体折扣引起的。但是，这种解释不适用于其他两个集群的负折扣（不符合自然规律）。因此，第一和第二个集群中的这 96 条记录被视为错误或欺诈导致的可疑案例。

4. 怀疑

即使其余 190 个客户账户有合理的折扣，它们也不一定完全是团体折扣导致的。对这个怀疑的一个简单验证是确定该 190 个客户账户是否具有多张信用卡，该验证的结果如图 9.6 所示。

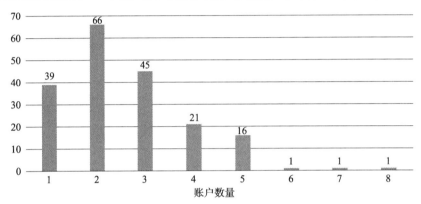

图 9.6　合理负折扣（190 账户）信用卡数量频率分布

根据图 9.7，在 190 个客户账户中只有 39 个（20.5%）拥有一张信用卡，不可能属于团体折扣。因此，这 39 个客户账户也被认为是可疑的。

5. 探究可疑账户（新的假设检验）

由于原始年费和实际年费是计算折扣的两个决定性因素，因此检查负折扣与这两个数字之间的关系，能够揭示出现这种分布情况的原因。由于变量的数值范围非常宽，为了更好地显示数据，需要将该值转换为另一个比例，即将原始年费和实际年费的值进行对数转换。由于只研究负折扣，可以用负折扣的绝对值进行对数转换。然后，利用散点图显示负折扣与实际年费和原始年费之间的关系（如图 9.7 所示）。

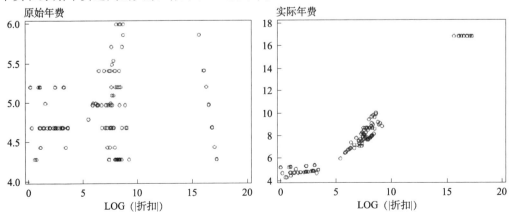

图 9.7　负折扣与原始年费和实际年费之间的关系

图 9.7 左图显示有三个集群的负折扣在原始年费中被均匀分配。同时，在负折扣和实际年费的散点图（图 9.7 右图）中也可以观察到相同的三个集群。因此，新的假设是这些大的负折扣与实际年费之间的关系是不规则的。

6. 检验新的假设

由于极端负折扣的数量不是十分的大，因此对每条记录进行详细的单独调查是可行的，通过调查可以了解这些极端负折扣的具体原因。通过与银行运营部门的交流，在这 96 个记录中，27 个负折扣是明显的输入错误（日期被错误地输入为实际费用）造成的；其他 69 个负折扣是对不合理的大额实际费用四舍五入造成的，这些记录还可能包括输入错误，如错误放置小数点等。

对极端负折扣的分析指出了银行内部控制系统存在的一些风险。例如，计算机系统应该有一个控制功能来限制每个变量的输入格式，如限制日期格式不能输入到实际的费用字段中。通过设置每个字段的上下边界，也可以控制出现不合理极值的风险。

39 个具有合理负折扣的可疑账户，由于没有数据用以进一步调查，只能向内部审计部门报告。

这个 EDA 的分析过程，帮助银行创建了一个新的审计目标：是否向拥有多张信用卡的客户提供了负折扣。

总而言之，在执行 EDA 过程调查该审计目标后，确定了 135 个异常账户，而使用传统的审计程序无法识别该异常。除这些特殊情况外，还产生了两个新的审计目标，并建议增加两个新的内部控制功能。

9.4.4 EDA 探索分析懒惰的银行客户代表

EDA 探索分析懒惰的银行客户代表的过程有如下几个步骤。

1. 检查数据分布

除识别违反政策的银行客户代表外，银行还希望确定哪些银行客户代表不会努力降低年费的折扣力度，即给予客户 100% 以下的折扣，这些银行客户代表以下简称"懒惰代表"。

在 EDA 过程中，首先确定提供 100% 折扣的银行客户代表的数量，因为他们是本审计目标的主要关注点。在所有 1151 名银行客户代表中，有 1024 名银行客户代表至少提供了一次 100% 的折扣。通过统计这些银行客户代表出现超过 100% 折扣的次数在总的提供折扣的次数中的比例，发现没有银行客户代表给出特别多的高折扣。超过 100% 折扣的数量大致与银行客户代表提供的折扣总数成比例。但是，这些银行客户代表应答的电话数量差异很大，一些银行客户代表应答电话的频率几乎接近于零。银行客户代表在一个月内应答很少的电话是不合逻辑的。为了帮助检测这些异常银行客户代表，客户留存数据集中银行客户代表应答电话（即给出折扣）的频率分布的描述性统计数据如表 9.8 所示。

表 9.8 银行客户代表应答电话频率分布的描述性统计

变量	银行客户代表人数	平均数	最小值	最大值	标准差
银行客户代表	1151	170	1	623	148

表 9.8 显示，1151 名银行客户代表应答的平均呼叫数为 170。有些银行客户代表在整个月内只接听了一个电话，而其他人则接听了 623 个电话。在整个月内只回答一次或几次电话

的银行客户代表显然是异常的。统计上，异常可以通过比较平均数和标准差来定义（单样本假设检验）。经过盘查，应答 22 个或更少电话的 403 名银行客户代表被认为是可疑的。

据该银行解释，这些异常的银行客户代表有可能是部门主管，而部门主管回答这么少的电话是合理的，因为他们只处理重要或麻烦的电话。因此，在该 EDA 过程中产生的假设是接听很少电话的银行客户代表是部门主管。

2. 假设检验

将这 403 名银行客户代表的 id 与主管人员的 id 进行比较后，其中 33 人被确认为部门主管。这就留下了 370 名仍然可疑的银行客户代表。因此，在所有 1151 名银行客户代表中，748 名（65%）是活跃的，403 名（35%）是不活跃的，其中 33 名（3%）是主管，370 名（32%）是可疑的不活跃的银行客户代表。

为了找出这个问题的原因，图 9.8 比较了不同客户服务中心的不活跃和活跃的银行客户代表的分布情况。它显示，85.95% 的不活跃的银行客户代表集中在圣保罗，这个数字与在那个城市的银行客户代表总数不成比例。在向银行内部审计员报告此调查结果后，他们对这些不活跃的银行客户代表提出另一种可能的解释：不活跃的银行客户代表可能是实习生。由于圣保罗是最大的客户服务中心所在地，实习生比其他客户服务中心更多。因此，在该步骤中创建的假设是这些银行客户代表是实习生，而他们不需要接受工作量的监督要求。

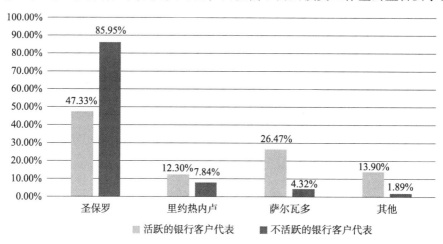

图 9.8　客户服务中心的不活跃和活跃的银行客户代表的分布

由于无法获得其他数据，因此无法对此假设进行检验，但该分析结果可以帮助内部审计员进行更深入的分析。新假设产生了新的审计目标：所有正式的银行客户代表都应该是活跃的。通过 EDA 分析确定了 370 名不活跃的银行客户代表。这些银行客户代表在传统的审计程序中都被认为是可疑的。与传统的审计程序相比，EDA 允许内部审计员获得更全面的异常情况监控。此外，EDA 还发现这些银行客户代表之所以不活跃与客户服务中心的位置有关。

9.4.5　EDA 探索分析银行客户代表是否执行了有效的沟通

EDA 探索分析银行客户代表是否执行了有效的沟通的过程有如下步骤。

1. 检查数据分布

第三个分析的重点是找到不与客户进行有效沟通就立即提供折扣的银行客户代表。由于电话应答的持续时间相对较短，内部审计员可以对呼叫持续时间字段进行排序，以找到不合理的短呼叫（如短于 60 秒的应答）。这种传统的审计程序确定了 933 名银行客户代表和总共 28 027 次不合理的短呼叫。

EDA 分析可以计算呼叫持续时间字段的一些描述性统计以显示其分布，结果如表 9.9 所示。根据结果，最短呼叫持续仅 10 秒，最长呼叫持续 6561 秒。这种宽范围阻碍了呼叫持续时间频率分布的显示。平均持续时间为 255 秒，而中位数为 206 秒，表示短呼叫比长呼叫更多。此外，90% 的呼叫小于 514 秒，因此频率分布分析侧重于呼叫持续时间小于 600 秒的呼叫（如图 9.9 所示）。

表 9.9　电话应答时长的统计分布

变量	应答次数	平均数	中位数	最小值	最大值	90th分位
应答（秒）	195 694	255	206	10	6561	514

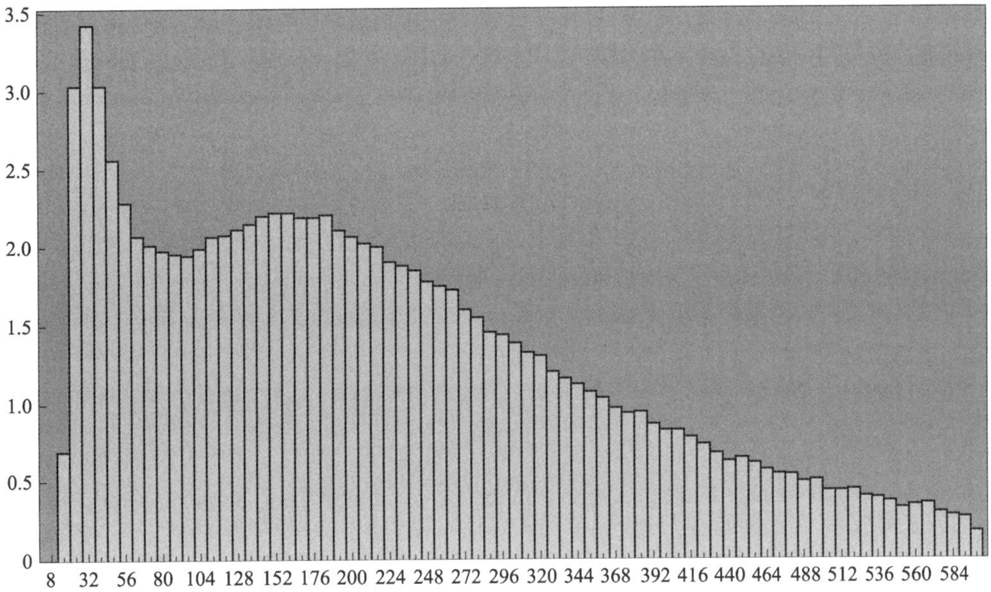

图 9.9　呼叫持续时间小于 600 秒的频率分布

从该分布中观察到两个峰值：一个在 120 ~ 180 秒，另一个在 20 ~ 60 秒。客户与银行客户代表协商信用卡年费的折扣花费 2 ~ 3 分钟是合理的。但是，银行客户代表似乎不可能在 60 秒内完成有效的沟通。因此，该分布中的显著特征 20 ~ 60 秒属于异常峰值。

2. 提出假设

这些不合理的短呼叫的一个可能假设是：由于电信网络问题，它们被放弃或意外断开。在这种情况下，它们是无效的电话呼叫，并且不应该产生折扣。

3. 假设检验

在客户留存数据集中，有 28 027 个电话应答低于 60 秒，但只有 121 个短呼叫没有产生折扣，其他 27 906 个短呼叫都有非零的折扣，因此被认为是可疑的。

与之前的审计目标一样，由于数据访问受限，无法直接确定这些可疑数据的原因。因此，这些调查结果将被报告给内部审计部门进行进一步的调查。在这些可疑事件被确认为违规行为之后，可以制定新的审计目标：所有有效的电话的呼叫持续时间必须超过 1 分钟。

EDA 的结果与传统审计程序的结果基本一致。因此，除用于探索隐藏的风险区域外，EDA 还可用于确认传统审计程序的结果作为补充分析或将常规审计程序替换为独立检查。

9.5 EDA 中的指标变换形式

在数据分析项目中，因为分析的目的和所要描述的故事不同，有时候要对指标的表现形式进行设计。指标的这种多样化的表现形式能够有效地帮助分析师组织逻辑化的分析故事。除了前面 EDA 过程中大量使用的平均指标，其他常用的指标表现形式还可以有总量指标和相对指标。

9.5.1 总量指标

总量指标是一种反映统计数据的总体水平和规模的指标，其结果以绝对数的形式展现。总量指标的特点是数值的大小跟数据范围成正比，并且有量纲（即单位），如货币单位、实物单位和劳动量单位。总量指标有如下三种作用。

（1）对数据认识的开始。

（2）社会治理的理论依据之一。

（3）可用来计算相对指标和平均指标。

总量指标的种类按其反映总体内容分为：总体标志总量和总体单位总量。

（1）总体标志总量是指总体的每个单位某个指标的总和值，表明总体在一定时间、地点条件下达到的总水平。

（2）总体单位总量是指组成某个总体的全部单位个数，表明总体在一定时间、地点条件下达到的总规模。

按反映总体的时间状态，总量指标分为时期指标和时点指标。

（1）时期指标（又称流量指标），表明总体在一段时间内积累的总量。

（2）时点指标（又称存量指标），表明总体在某一时刻的数量状态。

我们可以通过指标数值能否相加来区分时期指标和时点指标。

9.5.2 相对指标

相对指标也称为相对数，它是通过两个有联系的指标的比值来反映对象的数量特征和关系的综合指标，表现为相对数。相对指标的特点为数值大小与总体范围无关。因为相对指标是抽象化的数值，通常没有量纲，即没有单位。

相对指标的作用有如下两种。

（1）反映对象内部的相关性和差异性。

（2）方便分析师对对象进行比较和分析。

根据相互对比的指标性质与基数的不同，相对指标可分为动态相对指标、强度相对指标、结构相对指标、比例相对指标、比较相对指标、计划完成相对指标六种。

1. 动态相对指标

动态相对指标是同一总体、同一空间在不同时间上的同一指标数值对比的比值，反映现象在时间上的发展变化程度，也称发展速度，一般用百分数表示。

$$动态相对数 = \frac{报告预期值}{基期数值} \times 100\%$$

2. 强度相对指标

强度相对指标是将性质不同但内部存在联系的指标进行对比的比值，反映现象的强度、密度和普及程度，一般用百分数、千分数表示。

$$强度相对数 = \frac{某一指标数值}{另一有联系但性质不同的指标数值} \times 100\%$$

强度相对指标反映指标间的相互依存关系，分子、分母之间紧密联系。若两个指标互为依存关系，则可以计算正指标和逆指标。

3. 结构相对指标

结构相对指标是对象总体内部的一部分指标数值和总体的指标数值的比值，反映总体内部的规则和构成特征，一般用百分数或系数表示。

$$结构相对数 = \frac{部分数值}{总体数值} \times 100\%$$

结构相对指标的特点：分母中包含分子，均为总量指标；每部分的占比之和为 100% 或 1。

4. 比例相对指标

比例相对指标研究对象内部某部分指标数值与另一部分指标数值对比的比率，反映研究对象的内部联系，一般用占比的形式表示。

$$比例相对数 = \frac{总体中某部分的数值}{总体中另一部分数值}$$

比例相对指标与结构相对指标的共同点：反映数据总体的细节情况，通常使用分组以后的数据进行计算。比例相对指标与结构相对指标的不同点：对比的基数不同。

5. 比较相对指标

比较相对指标是同一指标、同一时间在不同总体之间的数值对比的比值，反映同类现象之间的差异程度，一般用系数、倍数或分数表示。

$$比较相对数 = \frac{某条件下的某类指标数值}{另一条件下的同类指标数值}$$

比较相对指标一般用强度相对数或平均数进行对比。

6. 计划完成相对指标

计划完成相对指标也称计划完成百分比，它是将同一总体的实际完成数和计划任务数在某一时刻进行对比的比值，反映计划的完成程度，一般用百分数表示。

$$计划完成相对数 = \frac{实际完成数}{计划任务数} \times 100\%$$

评价计划完成程度应注意计划任务数的指标性质：若设定的标准是计划任务数越多越好，则大于 100% 为完成计划；若是越少越好，则小于 100% 为完成计划。

当计划任务数是总量指标或平均指标时，可以用上述的公式进行计算。

当计划任务数为相对指标时，如增长率或降低率等，其计算公式如下：

$$计划完成相对数 = \frac{1 + 实际增长率}{1 + 计划增长率} \times 100\%$$

$$计划完成相对数 = \frac{1 - 实际降低率}{1 - 计划降低率} \times 100\%$$

计划完成相对指标的应用范围包括中长期计划的检查和计划执行进度的检查等。

应用计划完成相对指标应注意如下四个问题。

（1）具有可比性。

（2）确定比较的基础。

（3）相对指标和总量指标相结合。

（4）结合运用多种相对指标。

常用数据挖掘技术

10.1 决策树

10.1.1 决策树概述

决策树（Decision Tree）是以事例为基础的归纳学习算法，着眼于从一组无次序、无规则的事例中推导出决策的分类规则。它在已知所有事例发生概率的基础上，通过各个分类属性上的决策问题来对样本进行分类，决策分类画成图形与一棵树的枝干很相似，故称决策树。

先引入下面的例子以便了解决策树，根据历史数据，记录已有的用户是否可以偿还债务，以及相关的信息，如表 10.1 所示。

表 10.1　用户相关信息、是否偿还债务

id	拥有房产（是/否）	婚姻情况（单身，已婚，离婚）	年收入（单位：K）	无法偿还债务（是/否）
1	是	单身	125	否
2	否	已婚	100	否
3	否	单身	70	是
4	是	已婚	120	否
5	否	离婚	95	否
6	否	已婚	60	否
7	是	离婚	220	否
8	否	单身	85	否
9	否	已婚	75	否
10	否	单身	90	否

通过该数据生成的决策树如图 10.1 所示。

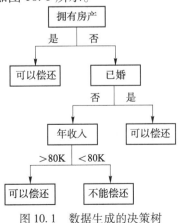

图 10.1　数据生成的决策树

如果新来一个用户：无房、未婚、年收入 70 K，那么根据上述的决策树，可以预测他无法偿还债务。通过上述的决策树，还可以知道是否拥有房产可以在很大程度上决定用户是否可以偿还债务，这对借贷业务具有指导意义。

决策树中最上面的节点称为根节点，是整个决策树的开始，也是决策节点。每个分支（非叶节点）是决策节点，树的叶子（或称为叶节点）是分类的最后结果。在上面的例子中，根节点是"拥有房产"，决策节点为"已婚"和"年收入"，叶节点是"可以偿还"和"无法偿还"。

决策树学习采用的是自顶向下的递归方式，在决策树的内部节点进行属性值的比较，并根据不同的属性值判断从该节点向下的分支，在决策树的叶节点得到结论。那么，决策树是根据什么指标来判断属性值不同，并分裂成不同的分支呢？这就要引出信息熵的概念。

10.1.2 信息熵

信息熵（Information Entropy）是对不确定性的测量。如果某一随机变量的不确定性越大，那么该变量的熵也就越大；换言之，确定它真实情况所需要的信息量也就越大。当信息熵用于将数据集划分为不同子集时，如果所用子集的信息熵总和越小，表明这些数据是否被划入对应子集的不确定性越小，可以认为这样划分数据集就越正确。下面引入信息熵的定义公式，假设随机变量 X 的取值有 n 种可能，每一种可能事件的概率是 $\{P_1, P_2, P_3, \cdots, P_n\}$，则信息熵 $H(X)$：

$$H(X) = - \sum_{i=1}^{n} P_i \log_2(P_i)$$

信息熵在实际应用中还产生了信息熵增益、信息增益率、基尼系数（Gini）等几种变形。

假设有如表 10.2 所示的数据集（1）。

表 10.2 数据集（1）

记录	K 属性	分类
1	R	A
2	R	B
3	R	B
4	L	A
5	L	B
6	L	A
7	L	A
8	R	B
9	R	A
10	R	B
11	R	B

分类的结果是 5 个 A、6 个 B，分类的信息熵是：

$$H(X) = -\frac{5}{11} \times \log_2 \frac{5}{11} - \frac{6}{11} \times \log_2 \frac{6}{11} = 0.994$$

获得了 K 属性的分类情况对于降低分类的信息熵可能是有帮助的。根据 K 属性的取值，记录分成了两个集合$\{A，B，A，A\}$（K 属性的取值为 L，有 4 个）和$\{A，B，B，B，A，B，B\}$（K 属性的取值为 R，有 7 个），这个结果可以用条件熵来表示，即在知道 K 属性的信息后 X 分类的熵：

$$H(X\mid K) = \sum_{k\in K} P(k)H(X\mid K=k)$$

其中，k 为 K 属性取值的个数。

计算：

$$H(X\mid K) = \frac{4}{11}\left(-\frac{1}{4}\times\log_2\frac{1}{4}-\frac{3}{4}\times\log_2\frac{3}{4}\right)+\frac{7}{11}\left(-\frac{2}{7}\times\log_2\frac{2}{7}-\frac{5}{7}\times\log_2\frac{5}{7}\right)=0.844$$

那么，在有 K 属性信息的帮助下，X 的不确定性降低了多少呢？这就是信息增益。

信息增益公式：

$$\mathrm{Gain}(X,K) = H(X) - H(X\mid K)$$

计算：

$$\mathrm{Gain}(X,K) = 0.994 - 0.844 = 0.15$$

10.1.3　ID3 算法

ID3 算法是一种经典的决策树学习算法，由 Quinlan 于 1979 年提出。ID3 算法的基本思想是以信息熵为度量，用于决策树节点的属性选择，每次优先选取会使信息熵下降最多的属性，以构造一颗熵值下降最快的决策树，到叶节点处的熵值为 0。此时，每个叶节点对应的实例集中的实例属于同一类。

ID3 算法对各个属性信息计算信息增益时，会选择信息增益最大的属性作为决策节点将数据分成两部分。在决策树的每一个非叶节点划分之前，先计算每一个属性所带来的信息增益，选择最大信息增益的属性来划分，因为信息增益越大，区分样本的能力就越强，就越具有代表性，很显然这是一种自顶向下的贪心策略。

引入一则例子来展示 ID3 算法的工作原理，根据表 10.3 中年龄、收入、学生、信誉四个条件属性来预测是否购买计算机。

表 10.3　是否购买计算机

总计人数	年龄	收入	学生	信誉	是否购买计算机
64	青	高	否	良	不买
64	青	高	否	优	不买
128	中	高	否	良	买
60	老	中	否	良	买
64	老	低	是	良	买
64	老	低	是	优	不买
64	中	低	是	优	买
128	青	中	否	良	不买
64	青	低	是	良	买
132	老	中	是	良	买
64	青	中	是	优	买

续表

总计人数	年龄	收入	学生	信誉	是否购买计算机
32	中	中	否	优	买
32	中	高	是	良	买
63	老	中	否	优	不买
1	老	中	否	优	买

1）计算分类属性的熵（即是否购买计算机这一属性的信息熵）

买计算机的人的概率 $P_1 = 641/1024 = 0.6260$。

不买计算机的人的概率 $P_2 = 383/1024 = 0.3740$。

$$H(X) = -P_1 \text{Log}_2 P_1 - P_2 \text{Log}_2 P_2$$
$$= -(P_1 \text{Log}_2 P_1 + P_2 \text{Log}_2 P_2)$$
$$= 0.9537$$

2）计算条件属性的熵（即年龄这一属性的信息熵）

青年人中买与不买的概率分别为 $P_1 = 128/384$、$P_2 = 256/384$。

$$H(X \mid 年龄=青年) = -P_1 \text{Log}_2 P_1 - P_2 \text{Log}_2 P_2$$
$$= -(P_1 \text{Log}_2 P_1 + P_2 \text{Log}_2 P_2)$$
$$= 0.9183$$

中年人中买与不买的概率分别为 $P_1 = 256/256$、$P_2 = 0/256$。

$$H(X \mid 年龄=中年) = -P_1 \text{Log}_2 P_1 - P_2 \text{Log}_2 P_2$$
$$= -(P_1 \text{Log}_2 P_1 + P_2 \text{Log}_2 P_2)$$
$$= 0$$

老年人中买与不买的概率分别为 $P_1 = 257/384$、$P_2 = 127/384$。

$$H(X \mid 年龄=老年) = -P_1 \text{Log}_2 P_1 - P_2 \text{Log}_2 P_2$$
$$= -(P_1 \text{Log}_2 P_1 + P_2 \text{Log}_2 P_2)$$
$$= 0.9157$$

青年、中年、老年在总体中的比例分别为：

$$P(青年) = 384/1024 = 0.375$$
$$P(中年) = 256/1024 = 0.25$$
$$P(老年) = 384/1024 = 0.375$$

综上，$H(P \mid 年龄) = 0.375 \times 0.9183 + 0.25 \times 0 + 0.375 \times 0.9157 = 0.6877$。

信息增益：Gain（P，年龄）$= H(P) - H(P \mid 年龄) = 0.9537 - 0.6877 = 0.266$。

3）计算收入、学生、信誉的熵

方法与 2）相同，分别计算收入、学生、信誉的熵：

$$\text{Gain}(P,收入) = H(P) - H(P \mid 收入) = 0.9537 - 0.9361 = 0.0176$$
$$\text{Gain}(P,学生) = H(P) - H(P \mid 学生) = 0.9537 - 0.7811 = 0.1726$$
$$\text{Gain}(P,信誉) = H(P) - H(P \mid 信誉) = 0.9537 - 0.9048 = 0.0453$$

4）计算并选择节点

比较 Gain（P，年龄）、Gain（P，收入）、Gain（P，学生）、Gain（P，信誉），最大值

为 Gain（*P*，年龄），选择年龄作为节点。

在年龄选定为节点之后，还会产生三个节点。其中，中年组的所有人都购买了计算机，已经不可以再划分，故中年这一节点作为叶节点；对青年、老年组数据分别计算不同属性的熵，确定各自的节点。生成的部分决策树如图 10.2 所示。

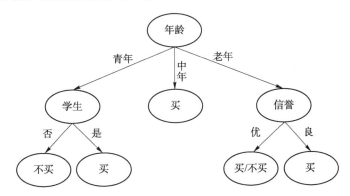

图 10.2　生成的部分决策树

从上面的例子可以看出，所有的属性都是离散型的变量，而 ID3 算法也确实比较适合处理离散数值的属性。然而在实际应用中，属性可能是连续的，也可能是离散的，这就要求我们将连续型的属性进行分箱，划分为几个区间，这样信息增益的计算就可以采用和离散数值一样的处理方法。

除了偏向处理离散型变量而导致的不足，ID3 算法还有以下的不足。

（1）可能出现过度拟合。

（2）信息增益选择属性时偏向选择取值多的属性。

（3）不能处理连续值。

为了解决前面两点不足，C4.5 算法应运而生。

10.1.4　C4.5 算法

C4.5 算法是由 Ross Quinlan 在 1993 年提出的，它是 ID3 算法基础上的一个改进算法。下面通过 C4.5 算法的四个改进方面来介绍这种算法。

1. 使用信息增益率来选择属性

不同于 ID3 算法，C4.5 算法使用信息增益率来选择属性，改善了信息增益选择属性时偏向选择取值多的属性的不足。下面给出简单的案例来展现使用信息增益率进行节点选择的流程，如表 10.4 所示。

表 10.4　数据集（2）

天气	温度	湿度	风速	是否适合活动
晴	炎热	高	弱	否
晴	炎热	高	强	否
阴	炎热	高	弱	是
雨	适中	高	弱	是

天气	温度	湿度	风速	是否适合活动
雨	寒冷	正常	弱	是
雨	寒冷	正常	强	否
阴	寒冷	正常	强	是
晴	适中	高	弱	否
晴	寒冷	正常	弱	是
雨	适中	正常	弱	是
晴	适中	正常	强	是
阴	适中	高	强	是
阴	炎热	正常	弱	是
雨	适中	高	强	否

上面的数据集（2）有 4 个条件属性，即天气、温度、湿度、风速；有 1 个分类属性，即是否适合活动。

数据集（2）中包含 14 个训练样本，其中属于适合活动的样本有 9 个，属于不适合活动的有 5 个，则计算其信息熵：

$$H(D) = -9/14 \times \text{Log}_2(9/14) - 5/14 \times \text{Log}_2(5/14) = 0.940$$

下面对属性集中每个属性分别计算条件熵，计算方法和上节相同，如下所示：

$$H(D \mid 天气) = 5/14 \times [-2/5 \times \text{Log}_2(2/5) - 3/5 \times \text{Log}_2(3/5)] + 4/14 \times [-4/4 \times \text{Log}_2(4/4) - 0/4 \times \text{Log}_2(0/4)] + 5/14 \times [-3/5 \times \text{Log}_2(3/5) - 2/5 \times \text{Log}_2(2/5)] = 0.694$$

$$H(D \mid 温度) = 4/14 \times [-2/4 \times \text{Log}_2(2/4) - 2/4 \times \text{Log}_2(2/4)] + 6/14 \times [-4/6 \times \text{Log}_2(4/6) - 2/6 \times \text{Log}_2(2/6)] + 4/14 \times [-3/4 \times \text{Log}_2(3/4) - 1/4 \times \text{Log}_2(1/4)] = 0.911$$

$$H(D \mid 湿度) = 7/14 \times [-3/7 \times \text{Log}_2(3/7) - 4/7 \times \text{Log}_2(4/7)] + 7/14 \times [-6/7 \times \text{Log}_2(6/7) - 1/7 \times \text{Log}_2(1/7)] = 0.789$$

$$H(D \mid 风速) = 6/14 \times [-3/6 \times \text{Log}_2(3/6) - 3/6 \times \text{Log}_2(3/6)] + 8/14 \times [-6/8 \times \text{Log}_2(6/8) - 2/8 \times \text{Log}_2(2/8)] = 0.892$$

根据上面的数据，我们可以计算选择第一个根节点所依赖的信息增益值，计算如下所示：

$$\text{Gain}(天气) = H(D) - H(D \mid 天气) = 0.940 - 0.694 = 0.246$$

$$\text{Gain}(温度) = H(D) - H(D \mid 温度) = 0.940 - 0.911 = 0.029$$

$$\text{Gain}(湿度) = H(D) - H(D \mid 湿度) = 0.940 - 0.789 = 0.151$$

$$\text{Gain}(风速) = H(D) - H(D \mid 风速) = 0.940 - 0.892 = 0.048$$

ID3 算法偏向选择取值多的属性作为优先分类属性，因为可以立刻将样本分成许多小集合，熵就会快速降低。其带来的坏处就是得到的决策树可能过度拟合，即过度拟合训练样本，在实际应用的时候反而做出错误的判断。C4.5 算法就是要避免这种情况。由于属性的取值多就会导致分类属性本身的信息熵比较高，所以就引入信息增益率来获得信息增益和属性取值之间的平衡。

要计算信息增益率需要先计算分类信息度量 Split，计算方法与信息熵的计算方法相同。

天气属性有 3 个取值，其中晴有 5 个样本、雨有 5 个样本、阴有 4 个样本，则：

$$\text{Split}(天气) = -5/14 \times \log_2(5/14) - 5/14 \times \log_2(5/14) - 4/14 \times \log_2(4/14) = 1.577$$

温度属性有 3 个取值，其中炎热有 4 个样本、适中有 6 个样本、寒冷有 4 个样本，则：

$$\text{Split}(温度) = -4/14 \times \log_2(4/14) - 6/14 \times \log_2(6/14) - 4/14 \times \log_2(4/14) = 1.556$$

湿度属性有 2 个取值，其中正常有 7 个样本、高有 7 个样本，则：

$$\text{Split}(湿度) = -7/14 \times \log_2(7/14) - 7/14 \times \log_2(7/14) = 1.0$$

风速属性有 2 个取值，其中强有 6 个样本、弱有 8 个样本，则：

$$\text{Split}(风速) = -6/14 \times \log_2(6/14) - 8/14 \times \log_2(8/14) = 0.985$$

根据上面计算结果，我们可以计算信息增益率，如下所示：

$$\text{GainRatio}(天气) = H(D|天气) / \text{Split}(天气) = 0.246/1.577 = 0.1559$$

$$\text{GainRatio}(温度) = H(D|温度) / \text{Split}(温度) = 0.029 / 1.556 = 0.0186$$

$$\text{GainRatio}(湿度) = H(D|湿度) / \text{Split}(湿度) = 0.151/1.0 = 0.151$$

$$\text{GainRatio}(风速) = H(D|风速) / \text{Split}(风速) = 0.048/0.985 = 0.0487$$

根据计算得到的信息增益率选择属性集中的属性作为决策树节点，并对该节点进行分类。从上面的数据可知天气的信息增益率最大，所以我们选其作为第一个节点。

2. 剪枝方法消除过度拟合

决策树算法可能出现过度拟合（Overfitting）的问题，就是生成的决策树过度拟合了训练数据，在训练集上的准确度很高，但是在测试集或在实际的使用过程中，决策树的准确度反而低。过度拟合出现的原因是在创建决策树时，由于数据中的噪声和训练样本太小，许多分支反映的是训练数据中的异常。另外，决策树的节点过多也会导致过度拟合。

下面给出一个简单的案例，表 10.5 是哺乳动物分类的训练样例，建立起来的决策树如图 10.3 所示。

表 10.5　哺乳动物分类的训练样例

名称	体温	胎生	4 条腿	冬眠	哺乳动物
蝾螈	冷血	N	Y	Y	N
虹鳉	冷血	Y	N	N	N
鹰	恒温	N	N	N	N
弱夜鹰	恒温	N	N	Y	N
鸭嘴兽	恒温	Y	Y	Y	Y

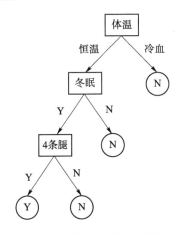

图 10.3　数据生成的决策树

下面给出两条测试数据，用于验证建立起来的决策树，如表 10.6 所示。

表 10.6　测试数据

名称	体温	胎生	4 条腿	冬眠	哺乳动物
人	恒温	Y	N	N	Y
大象	恒温	Y	Y	N	Y

按照建立的决策树，得出了人和大象都不是哺乳动物的错误结论。决策树给出这样的判断的原因是，只有鹰这一个训练样例具有恒温、不冬眠的特点，但却为非哺乳动物。该例清楚表明，当决策树的叶节点没有足够的代表性时，可能会预测错误。

剪枝方法是用来处理这种过度拟合数据的问题的，通常使用统计度量剪去最不可靠的分枝。剪枝一般分两种方法：先剪枝和后剪枝。

先剪枝是通过设定条件停止决策树的构造。算法在某个节点根据设定的条件停止构造，这个节点就变成树叶。该树叶可能取它持有的子集最频繁的类作为自己的类。先剪枝有以下几种方法。

（1）当节点的样本个数小于阈值时，停止分裂。

（2）属性值信息熵小于阈值，或者说分类属性信息纯度达到阈值，停止分裂。

（3）决策树的深度达到阈值，停止分裂。

（4）所有分类属性已经使用完毕。

另一种更常用的方法是后剪枝，由完全的决策树剪去子树而形成，用树叶来替换被删除节点的分枝。树叶一般用子树中最频繁的类来标记。后剪枝一般有以下两种方法。

第一种方法，也是最简单的方法，称为基于误判的剪枝。这个方法的思路很直接，由于决策树过度拟合，我们就再建立一个测试数据集来纠正它。对于决策树中的每一个非叶节点的子树，我们尝试着把它替换成一个叶节点。该叶节点的类我们用子树所覆盖训练样本中存在最多的那个类来代替，这样就产生了一个简化决策树。然后比较这两个决策树在测试数据集中的表现，如果简化决策树在测试数据集中的错误比较少，并且该子树里面没有包含另外一个具有类似特性的子树（所谓类似特性，是指把子树替换成叶节点后，其测试数据集误判率降低的特性），那么该子树就可以替换成叶节点。该方法以 Bottom－Up 的方式遍历所有的子树，直至没有任何子树可以替换使得测试数据集的表现得以改进时，算法就可以终止。

第一种方法很直接，但是需要一个额外的测试数据集，能不能不要这个额外的数据集呢？为了解决这个问题，悲观剪枝就被提出了。悲观剪枝就是递归地估算每个内部节点所覆盖样本节点的误判率。剪枝后该内部节点会变成一个叶节点，该叶节点的类为原内部节点的最优叶节点所决定。然后比较剪枝前后该节点的错误率来决定是否进行剪枝。该方法的思路和前面提到的第一种方法的思路是一致的，不同之处在于如何估计剪枝前决策树内部节点的误判率。

把一个子树（具有多个叶节点）的分类用一个叶节点来替代的话，在训练集上的误判率肯定是上升的，但是在新数据上不一定。于是，我们需要把子树的误判计算加上一个经验性的惩罚因子。对于一个叶节点，它覆盖了 N_i 个样本，其中有 E 个错误，那么该叶节点的误判率为 $(E+0.5)/N_i$，这个 0.5 就是惩罚因子。例如，叶节点 T8，如图 10.4 所示。

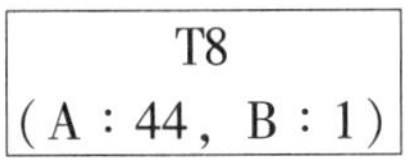

$$\boxed{\begin{array}{c} T8 \\ (A:44,\ B:1) \end{array}}$$

图 10.4　叶节点 T8

$$N_i = 45$$

$$E = 1$$

$$e = \frac{1 + 0.5}{45} = 0.0333333$$

如果一个子树有 L 个叶节点，那么该子树的误判率估计为 $(\sum E_i + 0.5 \times L)/\sum N_i$。这样的话，我们可以看到一个子树虽然具有多个叶节点，但由于加上了惩罚因子，所以子树的误判率计算未必占到便宜。剪枝后内部节点变成了叶节点，其误判个数 J 也需要加上一个惩罚因子，变成 $J + 0.5$。那么子树是否可以被剪枝，就取决于剪枝后的误判个数 $J + 0.5$ 是否在 $\sum E_i + 0.5 \times L$ 的标准误差内。对于样本的误差率 e，我们可以根据经验把它估计成各种各样的分布模型，如二项分布或正态分布。决策树的误判次数是二项分布，我们可以估计出该决策树的误判次数的均值和标准差：

$$E(\text{Subtree}) = N \times e_i$$

$$SD(\text{Subtree}) = \sqrt{N \times e_i \times (1 - e_i)}$$

其中，$N = \sum N_i$；$e_i = (\sum E_i + 0.5 \times L)/\sum N_i$。

把子树替换成叶节点后，该叶节点的误判个数也是一个伯努利分布。其中，N 是到达该叶节点的数据个数，其误判概率 e_2 为 $(J + 0.5)/N$，因此叶节点的误判次数均值为：

$$E(\text{Leaf}) = N \times e_2$$

例如，子树 T4，如图 10.5 所示。

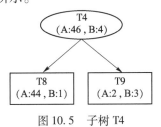

图 10.5　子树 T4

$$N = 50$$

$$e = \frac{(1 + 2) + 0.5 \times 2}{50} = 0.08$$

$$SD(\text{Subtree}) = \sqrt[2]{50 \times 0.08 \times (1 - 0.08)} = 1.92$$

$$E(\text{Subtree}) = e \times N = 4$$

T4 替换成叶节点的误判计算：

$$e = \frac{4 + 0.5}{50} = 0.09$$

$$E(\text{Leaf}) = 50 \times 0.09 = 4.5$$

使用训练数据，子树总是比替换为一个叶节点后产生的误差小，但是使用校正后有误差的计算方法却并非如此。当子树的误判个数大过对应叶节点的误判个数一个标准差之后，就决定剪枝，剪枝的条件如下：

$$E(\text{Leaf}) < E(\text{Subtree}) + \text{SD}(\text{Subtree})$$

图 10.6 是一部分决策树，其中 T1、T2、T3、T4、T5 为非叶节点，T6、T7、T8、T9、T10、T11 为叶节点。这里我们可以看出 N = 样本总和 80，其中 A 类 55 个样本，B 类 25 个样本。节点相关数据如表 10.7 所示。

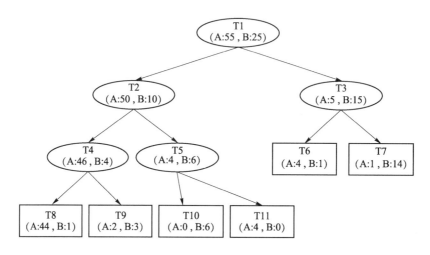

图 10.6　部分决策树

表 10.7　节点相关数据

节点	E（Subtree）	SD（Subtree）	E（Subtree）+ SD（Subtree）	E（Leaf）	是否剪枝
T1	8	2.68	10.68	25.5	否
T2	5	2.14	7.14	10.5	否
T3	3	1.6	4.6	15.5	否
T4	**4**	**1.92**	**5.92**	**4.5**	**是**
T5	1	0.95	1.95	6.5	否

此时，只有节点 T4 满足剪枝标准，我们就可以把节点 T4 剪掉，即直接把 T4 换成叶节点。

3. 连续型的属性变量离散化

C4.5 算法提供将连续型的属性变量进行离散化处理的方法，形成决策树的训练集，其过程基本分为以下三步。

（1）把需要处理的样本（对应根节点）或样本子集（对应子树）按照连续变量的大小从小到大进行排序。

（2）如果属性对应的不同的属性值一共有 N 个，那么总共有 $N-1$ 个可能的候选分割阈值点，每个候选的分割阈值点的值为上述排序后的属性值中两两前后连续元素的中点。

（3）用信息增益率选择最佳划分。

4. 缺失值处理

在某些情况下，可供使用的数据可能缺少某些属性的值。例如，(X, Y) 是样本集 S 中的一个训练实例，$X = (F_1\_v, F_2\_v, \cdots, F_n\_v)$，但其属性 F_i 的值 F_i_v 未知。在这种情况下有以下处理策略。

（1）处理缺少属性值的一种策略是赋给它节点 T 所对应的训练实例中该属性的最常见值。

（2）另外一种更复杂的策略是，为 F_i 的每个可能值赋予一个概率。例如，给定一个布尔属性 F_i，如果节点 T 包含 6 个已知 $F_i\_v = 1$ 和 4 个 $F_i\_v = 0$ 的实例，那么 $F_i\_v = 1$ 的概率是 0.6，而 $F_i\_v = 0$ 的概率是 0.4。于是，实例 X 的 60% 被分配到 $F_i\_v = 1$ 的分支，40% 被分配到另一个分支。这些片段样例（Fractional Examples）的目的是计算信息增益。另外，如果有第二个缺少值的属性必须被测试，这些样例可以在后继的树分支中被进一步细分。

（3）另外，最简单的处理策略就是丢弃这些样本。

C4.5 算法使用的是第二种处理策略。

总结一下 C4.5 算法：它用信息增益率来选择属性，采用后剪枝，可生成多叉树，可处理连续型的变量，它具有产生的分类规则易于理解且准确率较高的优点。但是在构造决策树的过程中，需要对数据集进行多次的顺序扫描和排序，因而会导致算法的低效。

10.1.5　CART 算法

CART 算法是一种二分递归分割技术。它把当前样本划分为两个子样本，使得生成的每个非叶节点都有两个分支。因此，CART 算法生成的决策树是结构简洁的二叉树。由于 CART 算法构成的是一个二叉树，它在每一步的决策只能是"是"或"否"，即使一个属性有多个取值，也是把数据分为两部分。CART 算法主要分为两个步骤：①将样本递归划分进行建树；②用验证数据进行剪枝。

上面说到了 CART 算法分为两个过程，其中第一个过程是进行递归建立二叉树，那么它是如何进行划分的？设 $x_1, x_2, \cdots, x_n$ 代表单个样本的 n 个属性，y 表示所属类别。CART 算法通过递归的方式将 n 维的空间划分为不重叠的矩形。划分过程大致有如下两个步骤。

（1）选一个自变量 x_i，再选取 x_i 的一个值 v_i；v_i 把 n 维空间划分为两部分，一部分的所有点都满足 $x_i \leqslant v_i$，另一部分的所有点都满足 $x_i > v_i$；对非连续变量来说属性值的取值只有两个，即等于该值或不等于该值。

（2）递归处理，将上面得到的两部分按第一步重新选取一个属性继续划分，直到把整个 n 维空间都划分完。

在划分的时候，CART 算法是将基尼系数作为标准来划分的。对于一个变量属性来说，它的划分点是一对连续变量属性值的中点。某一个属性有 m 个连续的值，那么会有 $m - 1$ 个划分点，每个划分点为相邻两个连续值的均值。每个属性的划分按照能减少的不纯度量来进行排序，而不纯度量方法常用 Gini 指标，根据前面的介绍：

$$\text{Gini}(P) = 1 - \sum_{i=1}^{m} p_i^2$$

其中，p_i 表示属于 i 类的概率。当 Gini (P) $= 0$ 时，所有样本属于同类，所有类在节点中以等概率出现时，Gini (P) 有最大值。

下面举例说明 CART 算法的划分步骤。

如表10.8所示，属性有3个，分别是是否有房、婚姻状况和年收入，其中是否有房和婚姻状况是离散的取值，而年收入是连续的取值。拖欠贷款则属于分类的结果。

表10.8 人口信息，是否拖欠贷款

是否有房	婚姻状况	年收入（K）	拖欠贷款
是	单身	125	否
否	已婚	100	否
否	单身	70	否
是	已婚	120	否
否	离异	95	是
否	已婚	60	否
是	离异	220	否
否	单身	85	是
否	已婚	75	否
否	单身	90	是

按是否有房属性划分后的 Gini 指数如表10.9所示。

表10.9 按是否有房属性划分后的 Gini 指数

	有房	无房
否	3	4
是	0	3

$$\text{Gini}(有房) = 1 - \left(\frac{3}{3}\right)^2 - \left(\frac{0}{3}\right)^2 = 0$$

$$\text{Gini}(无房) = 1 - \left(\frac{4}{7}\right)^2 - \left(\frac{3}{7}\right)^2 = 0.4849$$

$$\text{Gini}(拖贷,房产) = \left(\frac{3}{10}\right) \times 0 + \left(\frac{7}{10}\right) \times 0.4849 = 0.3394$$

而对于婚姻状况属性来说，它的取值有三种，按照每种属性值划分后的 Gini 指数分别如表10.10、表10.11、表10.12所示。

表10.10 按单身或已婚属性划分后的 Gini 指数

	单身或已婚	离异
否	6	1
是	2	1

$$\text{Gini}(单身或已婚) = 1 - \left(\frac{6}{8}\right)^2 - \left(\frac{2}{8}\right)^2 = 0.375$$

$$\text{Gini}(离异) = 1 - \left(\frac{1}{2}\right)^2 - \left(\frac{1}{2}\right)^2 = 0.5$$

$$\text{Gini} = \left(\frac{8}{10}\right) \times 0.375 + \left(\frac{2}{10}\right) \times 0.5 = 0.4$$

表 10.11　按单身或离异属性划分后的 Gini 指数

	单身或离异	已婚
否	3	4
是	3	0

$$\text{Gini}(单身或离异) = 1 - \left(\frac{3}{6}\right)^2 - \left(\frac{3}{6}\right)^2 = 0.5$$

$$\text{Gini}(已婚) = 1 - \left(\frac{4}{4}\right)^2 - \left(\frac{0}{4}\right)^2 = 0$$

$$\text{Gini} = \left(\frac{6}{10}\right) \times 0.5 + \left(\frac{4}{10}\right) \times 0 = 0.3$$

表 10.12　按离异或已婚属性划分后的 Gini 指数

	离异或已婚	单身
否	5	2
是	1	2

$$\text{Gini}(离异或已婚) = 1 - \left(\frac{5}{6}\right)^2 - \left(\frac{1}{6}\right)^2 = 0.2778$$

$$\text{Gini}(单身) = 1 - \left(\frac{2}{4}\right)^2 - \left(\frac{2}{4}\right)^2 = 0.5$$

$$\text{Gini} = \left(\frac{6}{10}\right) \times 0.2778 + \left(\frac{4}{10}\right) \times 0.5 = 0.3667$$

{单身或离异，已婚} 这样的划分的 Gini 值最小（0.3），所以选择这种划分。

最后还有一个取值连续的属性——年收入。它的取值是连续的，那么连续的取值采用划分点进行划分。如表 10.13 所示，根据表中的计算结果选择 95 作为年收入的分割值。

表 10.13　按年收入属性划分后的 Gini 指数

	60		70		75		85		90		95		100		120		125	
	≤	>	≤	>	≤	>	≤	>	≤	>	≤	>	≤	>	≤	>	≤	>
拖欠	0	3	0	3	0	3	1	2	2	1	3	0	3	0	3	0	3	0
不拖欠	1	6	2	5	3	4	3	4	3	4	3	4	4	3	5	2	6	1
分类人数	1	9	2	8	3	7	4	6	5	5	6	4	7	3	8	2	9	1
分类 Gini	0.000	0.444	0.000	0.469	0.000	0.490	0.375	0.444	0.480	0.320	0.500	0.000	0.490	0.000	0.469	0.000	0.444	0
Gini	0.286		0.268		0.245		0.298		0.286		<u>0.214</u>		0.245		0.268		0.286	

根据这样的划分规则，CART 算法就能完成建树过程。

10.2　聚类分析

10.2.1　聚类概述

聚类的目标是尽可能将相似的样本归于同一个类别（群体），同时让相异的样本分属于不同群体。目前，聚类分析在众多领域都得到了成功的应用，常被用于模式识别、数据分析、图像处理、市场研究、客户分群、Web 文档分类等领域。其实，聚类分析也是每个人与生俱来的能力，从孩提时代开始，一个人就通过不断学习、归纳和改进聚类模式，学会了区分各种事物，如动物和植物。

上面提到了聚类是将相似的样本归于同一类别，那么相似程度是如何量化的呢？于是引入距离的概念。

10.2.2　样本间距离

样本间距离这个变量其实是用来反映各样本间数据的相异度的，距离越小相异度越小，距离越大相异度越大。在用来衡量相似度时，距离越小相似度越大。我们常说的"十里不同风，百里不同俗"就说明了距离越大，相异度越大，相似度越小。下面介绍几种距离。

1. 欧氏距离

如果样本的所有特征属性都是标量，那么如何描述样本间的差异呢？例如，计算 $X = \{2, 1, 102\}$ 和 $Y = \{1, 3, 2\}$ 的相异度，直观的想法是用两者的欧氏距离表征相异度，欧氏距离的定义如下：

$$D(X,Y) = \sqrt{(x_1 - y_1)^2 + (x_2 - y_2)^2 + \cdots + (x_n - y_n)^2}$$

其意义就是两个样本在直角坐标系中的几何距离，因为其直观易懂，所以被广泛用于标识两个样本的标量特征的相异度。将上面两个示例的数据代入公式，可得两者的欧氏距离为：

$$\sqrt{(2 - 1)^2 + (1 - 3)^2 + (102 - 2)^2} = 100.025$$

除欧氏距离外，常用来度量标量相异度的还有曼哈顿距离和闵可夫斯基距离。

2. 曼哈顿距离

曼哈顿距离是由 19 世纪的赫尔曼·闵可夫斯基提出的，又称为城市街区距离（City-Blockdistance），用以标明两个点在直角坐标系上的绝对轴距总和。实际上，平常车辆显示的里程就是曼哈顿距离。

$$D(X,Y) = |x_1 - y_1| + |x_2 - y_2| + \cdots + |x_n - y_n|$$

3. 闵可夫斯基距离

$$D(X,Y) = \sqrt[p]{|x_1 - y_1|^p + |x_2 - y_2|^p + \cdots + |x_n - y_n|^p}$$

欧氏距离和曼哈顿距离可以看作是闵可夫斯基距离在 $p = 2$ 和 $p = 1$ 下的特例。另外，这三种距离都可以加权，这不难理解。

当样本有多个特征时，不同特征的取值范围可能有很大差异。在计算样本差异时，取值范围大的特征对距离的影响高于取值范围小的特征。前面示例中第三个特征的取值范围远大于前两个，这不利于反映真实的相异度。为了解决这个问题，需要对特征值进行规格化。

所谓规格化就是将各个特征值按比例映射到相同的取值范围，这样是为了平衡各个特征对距离的影响。通常将各个特征均映射到 $[0, 1]$ 区间，映射公式为：

$$a_i' = \frac{a_i - \min(a_i)}{\max(a_i) - \min(a_i)}$$

其中，$\max(a_i)$ 和 $\min(a_i)$ 表示所有元素项中第 i 个属性的最大值和最小值。例如，将示例中的元素规格化到 $[0, 1]$ 区间后，就变成了 $X' = \{1, 0, 1\}$，$Y' = \{0, 1, 0\}$，重新计算欧氏距离约为 1.732 。

一个使用样本间距离的常见聚类算法就是 K – means 聚类法。

10.2.3　K-means 聚类

K-means 聚类法也称为 K 均值聚类法。由于其原理较为简单，同时聚类效果较好，K-means 聚类法是一种使用最为广泛的聚类算法。

K-means 聚类法的思想如下：

（1）以随机的方式设置 k 个初始聚类中心；

（2）计算样本集中的所有样本和这 k 个初始聚类中心的距离；

（3）按照最小距离原则将样本重新分配到最邻近聚类，并用样本均值作为新的聚类中心；

（4）重复第（2）、（3）步直到聚类中心不再变化；

（5）结束，得到 k 个聚类。

K-means 聚类流程如图 10.7 所示。

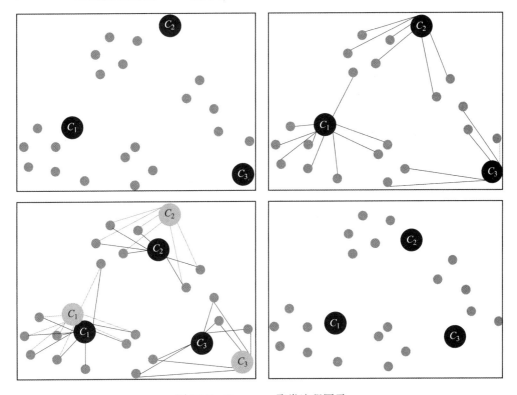

图 10.7　K-means 聚类流程图示

下面举一个例子来展现 K-means 聚类的过程，实例数据如表 10.14 所示。

表 10.14　K-means 实例数据

P	A	B
1	0	2
2	0	0
3	1.5	0
4	5	0
5	5	2

上表是一个聚类分析的二维样本，要求聚为两类，即 $k=2$。具体过程有如下步骤。

（1）选择 $P_1(0,2)$、$P_2(0,0)$ 为初始的簇中心，即 $M_1=P_1=(0,2)$，$M_2=P_2=(0,0)$。

（2）对剩余的每个对象，根据其与各个簇中心的距离，将它赋给最近的簇。

对于 P_3：

$$D(M_1,P_3)=\sqrt{(0-1.5)^2+(2-0)^2}=2.5$$

$$D(M_2,P_3)=\sqrt{(0-1.5)^2+(0-0)^2}=1.5$$

显然，$D(M_2,P_3)<D(M_1,P_3)$，故将 P_3 分配给 C_2 簇。

对于 P_4：

$$D(M_1,P_4)=\sqrt{(0-5)^2+(2-0)^2}=\sqrt{29}$$

$$D(M_2,P_4)=\sqrt{(0-5)^2+(0-0)^2}=5$$

因为 $D(M_2,P_4)<D(M_1,P_4)$，所以将 P_4 分配给 C_2 簇。

对于 P_5：

$$D(M_1,P_5)=\sqrt{(0-5)^2+(2-2)^2}=5$$

$$D(M_2,P_5)=\sqrt{(0-5)^2+(0-2)^2}=\sqrt{29}$$

因为 $D(M_1,P_5)<D(M_2,P_5)$，所以将 P_5 分配给 C_1 簇。

这时就得到新簇 $C_1=\{P_1,P_5\}$ 和 $C_2=\{P_2,P_3,P_4\}$。

（3）计算平方误差，单个方差如下。

$$M_1=P_1=(0,2)$$

$$E_1=[(0-0)^2+(2-2)^2]+[(0-5)^2+(2-2)^2]=25$$

$$M_2=P_2=(0,0)$$

$$E_2=[(0-0)^2+(0-0)^2]+[(0-1.5)^2+(0-0)^2]+[(0-5)^2+(0-0)]=27.25$$

总体误差为：

$$E=E_1+E_2=25+27.25=52.25$$

（4）计算新的簇的中心。

$$M_1=((0+5)/2,(2+2)/2)=(2.5,2)$$

$$M_2=((0+1.5+5)/3,(0+0+0)/3)=(2.17,0)$$

这时我们得到新簇的两个簇中心：M_1 和 M_2。

（5）重复第（2）步和第（3）步，发现不需要调整原来的簇。

$$D(M_1,P_1)=\sqrt{(0-2.5)^2+(2-2)^2}=2.5$$

$$D(M_1,P_2)=\sqrt{(0-2.5)^2+(0-2)^2}=3.2$$

$$D(M_1,P_3)=\sqrt{(1.5-2.5)^2+(0-2)^2}=2.23$$

$$D(M_1,P_4)=\sqrt{(5-2.5)^2+(0-2)^2}=3.2$$

$$D(M_1,P_5)=\sqrt{(5-2.5)^2+(2-2)^2}=2.5$$

$$D(M_2,P_1)=\sqrt{(0-2.17)^2+(2-0)^2}=2.95$$

$$D(M_2,P_2)=\sqrt{(0-2.17)^2+(0-0)^2}=2.17$$

$$D(M_2,P_3)=\sqrt{(1.5-2.17)^2+(0-0)^2}=0.67$$

$$D(M_2, P_4) = \sqrt{(5 - 2.17)^2 + (0 - 0)^2} = 2.83$$

$$D(M_2, P_5) = \sqrt{(5 - 2.17)^2 + (2 - 0)^2} = 2.61$$

（6）重新计算总体的误差。

单个方差分别为：

$$E_1 = (0 - 2.5)^2 + (2 - 2)^2 + (5 - 2.5)^2 + (2 - 2)^2 = 12.5$$

$$E_2 = (0 - 2.17)^2 + (1.5 - 2.17)^2 + (0 - 0)^2 + (5 - 2.17)^2 = 13.15$$

总体误差为：

$$E = E_1 + E_2 = 12.5 + 13.15 = 25.65$$

由上可以看出，第一次迭代后，总体误差值由 52.25 变为 25.65，显著减小。另外，由于在第二次迭代中簇中心不变，所以停止迭代过程，算法停止。

K – means 聚类法之所以成为被广泛应用的聚类算法是因为其具有如下的优点。

（1）算法简单、快速。

（2）该算法对于处理大数据集相对高效。假设 n 是所有对象的数目，k 是簇的数目，t 是迭代的次数，通常 t 远小于 n。

（3）当结果簇是密集的，而簇与簇之间区别明显时，算法的效果较好。

但是，这种聚类算法也存在着明显的不足。

（1）样本的特征在可计算平均数时才适用，对于处理类变量属性的数据不适用。

（2）样本数据的分布需要有明显的空间范围，边界也要比较清晰，如果数据的分布边界极不清晰，聚类的效果就不太好。因为边界上的数据都是强行分割的，这时候就需要使用其他聚类算法。

（3）它对于"噪声"和离群点数据是敏感的，因为少量的离群点数据可能对平均数值产生极大的影响。

（4）需要预先将给定的数据集分成 k 类也是 K – means 聚类法的一个缺点。很多时候，事先并不知道给定的数据集应该分成多少个类别才最合适。有的算法是通过类的自动合并和分裂得到较为合理的类型数目 k 的。

10.2.4　群体距离

前文提到了样本间距离，它是用来衡量各样本数据间的相似（异）度的。在这些数据聚为不同类之后，有没有一种距离来衡量不同类之间的相似（异）度呢？这就引出了群体距离的概念。

群体距离主要有最短距离、最长距离、中间距离、重心距离、类平均距离这五种。

1. 最短距离

若 H、K 是两个聚类，则两类间的最短距离定义为：

$$D_{HK} = \min\{D(X_H, X_K)\} \quad X_H \in H, X_K \in K$$

其中，$D(X_H, X_K)$ 表示 H 类中的样本 X_H 和 K 类中的样本 X_K 之间的欧氏距离；D_{HK} 表示 H 类中的所有样本与 K 类中的所有样本之间的最小距离。

若 K 类由 I 和 J 两类合并而成，则：

$$D_{HI} = \min\{D(X_H, X_I)\} \quad X_H \in H, X_I \in I$$

$$D_{HJ} = \min\{D(X_H, X_J)\} \quad X_H \in H, X_J \in J$$

得递推公式：
$$D_{HK} = \min \left\{ D \left(X_{HI}, X_{HJ} \right) \right\}$$

2. 最长距离

与最短距离类似，H、K 是两个聚类，则两类间的最长距离定义为：
$$D_{HK} = \max \left\{ D(X_H, X_K) \right\} \quad X_H \in H, X_K \in K$$

若 K 类由 I 和 J 两类合并而成，则：
$$D_{HI} = \max \left\{ D(X_H, X_I) \right\} \quad X_H \in H, X_I \in I$$
$$D_{HJ} = \max \left\{ D(X_H, X_J) \right\} \quad X_H \in H, X_J \in J$$

得递推公式：
$$D_{HK} = \max \left\{ D \left(X_{HI}, X_{HJ} \right) \right\}$$

3. 中间距离

中间距离介于最长距离与最短距离之间。若 K 类是由 I 类和 J 类合并而成的，则 H 类和 K 类之间的中间距离为 $D_{HK} = \sqrt{\dfrac{1}{2} D_{HI}^2 + \dfrac{1}{2} D_{HJ}^2 - \dfrac{1}{4} D_{IJ}^2}$。

4. 重心距离

重心距离法将会考虑每一类中所包含的样本数目，若 I 类中有 n_I 个样本，J 类中有 n_J 个样本，则 I 类和 J 类合并后共有 $n_I + n_J$ 个样本。用 $\dfrac{n_I}{n_I + n_J}$ 和 $\dfrac{n_J}{n_I + n_J}$ 代替中间距离的系数，即可得到重心距离递推公式：
$$D_{HK} = \sqrt{\dfrac{n_I}{n_I + n_J} D_{HI}^2 + \dfrac{n_J}{n_I + n_J} D_{HJ}^2 - \dfrac{n_I n_J}{(n_I + n_J)^2} D_{IJ}^2}$$

5. 类平均距离

若 H、K 是两个聚类，则两类间的类平均距离定义为：
$$D_{HK} = \sqrt{\dfrac{1}{n_K n_H} \sum_{\substack{i \in H \\ j \in K}} d_{ij}^2}$$

其中，d_{ij}^2 表示 H 类中的任一样本 X_I 和 K 类中的任一样本 X_J 之间的欧氏距离平方；n_H 和 n_K 分别表示 H 类和 K 类的样本数目。若 K 类是由 I 类和 J 类合并而成的，则可以得到 H 类和 K 类之间类平均距离的递推公式：
$$D_{HK} = \sqrt{\dfrac{n_I}{n_I + n_J} D_{HI}^2 + \dfrac{n_J}{n_I + n_J} D_{HJ}^2}$$

下面举一个例子展示最短距离、最长距离和类平均距离。表 10.15 是 P1 ~ P6 点到其他各点的距离。

表 10.15　P1 ~ P6 点到其他各点的距离

	P1	P2	P3	P4	P5	P6
P1	0	0.2357	0.2218	0.3688	0.3421	0.2347
P2	0.2357	0	0.1483	0.2042	0.1388	0.254
P3	0.2218	0.1483	0	0.1513	0.2843	0.11
P4	0.3688	0.2042	0.1513	0	0.2932	0.2216
P5	0.3421	0.1388	0.2843	0.2932	0	0.3921
P6	0.2347	0.254	0.11	0.2216	0.3921	0

图 10.8 为利用最短距离产生的聚类结果，那么 1 簇与 2 簇之间的群体距离是多少呢（数据做了近似处理，保留两位小数）？

$$\text{Dist}(\{3,6\},\{2,5\})$$
$$= \min\{\text{Dist}(3,2),\text{Dist}(6,2),\text{Dist}(3,5),\text{Dist}(6,5)\}$$
$$= \min\{0.15,0.25,0.28,0.39\}$$
$$= 0.15$$

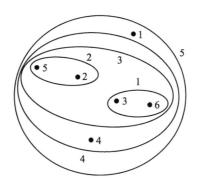

图 10.8　利用最短距离产生的聚类结果

图 10.9 为利用最长距离产生的聚类结果，那么 1 簇与 2 簇之间的群体距离是多少呢？

$$\text{Dist}(\{3,6\},\{2,5\})$$
$$= \max\{\text{Dist}(3,2),\text{dist}(6,2),\text{Dist}(3,5),\text{Dist}(6,5)\}$$
$$= \max\{0.15,0.25,0.28,0.39\}$$
$$= 0.39$$

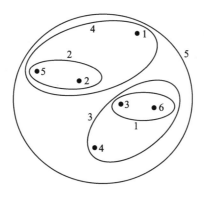

图 10.9　利用最长距离产生的聚类结果

图 10.10 为利用类平均距离产生的聚类结果，同样的我们来计算 1 簇与 2 簇之间的群体距离。

$$\text{Dist}(\{3,6\},\{2,5\})$$
$$= \sqrt{(0.15+0.25+0.28+0.39)/(2\times2)}$$
$$= 0.52$$

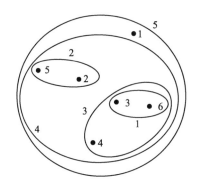

图 10.10　利用类平均距离产生的聚类结果

了解了群体距离之后，下面介绍一种使用群体距离的聚类方法——层次聚类。

10.2.5　层次聚类

层次聚类是一种很直观的算法，顾名思义就是要一层一层地进行聚类，可以从下而上地把个体合并聚集，根据个体间距离将个体向上两两聚合，再将聚合的小群体两两聚合，一直到聚为一个整体。

层次聚类的主要思想有如下几点。

（1）N 个初始模式样本自成一类，即建立 N 类 $G_1(0)$，$G_2(0)$，$\cdots$，$G_N(0)$。计算各类之间（各样本间）的距离，得到一个 $N \times N$ 维的距离矩阵 $\boldsymbol{D}(0)$。标号（0）表示当前聚类迭代次数。

（2）在已求得聚类矩阵 $\boldsymbol{D}(0)$ 中找出最小元素，将其对应的两类合并为一类。由此建立新的分类：$G_1(1)$，$G_2(1)$，$\cdots$

（3）计算合并后新类别之间的距离，得到距离矩阵 $\boldsymbol{D}(1)$。

（4）转至第（2）步，重复计算与合并。

（5）设定一个阈值 T，当 $\boldsymbol{D}(n)$ 的最小分量超过给定阈值 T 时，算法停止。这就意味着，所有的类间距离均大于要求的 T 值，各类已经足够分开了，这时所得到的分类即为聚类结果。如果不设阈值 T，就会一直到将全部样本聚为一类为止，输出聚类的分级树。

下面看一则例子，有以下 5 个样本：
$$X_1 = (0,0), X_2 = (0,1), X_3 = (2,0), X_4 = (3,3), X_5 = (4,4)$$

定义群体距离为最短距离，阈值 $T = 3$，利用层次聚类法对这 5 个样本进行分类。

解：

（1）将每一样本看作单独一类。
$$G_1(0) = \{X_1\}, G_2(0) = \{X_2\}, G_3(0) = \{X_3\}, G_4(0) = \{X_4\}, G_5(0) = \{X_5\}$$

（2）计算各类间欧氏距离。

$$D_{12}(0) = 1, D_{13}(0) = 2, D_{14}(0) = \sqrt{18}, D_{15}(0) = \sqrt{32}, D_{23}(0) = \sqrt{5}, D_{24}(0) = \sqrt{13}$$

$$D_{25}(0) = \sqrt{25}, D_{34}(0) = \sqrt{10}, D_{35}(0) = \sqrt{20}, D_{45}(0) = \sqrt{2}$$

得到距离矩阵 $D(0)$，如表 10.16 所示。

表 10.16　距离矩阵 $D(0)$

$D(0)$	$G_1(0)$	$G_2(0)$	$G_3(0)$	$G_4(0)$	$G_5(0)$
$G_1(0)$	0				
$G_2(0)$	1	0			
$G_3(0)$	2	$\sqrt{5}$	0		
$G_4(0)$	$\sqrt{18}$	$\sqrt{13}$	$\sqrt{10}$	0	
$G_5(0)$	$\sqrt{32}$	$\sqrt{25}$	$\sqrt{20}$	$\sqrt{2}$	0

（3）将最小距离 1 对应的两类合并为一类，得到新的分类。

$$G_{12}(1) = \{X_1, X_2\}, G_3(1) = \{X_3\}, G_4(1) = \{X_4\}, G_5(1) = \{X_5\}$$

（4）按最小距离准则计算类间距离，由 $D(0)$ 递推得到聚类后的距离矩阵 $D(1)$，如表 10.17 所示。

表 10.17　距离矩阵 $D(1)$

$D(1)$	$G_{12}(1)$	$G_3(1)$	$G_4(1)$	$G_5(1)$
$G_{12}(1)$	0			
$G_3(1)$	2	0		
$G_4(1)$	$\sqrt{13}$	$\sqrt{10}$	0	
$G_5(1)$	$\sqrt{25}$	$\sqrt{20}$	$\sqrt{2}$ *	0

（5）将最小距离 $\sqrt{2}$ 对应的两类合并为一类，得到距离矩阵 $D(2)$，如表 10.18 所示。

表 10.18　距离矩阵 $D(2)$

$D(2)$	$G_{12}(2)$	$G_3(2)$	$G_{45}(2)$
$G_{12}(2)$	0		
$G_3(2)$	2 *	0	
$G_{45}(2)$	$\sqrt{13}$	$\sqrt{10}$	0

（6）将最小距离 2 对应的两类合并为一类，得到距离矩阵 $D(3)$，如表 10.19 所示。

表 10.19　距离矩阵 $D(3)$

$D(3)$	$G_{123}(3)$	$G_{45}(3)$
$G_{123}(3)$	0	
$G_{45}(3)$	$\sqrt{10}$	0

（7）给定的阈值 $T = 3$，$D(3)$ 中的最小元素 $\sqrt{10} > T$，聚类结束，结果为 $\{X_1, X_2, X_3\}$，$\{X_4, X_5\}$。

层次聚类作为一种直观的聚类方法，具有下面的优点：

①能够展现数据层次结构，易于理解；

②可以基于层次事后再选择类的个数。

但是，这种算法还是有先天的不足：

①计算量比较大，不适合样本量大的情形；

②较多用于宏观综合类型、数据量不大的聚类，因为噪声、高维数据会影响算法结果的质量。

10.2.6　聚类算法的评估

不同于有监督学习问题（如分类问题和回归问题），无监督聚类没有标签列输入，也就没有比较直接的聚类评估方法。但是，我们可以从簇内的稠密程度和簇间的离散程度来评估聚类的效果。Calinski – Harabasz Index 就是一种常见的方法。

Calinski Harabasz 指标又称为 VRC（Variance Ratio Criterion），其定义如下：

$$\mathrm{VRC}_k = \frac{\mathrm{SS}_B}{\mathrm{SS}_W} \times \frac{(N-k)}{(k-1)}$$

其中，SS_B 是整个聚类簇间的方差；SS_W 是整个聚类簇内的方差；N 是记录总数；k 是聚类中心点个数。

SS_B 定义如下：

$$\mathrm{SS}_B = \sum_{i=1}^{k} n_i \parallel m_i - m \parallel^2$$

其中，k 是聚类中心点个数；m_i 是聚类 i 的中心点；m 是输入数据的均值。

SS_W 定义如下：

$$\mathrm{SS}_W = \sum_{i=1}^{k} \sum_{x \in c_i} \parallel x - m_i \parallel^2$$

其中，k 是聚类中心点个数；x 是数据点；c_i 是第 i 个聚类。

根据聚类分析的目标，簇内差异越大，簇间差异越小，则代表聚类效果越好。因此根据公式，Calinski Harabasz 指标越大则聚类效果越好。

10.3　关联分析

关联分析就是发现隐藏于数据集中的关联性或相关性，从而描述一个事物中某些属性同时出现的规律和模式的分析方法。

关联分析最广为人知的例子就是啤酒与尿布的关联。在美国沃尔玛的一家连锁超市里，有一个有趣的现象：啤酒和尿布摆在一起出售。但是，这个奇怪的举措却使啤酒和尿布的销量双双增加了。原来，美国的妇女们经常会嘱咐她们的丈夫下班以后要为孩子买尿布，而丈夫在买完尿布之后又会顺手买回自己爱喝的啤酒，因此啤酒和尿布同时购买的机会比较多。是什么让沃尔玛发现了啤酒和尿布之间的关系呢？正是商家对超市一年多的原始交易数据进行了关联分析才发现了这对神奇的组合。

上面的例子其实是关联分析的一个典型应用，即购物篮分析。购物篮分析通过发现顾客放入购物篮中的不同商品之间的联系分析顾客的购买习惯，通过了解哪些商品频繁地被顾客同时购买找到商品的关联性。这种关联的发现可以帮助零售商制定营销策略，还可以以此指导价目表设计、商品促销、商品的摆放和基于购买模式的顾客划分等。

10.3.1　关联规则量化指标

关联规则形如 X→Y，表示 X 和 Y 存在关联关系，其中 X 和 Y 分别称为关联规则的 LHS（Left – Hand – Side）和 RHS（Right – Hand – Side）。关联规则通过支持度、置信度、提升度来量化评价关联规则的强度。

1. 支持度

支持度（Support）是指 LHS 和 RHS 所包括的商品都同时出现的概率，即包含规则 LHS 和 RHS 商品的交易次数/总的交易次数：

$$\text{Support}(A \to B) = P(A \cup B)$$

支持度的实际意义是评价关联规则是否是普遍存在的，显然支持度过大或过小都说明这条规则并没有太大的实际意义。

2. 置信度

置信度（Confidence）是指在所有购买了 LHS 的交易中，同时又购买了 RHS 的交易概率，即包含规则 LHS 和 RHS 商品的交易次数/包含规则 LHS 的交易次数：

$$\text{Confidence}(A \to B) = P(A \mid B) = \frac{\text{Support}(A \to B)}{\text{Support}(A)}$$

置信度是一种条件概率，表示购买了 A 产品的客户再购买 B 产品的概率。

3. 提升度

提升度（Lift）是指两种可能性的比较，一种是在已知购买了左边商品情况下购买右边商品的可能性，另一种是任意情况下购买右边商品的可能性。两种可能性比较方式定义为两种可能性的概率之比值，即规则的置信度/包含规则 RHS 交易次数占总交易量的比例。

$$\text{Lift}(A \to B) = \frac{\text{Support}(A \to B)}{\text{Support}(A)\,\text{Support}(B)} = \frac{\text{Confidence}(A \to B)}{\text{Support}(B)}$$

显然，提升度越大说明这条规则越有价值。

下面来看一则例子：1000 笔交易，买牛奶的有 800 笔，买豆浆的有 600 笔，又买豆浆又买牛奶的有 400 笔，那么可以得出对于规则（牛奶→豆浆）：

$$\text{Support} = P(\text{牛奶} \cup \text{豆浆}) = 400/1000 = 0.40$$

$$\text{Confidence} = P(\text{豆浆} \mid \text{牛奶}) = 400/800 = 0.50$$

$$\text{Lift} = 0.5/(600/1000) = 0.83$$

提升度是小于 1 的，这样的规则是没有任何实际意义的。

因为无任何限制的情况下，客户购买豆浆的概率 $P(\text{豆浆}) = 600/1000 = 0.60$。

在客户购买了牛奶的情况下，购买豆浆的概率 $P(\text{豆浆} \mid \text{牛奶}) = 400/800 = 0.50$。

$$P(\text{牛奶}) > P(\text{豆浆} \mid \text{牛奶})(0.6 > 0.5)$$

已经购买了牛奶的客户再购买豆浆的概率低于无任何限制的情况下客户购买豆浆的概率，即我们无法根据该关联规则推荐商品。

10.3.2　Apriori 算法

关联分析中常用的算法是 Apriori 算法。Apriori 算法是挖掘布尔关联规则频繁项集的算法。Apriori 性质保证了频繁项集的所有非空子集也必须是频繁的。Apriori 算法利用了 Apriori 性质，从而保证了 Apriori 算法具有下面的特性：

（1）所有非空子集不可能比频繁项集更频繁地出现；

（2）Apriori 算法是反单调的，即一个集合若不能通过测试，则该集合的所有超集也不能通过相同的测试；

（3）Apriori 性质通过减少搜索空间，来提高频繁项集逐层产生的效率。Apriori 算法利用频繁项集性质的先验知识（Prior Knowledge），通过逐层搜索的迭代方法，即将 $k-$ 项集用于探察 $(k+1)-$ 项集，来穷尽数据集中的所有频繁项集。先找到频繁 1 - 项集集合 L_1，然后用 L_1 找到频繁 2 - 项集集合 L_2，接着用 L_2 找 L_3，直到找不到频繁 $k-$ 项集，找每个 L_k 需要进行一次数据库扫描。

Apriori 算法由连接和剪枝两个步骤组成。

（1）连接：为了找 L_k，通过 L_k-1 与自己连接产生候选 $k-$ 项集的集合，该候选 $k-$ 项集记 C_k。C_k 是 L_k 的超集，即它的成员可能不是频繁的，但是所有频繁的 $k-$ 项集都在 C_k 中。因此，可以通过扫描数据库和计算每个 $k-$ 项集的支持度来得到 L_k。

（2）剪枝：为了减少计算量，可以使用 Apriori 性质，即如果一个 $k-$ 项集的 $(k-1)$ 子集不在 L_k-1 中，则该候选项集不可能是频繁的，可以直接从 C_k 删除。

下面给出一则例子来展现 Apriori 算法的流程。

这里有 9 组数据，包含了购物编号及所购买的商品，如表 10.20 所示。

表 10.20　购买商品的组合与编号

id	购买商品
1	A,B,E
2	B,D
3	B,C
4	A,B,D
5	A,C
6	B,C
7	A,C
8	A,B,C,E
9	A,B,C

1）挖掘频繁项集

在这个例子中，我们给定最小支持度为 20%，表 10.20 中有 9 组数据，那么最小支持频度为 $9 \times 20\% \approx 2$。

根据最小支持频度挖掘频繁项集的过程如下：

在连接频繁 3 - 项集之后产生的项集 $\{A，B，C，E\}$ 的子集 $\{B，C，E\}$ 不是频繁项集，因此在剪枝之后 C_4 为空，算法无法发现新的频繁项集而终止。

2）生成强关联规则

频繁项集产生之后就要由其生成关联规则，只有满足最小支持度和最小置信度的关联规则才是强关联规则。从频繁项集产生的规则都满足支持度要求，而其置信度可以通过以下公式计算：

$$\text{Confidence}(A \to B) = P(A|B) = \frac{\text{Support}(A \cup B)}{\text{Support}(A)}$$

假设我们给定的最小置信度为 70%，只有在关联规则的置信度大于该值时，该关联规则可以被认为是强关联规则。

以频繁项集{A，B，E}为例，该项集包含非空子集有下列 6 个：{A，B}、{A，E}、{B，E}、{A}、{B}、{E}。根据上述非空子集可得到下列关联规则，这部分关联规则的置信度如下所示。

（1）A∪B→E 的置信度：$\frac{2}{4} = 50\%$。

（2）A∪E→B 的置信度：$\frac{2}{2} = 100\%$。

（3）B∪E→A 的置信度：$\frac{2}{2} = 100\%$。

（4）A→B∪E 的置信度：$\frac{2}{6} = 33\%$。

（5）B→A∪E 的置信度：$\frac{2}{7} = 29\%$。

（6）E→A∪B 的置信度：$\frac{2}{2} = 100\%$。

在我们给出最小置信度为 70% 的情况下，只有关联规则 A∪E→B、B∪E→A、E→A∪B 可以被视为强关联规则。

3）强关联规则可用性检验

在产生强关联规则之后，我们将使用提升度（Lift）度量强关联规则的可用性。

以上一个步骤中产生的强关联规则为例，这部分关联规则的提升度如下。

（1）A∪E→B 的提升度：$\frac{\left(\frac{2}{2}\right)}{\left(\frac{7}{9}\right)} = 1.29$。

（2）B∪E→A 的提升度：$\frac{\left(\frac{2}{2}\right)}{\left(\frac{6}{9}\right)} = 1.5$。

（3）E→A∪B 的提升度：$\frac{\left(\frac{2}{2}\right)}{\left(\frac{4}{9}\right)} = 2.25$。

根据计算结果，我们发现上述强关联规则的提升度均大于 1，因此这部分强关联规则均可用。